フィールドの生物学―⑨

孤独なバッタが群れるとき

サバクトビバッタの相変異と大発生

前野 ウルド 浩太郎 著

東海大学出版部

Discoveries in Field Work No.9
When solitarious locusts gregarize
-Phase polyphenism and outbreak in the desert locust

Koutaro Ould MAENO
Tokai University Press, 2012
Printed in Japan
ISBN978-4-486-01848-3

口絵１　トノサマバッタ *Locusta migratoria* の孤独相と群生相．孤独相は野外で採集し，群生相は実験室で集団飼育した．

口絵２　サバクトビバッタ *Schistocerca gregaria* の孤独相と群生相．実験室内で，孤独相は単独飼育し，群生相は集団飼育した．

口絵３　群生相（A）と孤独相の終齢幼虫（B）．コラゾニンを１つ前の齢期の孤独相幼虫に注射すると群生相に似た黒化が誘導される（C）（Tawfik et al., 1999に基づいて作図）．

口絵４　典型的な孤独相と群生相の孵化幼虫．

口絵５　異なる黒化レベルの孵化幼虫．レベル１：黒い部分はなし，レベル５：全身が黒い，２〜４：１と５の中間で数字が大きいほど黒化している．

口絵６　群生相が産んだ同一卵塊から孵化してきた幼虫．黒い幼虫ほど大きい（Tanaka & Maeno, 2006を改変）．

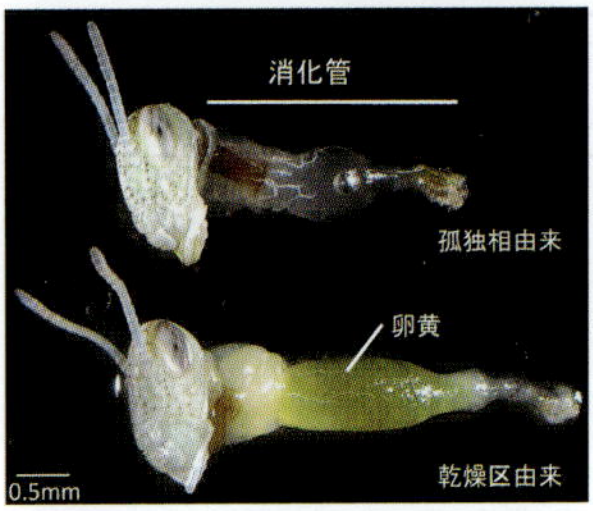

口絵８　孤独相の孵化幼虫と乾燥処理によって誘導された緑色個体の内部構造の比較．後者は消化管内に多量の卵黄をもっていた．

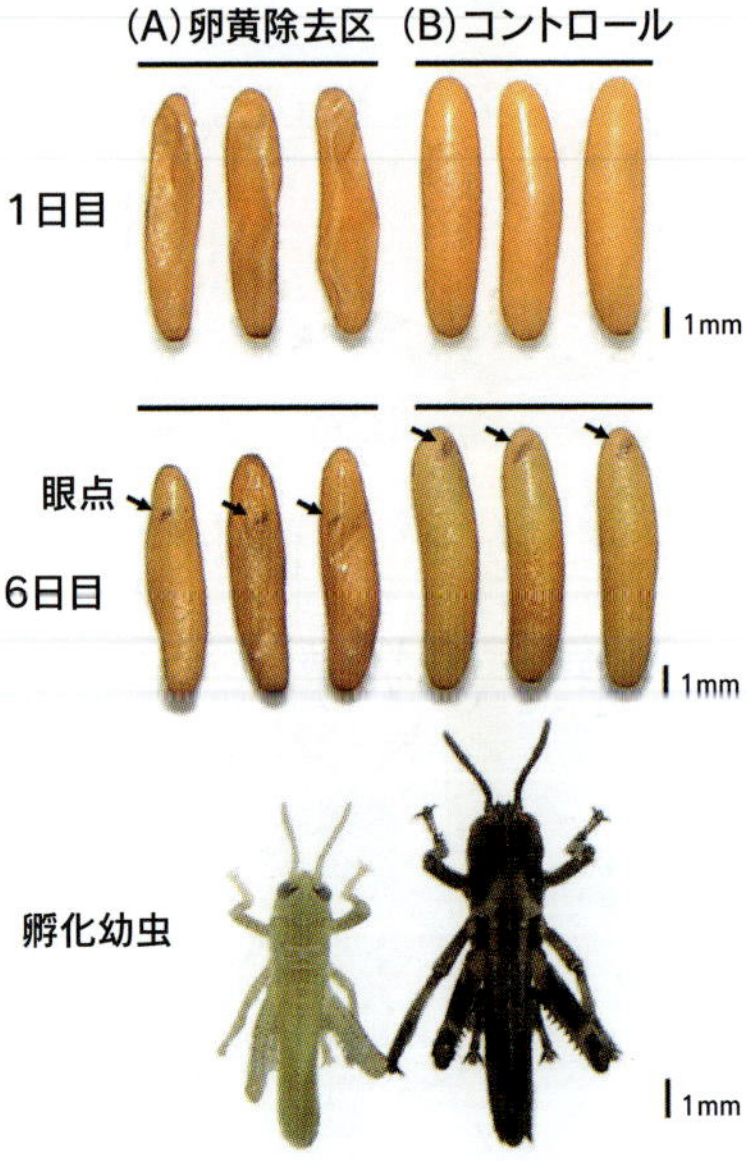

口絵７　卵黄除去（A）と無処理（B）の処理後１日目，６日目と孵化時の状態．群生相が産んだ大きな卵のみを使用し，産卵後５日目に針で穴をあけてから卵黄を摘出した．人為的に小型化した卵から孤独相的な緑色の幼虫が孵化してきた．６日目の矢印は眼点を示す（Maeno & Tanaka, 2009aを改変）．

口絵10　コラゾニンとアルビノとの関係．トノサマバッタのアルビノはコラゾニン処理によって黒化誘導されるが（A），サバクトビバッタのアルビノでは黒化されない（B）（Tanaka，2006に基づき作図）．

口絵9　サバクトビバッタの群生相由来の孵化幼虫．（A）正常型，（B）赤茶色型，（C）アルビノ．赤茶色型は正常型に比べて黒化の程度が弱い（Maeno & Tanaka, 2010aを改変）．

口絵11　メス成虫が群生相的な大きな卵を産むためには混み合いと光が重要であることを確かめる実験．夜行塗料をメス成虫の頭部に塗り，光を照射してから暗条件に移すと頭部のみをピンポイントで光らすことができる（Maeno & Tanaka, 2012を改変）．

口絵12　孤独相の発育（6齢型の場合）.

口絵13　トゲ植物 *Fagonia arabica* に潜む幼虫．厚手の手袋がなければ捕まえるのは困難.

はじめに

あれは、小学生の頃に読んだ子ども向けの科学雑誌の記事だった。外国でバッタが大発生し、それを見学するために観光ツアーが組まれたそうだ。女性がそのツアーに参加したところ、その人は緑色の服を着ていたため、バッタに群がられ、服を食べられてしまったそうだ。私はこのとき、緑色というだけでみさかいなく群れで襲ってくるバッタの貪欲さに恐怖を覚えたとともに、ある感情が芽生えた。

「自分もバッタに食べられたい」

その日以来、緑色の服を着てバッタの群れの中に飛び込むのが夢となった。

私は小さい頃からバッタだけではなく、虫には特別な感情を抱き続けてきた。幼少時代は体育座りができないくらい腹が出ていた。マラソン大会では、観客の視線を一身に集め、熾烈なビリ争いを繰り広げる肥満児だった。みんなと鬼ごっこをしてもすぐに満足してしまい、独りで座りながらみんなを遠目に眺めたものだ。腹がつかえて苦しかったが、うつむく自分の目に止まったのが虫だった。虫の存在自体が謎の塊だった。カラフルで奇抜なデザインに奇妙な動き。何のためにそんなことしているのだろう。暇をもて余した肥満児の興味を虫たちは一身に集めた。

虫に対する疑問を胸に抱え、ただひたすら虫を眺めていた。幼くして哀愁漂う背中に何か思ったのだろう、気の毒な息子のために、母が図書館から『ファーブル昆虫記』を借りて来てくれた。それは、驚愕の一冊だった。

何者なんだ？　この昆虫学者のファーブルという人は！　虫に疑問を抱くまでは自分と同じなのだが、そこから先が違っていた。彼は己の力で工夫をし、次々と虫にまつわる謎解きをしていた。知りたいことを自力で知れるとは、なんてかっこいい人なんだ。ファーブルはたちまち憧れの存在になった。自分自身で虫の謎を解き明かせたらどんなに楽しいだろうか。本を読んだだけでこんなにも楽しくなるのだから、自力で知りたいことを知れたら最高に決まってる。そうか、昆虫学者か。自分も昆虫学者になれば虫の謎解き放題になるのでは…。

かくして肥満児は、将来の夢を綴る小学校の卒業文集に、昆虫学者になっている自分の姿を思い描いた。何の虫を研究しているかは書かなかったけれど、ライトを使って虫を採集したり、虫を大きくする研究をしている自分の姿を夢見た。ついでにスリムになった姿も…。

あれから二〇年が経った。ダイエットに成功し、体育座りできるようにはなったが、まだまだ胸をはって一人前の昆虫学者になったと報告できるまでには至っていない。しかし、夢は途中ながらも博士になって憧れだった虫の研究三昧な日々を送ることができている。そして、ファーブルのように自分の昆虫記を手掛ける日を迎えることができた。ただし、ファーブルにはまだほど遠い。この本を手掛けることになり、また改めてファーブルの偉大さがわかった。私は尻の青い未熟な果実で人に読み物を提供できる身分では決してないが、完熟果実を引き立たせるのに役立てればこれ幸いと思い、この本を綴った。

気になるこの本の中身は、すべて外国産のバッタのサバクトビバッタに関するものです。私は、謎多きこのバッタに心奪われてしまった。バッタに夢中になってふと気づいたら、サハラ砂漠でバッタと一緒に寝泊まりすることになっていた。こんな素敵なことになったのは、これまでの一つひとつの小さい出来事が線で繋がった賜物で、それは高校野球に負けないくらいの筋書きのないドラマだった。そのドラマは実験室からフィールドへと旅立つまでの経緯に焦点を当てたもので、実験室での話がメインとなっている。「温室育ちに用はない」とフィールドワークの話を期待された方々に物申されそうだが、一夜限りのフィールドワークの模様も加えて、めんぼくを保つことにした。この本では、バッタ嫌いの人がトラウマになりそうな話を遠慮せずにしますし、虫嫌いの人にトドメを刺すようなえげつない話も盛り込んでいます。人によっては、ちょっとした危険物になりかねないので取扱いには十分お気をつけください。この本が、虫嫌いの人が昆虫図鑑を恐る恐る指でつまんで頁をめくるように扱われる姿を想像すると今からちょっと切ないです。

私の昆虫記に読者の方々を招待するのはなんだか恥ずかしくもあり、嬉しくもあり身悶えてしまうのだが、気持ちの整理がついたので、いざ、あなたの知らないバッタの世界へいざないたい。

目次

第3章　代々伝わる悪魔の姿　49

第4章　悪魔を生みだす謎の泡　73

第1章
運命との出逢い

一縷の望み

その日、夜のネオン街を私は一人で歩いていた。昆虫学者になる夢がついえようとしていた。昆虫の研究をするために大学院への進学を決意したものの夏の大学院受験に失敗し、どこか受け入れてくれる研究室がないか、アテを探すために秋に富山大学で開催された日本昆虫学会の全国大会に参加していた。指導教官の安藤喜一教授（現 弘前大学名誉教授）が定年退職されるため、他大学に進学しなければならなかった。懇親会では目星をつけていた大学の先生たちに話を伺わせていただくものの、なかなか有力な情報は得られない。携帯電話で時刻を確認するたびに焦りが募り、けっきょく希望は失望へと変わった。何も手がかりが掴めないまま無情にも懇親会は終わってしまった。この懇親会に一縷の望みをかけていたため私はすっかり落胆し、上機嫌になっている学会参加者たちを尻目に一人で宿泊先のホテルへ重い足取りで向かっていった。

道行く人たちの笑顔とネオンがまぶしかった。車のライトもまぶしかった。薄暗い路地がまるで自分の行く末を暗示しているようで吸い込まれそうだった。あと一つ角を曲がればホテルという交差点にさしかかったところで、ひときわにぎやかな集団が歩いているのが目に飛び込んできた。その中にすれ違いで神戸大学に進学した先輩を見つけた。向こうも私に気づいてくれたので、挨拶しに行ったところ、なんでも学会賞を受賞した方の祝賀会をこれから行うとのことだった。「前野も混ざらないか？」と誘ってくださり、飛び込みで参加させてもらうことにした。

一人でいるよりも大勢でいたほうが気も紛れるだろう。会が始まりみんなが笑顔でお祝いをはじめた。その方は私の母校の弘前大学の出身で、バッタやコオロギなどさまざまな昆虫を研究してきた有名な昆虫研究者だということを先輩たちから聞いていた。まだ面識がなかったのでグラス片手に挨拶に伺ったところ、私が弘前大出身ということにずいぶんと喜んで下さった。続いて「自分、虫の研究をしたいのですが行先を探しているところなんです」と悲観的な自己紹介をしたところ、思ってもみない返答が返ってきた。

「僕のところに来て研究してみないか?」バッタ研究人生が始まった瞬間だった。

師匠との出逢い

その方は、世界的に有名な田中誠二博士(独立行政法人農業生物資源研究所)だった。私は、研究所でも学生を受け入れてくれるとは夢にも思わず、ましてや田中先生が見ず知らずの学生を快く受け入れてくれたことにただ驚いた。話しはじめてからまだ三分も経っていないのだ。この展開はまったく予想しておらず、思いがけないところから一筋の光が差し込んできた。当時、私はイナゴの研究をしていたため、バッタについても少しだけ勉強しており、バッタに興味を抱いていたので、田中先生のオファーは願ってもないことだった。反射的に「ぜひ行きたいです!!」と即答した。正直、学会に来たくらいで望みが繋がるとは思ってもいなかった。酒の席ということもあり、弘前に帰ってから本当に研究をしに行っても大丈夫かどうかメールで確認したところOKの返事をいただいた。*1

田中先生は茨城県つくば市にある農業生物資源研究所で研究をされており、私はその近くの茨城大学に修士号をとるために籍を置き、春から研究所で研究をすることになった。研究所は昆虫学者の聖地だった。六階建ての大きなビルで、一階から四階まで昆虫学者たちがそれぞれの研究室、実験室、飼育室をかまえており、研究者たちはカイコ、ハチ、ハエ、カメムシ、カ、カブトムシ、カミキリムシ、コガネムシ、チョウ、ガ、コオロギ、ゴキブリ、ウンカ、シロアリとじつに色々な昆虫をさまざまな角度から研究していた（写真1・1）。同じ研究室にはカメムシの小滝豊美先生と、甲虫とネムリユスリカの渡邊匡彦先生、そしてネムリユスリカの奥田 隆先生がいた。昆虫研究の世界では、クワガタの後藤寛貴とか、タガメの大庭伸也などと研究している虫とセットで名前を呼ばれることが多い。一般の人からみればこれは嫌がらせ以外の何物でもないのだろうが、研究者にとってはもっとも栄誉あることだ。自分もバッタの前野と呼ばれているのを耳にすると嬉しくて仕方ない。ただし、面と向かってその人を呼ぶときにはさすがに虫の名前はつけないのだが、たまに虫の名前と本名が一体化している人もいる。弘前大学環境昆虫学研究室出身者には田中さんが二人おり、一人はクモを研究しているからクモ田中さん（田中一裕教授、宮城学院女子大学）、もう一人は誠二さんと呼び分けられていた。片方が誠二さんと呼ばれているなら、クモと田中を癒着させてまで区別する必要はないので何か複雑な事情があるのだろう。私も日常生活では誠二さんと呼ん

写真1・1　つくば市にある独立行政法人農業生物資源研究所の建物．

でいたが、この本では田中先生と呼ぶことにする。田中先生は、当時コオロギ、ゴキブリ、バッタを研究していたので自分はバッタを研究したい旨を伝えた。私が担当したのは、日本には生息していないアフリカ産のサバクトビバッタで、手始めにホルモンを注射することになった。日本にいてなぜ外国のバッタをわざわざ研究し、しかもホルモン注射を打たねばならないのか。それは、サバクトビバッタが特別な存在で、ホルモンがバッタの謎を解く鍵を握っていたからに他ならない。まずは、今に行き着くまでのサバクトビバッタ研究の歴史について語っていきたい。

＊1　後日談だが、すっかり酔っぱらっていた田中先生は私のことを忘れていたらしい。あのとき隣で話を一緒に聞いてくれていた田中先生と同じ研究室の渡邊匡彦氏が証人となってくれたそうだ。

サバクトビバッタとは？

サバクトビバッタ、学名を*Schistocerca gregaria*といい、その名の通り、サハラ砂漠などの砂漠や半砂漠地帯に生息しているバッタで、西アフリカから中東、東南アジアにかけて広く分布している（図1・1）。見た目は馴染のあるトノサマバッタに似ている。成虫は約二グラムほどで自分と同じ体重に近い量の新鮮な草を食べるので、一トンのバッタは一日に二五〇〇人分の食糧と同じ量だけ消費する計算になる。しばしば大発生して、大移動しながら次々と農作物に壊滅的な被害を及ぼす害虫として世界的に知られている。飛翔能力の高い昆虫に分類され、一日に五～一三〇キロメートルほど移動する。一九八八年一〇月にはア

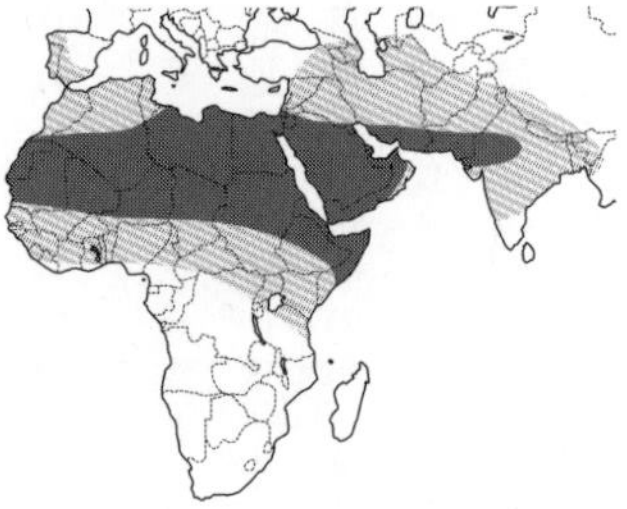

図1・1　サバクトビバッタの分布図. 塗り潰し：常発生地域. 斜線：大発生時の侵入地域（画：前野拓郎）.

フリカで発生したサバクトビバッタの群れが大西洋を越えカリブ海の島々に辿り着いたという報告がある。さらに南アメリカの海岸でサバクトビバッタの群れが発見された。サバクトビバッタはアメリカ大陸には生息しておらず、アフリカ大陸からアメリカ大陸までの間には陸地がないため、約四千キロメートル以上も飛んだ計算になる。力尽きたバッタが水面に浮かび、後続のバッタがその上で休息した可能性もあるが、いずれにせよ桁外れの距離を移動できる。その驚異的な移動能力をもって、国々を渡り歩くため、「ワタリバッタ」、「トビバッタ」と日本語で訳されている。通常時は三〇ヵ国ほどに分布しているが、大発生時にはサバクトビバッタによる被害は六〇ヵ国に渡り、それは地球上の陸地面積のじつに二〇パーセントにも及ぶ。群れの大きさは、大小あるが巨大な一つの群れは五〇〇キロメートル途切れることなく空を覆うことがあるそうだ。桁は決して間違っていない。ゆうに東京全域を覆い尽くす大きさだ。バッタの群れに巻き込まれると三メートル先が見えなくなってしまうらしい。羨ましい限りだ。私は映像でしか見たことがないので、とにかく想像を絶する規模で大発生するそうだ。最近では二〇〇三〜二〇〇五年に大発生した。とくに甚大なバッタ被害を被った西アフリカの諸国に日本は二〇〇三〜二〇〇八年の間に五七億円にも及ぶ緊急援助をしている。多くの研究者が大発生を予知する方法が無いか検討し、ある者は太陽の黒点との関連性を指摘したが明確な関連性はなく、大発生に周期性は無いと考えられている。最新の研究では、大雨が降り、エサとなる食草が増えるとそれが引き金となって大発生すると考えられている。
サバクトビバッタの群れは聖書にも記載されており、人類とは長い付き合いがある。これから、いくつかの文献を頼りに、バッタと人類との闘いの歴史について語ります。

黒い悪魔との闘い――絶望と希望の狭間に

バッタは世界各地で猛威を振るってきた（図1・2）。日本でもトノサマバッタが大発生したとの記録が多数ある。人類はバッタの襲来に脅え、不安な生活を余儀なくされていた。バッタに対して成すすべがなかった。

誰が指揮をとっているのだろうか。莫大な数からなるバッタの群れは見事に統制がとられ、幼虫の大群は地面から、成虫は空から次々と農作物に襲いかかってきた（写真1・2）。幼虫たちはふだん目にするような緑色ではなく黒いバッタだった。人々は悲鳴にも似た奇声をあげ、棒を振り回してバッタを追い払おうにも押し寄せるバッタの波を防ぎきることはできず、瞬く間に失われていく明日以降の糧を呆然と眺めるしかなかった。植物を食い尽くすと、バッタたちはまた新しいエサ場を求め進撃を繰り返していく。彼らが過ぎ去った後には緑という緑は残らない。残るのは人々の深い悲しみだけだった。

バッタは人々の平和な生活を一瞬で奈落の底へと突き落とした。ただし、地獄は永遠に続くわけではなかった。バッタの大発生は常に起こるわけではなく、不定期に起こるため平和な時間もあった。人々は平

図1・2　迫りくるバッタの群れ（左：ドイツのライプツィヒで描かれた画，1887年）．（右：ジャネッツ画，1689年）．

写真1・2　バッタの群れに巻き込まれ逃げる少年（撮影：Reuters, Pierre Holtz）．

穏な日々が長く続くことを祈り、気まぐれな悪夢の到来を心から恐れた。いつの頃からか人類はこの生き物をバッタ（Locust）と呼びはじめた。その語源はラテン語の「焼野原」からきている。漢語では「飛蝗」と記され、虫の皇帝とされていた。また、古代ヘブライ人はサバクトビバッタの独特な翅の紋様は、ヘブライ語で「神の罰」と刻まれていると言い伝えた。

　世界各地で起こる神の罰「バッタの大発生」には共通の謎があった。それは、大発生のときに襲い掛かってくる黒いバッタは、このときにしか見られないのだ。平和なときには忽然と姿を消しており、草根をかき分けてもいっこうに見つからない。奇襲をかけようにも敵のアジトを誰も見つけることができなかった。いったい、あの巨大な大群はどこに潜んでいるというのだろうか。姿の見えない黒い悪魔はさらに人々の恐怖心を煽った。

黒い悪魔に屈していた人類の前に、救世主が現れた。突破口を切り開いたのは、ロシアの昆虫学者ウバロフ卿だった。ウバロフ卿は、一九二一年、普段目にする緑色のトノサマバッタ*Locusta danica*こそが悪魔の正体だという驚くべき説を発表した(Uvarov,1921)。共同研究者の中央アジア昆虫研究所のプロトニコフ所長の実験によると、複数のトノサマバッタの幼虫を一つの容器に押し込めて飼育すると、あの黒い悪魔、*Locusta migratoria*に豹変するというのだ(口絵1)。ウバロフ卿は、その変身は「混み合い」、すなわちバッタ同士が互いに一緒にいることが引き金になっていることを突き止めた。大発生のときには、個体数が増加した結果、お互いにぶつかる頻度が高まり、この変身が起こっていたというわけだ。平穏なときには黒い悪魔は羊の皮をかぶるかのごとく、人々の目をくらましていたのだ。姿形のみならず、動きまでもがまるで違う二種のバッタを誰が同種だと想像できただろうか。ウバロフ卿はこの現象を物理学の相(Phase)になぞらえて相変異と名付け、相説(Phase theory)を提唱した。低密度下で育った個体は孤独相(Solitarious phase)、高密度化で育った個体は群生相(Gregarious phase)と名付けられた。両極端の中間のものは転移相(Transient phase)と呼ばれた。

孤独相の幼虫は生育環境の背景に溶け込んだ緑や茶色などの体色をしており、単独性でおとなしい。一方の群生相の幼虫は黒にオレンジや黄色が混じった目だつ体色になる。そしてお互いに惹かれ合い、群れを成す。幼虫は群れで同じ方向に行進し、成虫は群飛し、高い機動力を誇るようになる。相が違うともはや別の生物だった。相説の発表を皮切りに、別種のバッタでも続々と悪魔の正体が見破られていき、一九二三年にはサバクトビバッタでもウバロフ卿の手により長年の謎に終止符が打たれた(口絵2)。

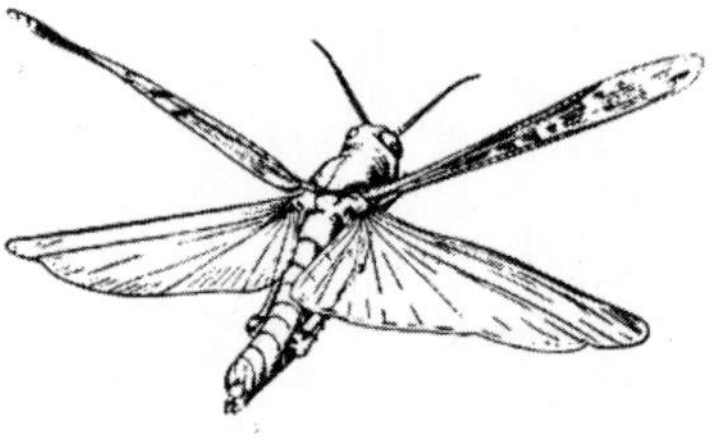

図1・3　対バッタ研究所のシンボルマーク．

ウバロフ卿の発見は、人類を奮い立たせた。大発生時にはすべての個体が群生相になって害虫化する。そのため、どうやって群生相化するのか、その謎を解き明かすことができれば、天災と恐れられたバッタの大発生を阻止できる対抗策が開発できるかもしれないと考えられた。かくして一九四五年、ロンドンに対バッタ研究所（Anti - Locust Research Centre）が設立された（図1・3）。初代所長はウバロフ卿が務め、ここに人類の命運が託された。その当時、アフリカに多くの植民地をもっていたイギリス、フランスなどヨーロッパ諸国が主力となりバッタ研究を進めるようになった。ウバロフ卿の呼びかけのもと、各国のバッタ研究者が手を取り合い国境なき国際研究が始動した。対バッタ研究所の活躍により、相変異に関する新発見があいつぎ、バッタが恐るべき能力をもつ昆虫であることが明らかとなっていった。

大発生を阻止する有効な手立ては見つからないものの、着実にバッタに関する情報は蓄積して、バッタの化けの皮が暴かれつつあった。絶対的エースのウバロフ卿は、定年退職を迎えるまでの十四年間に渡り、優秀な研究者を幾人も育てあげ、惜しげもない努力が研究に注がれ、希望の光は輝きを増すばかりだった。そんな彼らの努力が実ったのか、七〇年代に入るとバッタの被害が激減した。研究所発足後、アフリカ諸国では独立があいつぎ、バッタ研究の重要性が薄れてきていた。バッタの大発生が気まぐれで起こることが災いし、不幸なことに研究予算は打ち切られ、とうとう一九七一年に対バッタ研究所は閉鎖されてしまう。対バッタ研究所は海外害虫研究所（Centre for Overseas Pest Research：COPR）に姿を変え継続することになったが、昔のような輝かしい面影はなくなっていた。

男はやっとの思いで震える声を絞り出した。

「バッタが…。バッタが現れました」運命とはなんと残酷なのか。十六年後、沈黙を破り、再びバッタの脅威が世界を襲った。もはや手の施しようがなかった。ウバロフ卿が築き上げた研究システムを復活させるのに、研究者を育て上げるのにいったいどれだけの苦労と月日がかかるだろうか。一度止まった歯車を動かすことは容易ではなかった。あのまま研究所が運営されていれば…。一線から退いていたウバロフ卿が事態をどんなに嘆いたことだろうか。

バッタたちは猛威をふるったかと思うと、突如沈黙して、人類を翻弄し続けた。バッタの不定期の襲来は、人間の浅ましさの一つ、目先の利益の隙をつくものだった。バッタの被害がないのに誰が研究予算を惜しげもなく準備してくれようか。政府はバッタが大発生すると予算を慌てて準備するものの、被害報告がなくなるとすぐに予算を打ち切った。バッタ研究にもっとも必要なのはその場しのぎの資金ではなく、研究者だった。それもただの研究者ではなく、スペシャリストが必要だった。ウバロフ卿が育て上げた優秀な研究者たちが、次の世代を育てようとしていた矢先に研究所が閉鎖してしまったのが、致命傷となった。バッタの弱点を掴みかけたというのに、皮肉なことに人間の手により世代を超えたバトンが途切れることになるとは誰が想像しただろうか。

写真1・3　殺虫剤で殺されたサバクトビバッタ．殺虫剤を浴びた屍は何者にも食べられずそのままさらされる．

人類は、バッタへの対抗兵器として殺虫剤を開発した（写真1・3）。殺虫剤は液状でスプレーを使ってバッタに撒く方式が採用された。このケミカルウェポンは、バッタを確実に死に至らしめた。バッタの数が異常に膨れ上がる前にバッタを殺虫剤で叩き、大発生を未然に防ぐことが可能になると期待された。幼虫の時期ならば移動能力がさほど高くないので殺虫剤を効果的に散布することができるが、成虫になると飛んで散らばってしまうため地上からの防除は不効率だった。そこで、飛行機を使って空中戦を挑んだが、困難を極めた。飛行機がバッタの群れに巻き込まれようものならバッタは隙間という隙間に潜り込んできて、エンジンは止まり飛行機が墜落してしまう恐れがあったため、迂闊に近づけなかった。そのため、幼虫が成虫になるまでの一ヵ月弱という短期間が勝負の分かれ道となり、一刻の猶予も許されない対応が求められた。だが、殺虫剤の散布方法以前の問題として大きな壁が立ちはだかった。殺虫剤は諸刃の剣だった。殺虫剤はターゲット以外の生物の息の音までも止めるため、殺虫剤が使用された戦場では、生命が沈黙した。さらに人間の健康をも脅かすことが発覚した。それでも、リスクを背負いながら、殺虫剤にすがるしか道がなかった。「人類には自分で自分の首をしめる方法しか残されていないのか」、風の音しか聞こえなくなった大地を見つめ、スプレー散布車のハンドルを握った戦士がつぶやいた（写真1・4）。

バッタの大発生は、貧しさに追い打ちをかけるように貧困に苦しむ国々で起こることが多かった。戦争や革命、民族紛争のため、政治や治安の問題で自国で対応できないばかりか、すぐに他国が救援に駆けつけられないことも、バッタ被害を最小限に食い止められない原因の一つだった。バッタはまるで人類が手出しできないことを知っていたかのように弱点を執拗に攻めてきた。またしても、人間自身の手がゆくすえを阻んだ。いったいいつまで人類はバッタに苦しめられなければならないのか。明日の糧となるはずだった無残な姿のソルガムの茎を握りしめた老婆の目から一筋の涙が頬をつたった。

写真1・4　殺虫剤を撒く係は殺虫剤が自身に降りかからないように全身を服で覆う必要がある（上）．殺虫剤噴霧用の車（下／通称：戦車）．

ただ、すべての望みが絶たれたわけではなかった。世界各地で規模は大小あれど、バッタ研究は続けられていた。バッタは大型昆虫のため生物実験に都合が良いので大学や研究所の研究室に実験材料として招かれていた。ある者は興味ある研究テーマを遂行するために数ある動物の一種類として利用し、ある者はバッタ防除のために、そしてある者は興味の赴くままに。目的は違えどもバッタ研究は継続し、着実に理解を深めていった。そして、近代科学の発展とともにバッタ研究は新たなる局面を迎えようとしていた。

相変異

ウバロフ卿による相変異の発見がバッタ研究の転機となった。ウバロフ卿は一連の研究活動の功績が認められ、騎士の称号を与えられた。この本においても敬意を込め、「卿」と呼んでいるのはそのためである。バッタ研究者たちはウバロフ卿の功績を称え、今でも「バッタ学の父」として語り継いでいる。私の研究テーマのすべては、相変異（Phase polyphenism）に関わっている。相変異とはいったい何なのかを説明しようとするとそれだけで分厚い本が書けてしまうくらい膨大な量の情報がある。ここでは、いくつかの優れた総説を参考に相変異の概念について紹介したい。

ウバロフ卿が行ったように相変異は実験室で再現できる。他の個体とぶつからず、お互いに見えないように視覚的に遮った飼育容器に一匹だけ隔離して飼育すると孤独相になり、一つの容器に多数のバッタを入れて飼育すると群生相になる。孤独相と群生相との間で違いが見られる形質は、相変異関連形質（Phase-related characteristics）と呼ばれており、現在のところ行動、形態学、解剖学、体色、発育、繁殖、生理学、生化学、分子生物学、化学生態学（フェロモン）的なものが知られており、じつにバラエティに富んでいる。たとえば、ウバロフ卿も指摘したように、もっとも目につきやすいのが幼虫の体色だ。孤独相はカメレオンのような能力をもっており、生育環境の背景に似た体色を発現させることができる

(Faure, 1932)。ちなみにカメレオンは即座に体色を変えることができるが、バッタの場合は脱皮しないと体色は変わらない。バッタは種によって何色を発現できるか異なってくるが、トノサマバッタの場合は緑、茶、黒、紫、赤、白、黄色などの体色が見られ、じつにカラフルである。草地では緑色の幼虫を、枯草が多い場所では茶色の幼虫を多く見かけるのは、バッタが生息地の色に似た体色を発現しているからである。カモフラージュするのは敵の目をくらまして捕食から逃れるためだと考えられている。また比較的おとなしい行動も敵から発見されにくくなるのを助けている。群生相は黒色に黄色やオレンジが混じっためだつ体色をしており、群れの中の個体が一様に似た体色をしている(Stower, 1959)。群生相の体色の役割についてはいくつか説がある。一つは、太陽の輻射熱を効率よく吸収するためと考えられている。白い服よりも黒い服を着ている方が日の光を浴びると早く熱くなるのと同じ原理である。真夏の熱闘を繰り広げる高校球児のユニホームがなぜ白いのか納得していただけるかと思う。もう一つは、サバクトビバッタでは、群生相の幼虫が毒をもつ植物を食べ、そのバッタを捕食者であるトカゲが食べてひどい目にあうと、めだつ体色＝マズいエサと学習するようで、トカゲは再び群生相の幼虫を食べようとしなくなるようだ(Sword et al., 2000)。群生相のめだつ体色は自分たちがマズいエサであることをアピールするための警告色として役立っている説が唱えられている。しかし、毒植物を食べたと思われる群生相のバッタが鳥などの天敵に襲われているのが観察されていたり、毒植物が分布していない地域でもめだつ体色が発現されているため、この説に関しては懐疑的な意見も少なからず聞こえてきている。相変異は、変化する生息環境にもっとも適した生存戦略をとるための適応の一つとして捉えられている。

相変異研究の中でも相の変化が起こる仕組みはとくに注目を集めてきた。孤独相が群生相になることを「群生相化（Gregarization）」、逆に群生相が孤独相になることを「孤独相化（Solitarization）」と呼ぶ。それぞれの変化は混み合うか、混み合わないかで誘導される。そしてバッタは混み合いの程度、時期、期間に応じて相変異関連形質を変化させる。「混み合いの程度」とは、ある一定面積におけるバッタの数ではなく、他個体と相互関係する頻度のことを示す。注意しなければならないのは、低密度条件下であっても、一ヵ所にバッタが集まればそこの混み合いの程度は高くなるため、「密度」という表現ではなく「混み合い」が使われるのが一般的である。バッタ研究では、飼育容器あたりの個体数や飼育容器の大きさを変えることで混み合いの程度を調節している。「混み合いの時期」は、どの発育ステージから混み合うかということである。言い換えればバッタは脱皮して成長していくので、何回脱皮した時点で混み合うのかということである。「混み合いの期間」は、混み合う時間の長さのことで、早い発育ステージから長い期間混み合わせるとより群生相化がすすむ。

また、バッタの相が変化するのに必要な混み合いの期間は形質によって異なり、たとえば幼虫の行動の場合は数時間で変化が見られるが、幼虫体色の場合はその齢期の間に受けた混み合いの影響は脱皮後の次の齢期に現れるため数日から一週間くらいかかる。成虫形態の場合は、幼虫期全体の混み合い条件に影響される。混み合いの影響を調査する際には、着目する相変異関連形質に応じて、実験手法や解析方法はまるで異なってくる。

興味深いことに、典型的な孤独相または群生相の成虫形態に至るまでには数世代連続して同じ混み合い

（低または高）条件下で発育しなければならないと考えられていた（過去形で書いた理由は、第3章を参照）。ただし、いまだに謎なのだが野外で見られる典型的な孤独相と群生相の形態をした成虫を実験室では作りだすことができないとされている（Pener & Simpson, 2009）。相変異関連形質は混み合いだけではなく、温度、湿度、エサ質等の影響も受けるため、おそらくこれは実験室の飼育条件は人為的なので野外に存在する環境要因が実験室では欠けているからだと私は考えている。サハラ砂漠では一日の内で温度は三〇度以上も変動するが、この変温が重要との報告もある（Gunn & Hunter-Jones, 1952）。

相の変化は、どの発育ステージでも起こり、孤独相から群生相へ、または群生相から孤独相への双方向の変化が可能である。ひじょうに柔軟に変化するのも相変異の特徴である。そして、気をつけていただきたいのが、孤独相と群生相の特徴がバッタの種が変わると、逆転してしまうことがある。たとえば、トノサマバッタでは性成熟するのは孤独相の方が早いが、サバクトビバッタは逆で群生相の方が早い。バッタ研究者の中でもこの事実を知らずに研究している者がいる。

バッタの中でもサバクトビバッタとトノサマバッタが顕著な相変異を示すために、この二種の研究が圧倒的に多い。相変異という能力がどんな役割を果たしているのか、そして相変異が起こる仕組みはどうなっているのか、この二点に私は興味を抱いている。相変異に関する総説として、Uvarov, 1966, 1977、嵓俊一、一九八八、Pener, 1991、Pener & Yerushalmi, 1998、Pener & Simpson, 2009を推奨する。言うまでもないが、総説と言えども誤解があるので、すべてを鵜呑みにせずに最新の原著論文でフォローされることをお勧めする。バッタ以外にも相変異を示すガ（蛾）の仲間が知られており、日本では京都大学の嵓俊一教授らによって先駆的な研究が推し進められていた。

コラム　バッタとイナゴ

一般的に、バッタとイナゴは、相変異を示すか示さないかで区別されている。相変異を示さないものがイナゴ(Grasshopper)で相変異を示すものがバッタ(Locust)と呼ばれている。ただし、オーストラリアの研究者たちは、群れを成すものもバッタと呼ぶことを主張している。彼らがおもに研究している、オーストラリアバッタ *Chortoicetes terminifera* は相変異を示さないため本当はイナゴとして認識されているのだが、どうやらバッタとして扱ってもらいたいようである。一部のイナゴは集団飼育すると体色が黒くな

図　イナゴとバッタを研究していた安藤先生がモーゼだったら最後に一言付け加えるだろう.
(画：北原志乃)

ったり、集合性を示すものもいるが、自然界では通常そのようなことは起こらないとされている。

日本では、オンブバッタやショウリョウバッタにも「バッタ」が使われているが、厳密にはイナゴの仲間ということになる。バッタとイナゴの定義はいまだに混沌としており、両者を明確に区別するのは難しいとされている。あくまでも定義なので、どう呼ぼうと自由な気もする。ただし、バッタ研究者の私は自分のバッタをイナゴと呼ばれると大変遺憾に思うので以後気をつけられたし。イナゴとバッタ研究者である安藤先生の想いを弘前大昆虫研出身の漫画家であられる北原志乃さんが代弁して下さった（図）。

コラム　バッタ注意報

世界的にバッタとの闘いは戦争とみなされている。私たち日本人には想像しにくいのだが、バッタの卵は「時限爆弾」、農薬は「ケミカルウェポン」と呼ばれるなど物々しい。

実際にアフリカでバッタが大発生した際に、先頭に立って指揮をとるのが国際連合食糧農業機関（The Food and Agriculture Organization of the United Nations: 通称FAO）である。当機関は、人々が健全で活発な生活をおくるために十分な量・質の食料への定期的アクセスを確保し、すべての人々の食料安全保障を達成することを目的とし、農業、林業、水産業、栄養改善等に関する数千ものプロジェクトを実施・管理している。多くの諸国の支援のもとに運営されており、日本も多大なる支援をしている。その中の一つ

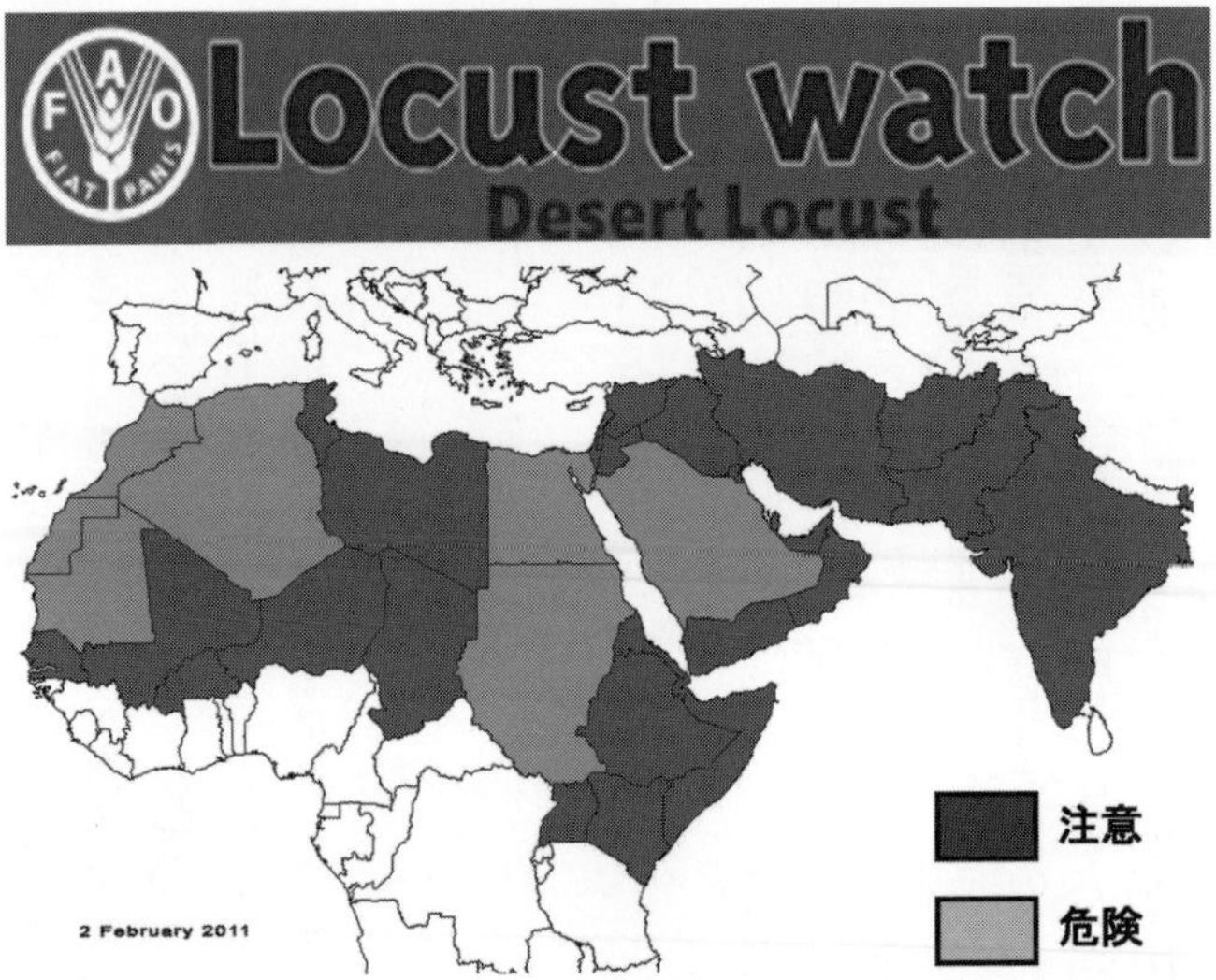

図　バッタの発生状況を伝えるバッタ予報．毎月2回，各国のバッタ関連機関がFAOにサバクトビバッタの発生状況を報告．それを基に今後の動向を発信し，注意を促している．2011年2月，西アフリカおよび東アフリカでサバクトビバッタが大発生の兆しをみせたがFAO率いるバッタチームの迅速な対応のおかげで未然に防ぐことができた（Keith Cressman/FAOに変更の許可を得て掲載）．

にサバクトビバッタ問題を取り扱う専門チームがある。

　FAOのサバクビトバッタ専門チームは、名実ともにサバクトビバッタに立ち向かうエキスパート集団である。チームは、サバクトビバッタに精通した学位を有する有識者らによって結成されており、アフリカにおけるバッタ問題の重大性を熟知し、献身的な活動を繰り広げている。おもな業務内容は、バッタの発生状況の迅速な報告、被害の拡大が見込まれる国々への危険通告、バッタ防除のためにドナーから支援された資金の運営、発生状況の今後の見通しに関する情報の発信を世界に向けて行っている。いわゆるブレイン的な役割をしており、彼らの尽力のおかげでアフリカ諸国が連携をとり合い、速やかに対策をとることを実現している。

アフリカを主体とする三十二ヵ国にバッタ問題に対応する責任者がいて、彼らは二週間おきに自国のバッタの発生状況をFAOに報告する。報告を受けたFAOのバッタチームの担当のキース・クリスマン博士が気象状況、バッタの発生場所、衛星画像などを統合して向こう六週間のバッタの動向を予測し、毎月バッタの状況を要約した情報誌を提供している。なお、この情報はウェブ上(http://www.fao.org/ag/locusts/en/info/info/index.html)でも公開され定期的に更新されている。

バッタの発生状況は、地図上で色分けされて示される(図)。白色はサバクトビバッタが分布していない地域。緑色は農作物への被害の心配はないが、定期的な調査が必要。黄色は農作物への被害が起こる可能性があるので警戒が必要。橙色は農作物への被害があるので調査と防除をしなければならない。赤色は農作物への深刻な被害があるので全力の調査と防除が必要。

サバクトビバッタの発生地は西(九ヵ国)、中央(十六ヵ国)、東(四ヵ国)の三つの大きなエリアに分けられ、それぞれにサバクトビバッタに対する大きな委員会が編成されている。

西:FAO Commission for Controlling the Desert Locust in the Western Region (CLCPRO)

中央:FAO Commission for Controlling the Desert Locust in the Central Region (CRC)

東:FAO Commission for Controlling the Desert Locust in South-West Asia (SWAC)。

そして、これらの三つがまとまって、サバクトビバッタ防除組織(Desert Locust Control Committee: DLCC)が成り立っている。

FAOはさらに、フィールドでの調査や殺虫剤の管理、散布方法、バッタの発生状況の調査の仕方などを現地スタッフにトレーニングすることにも力を入れている。彼らの支援は決して一時的なものではなく、持続的なバッタ対策という人類の祈願に着実に繋がっている。彼らの活躍は、ＦＡＯが掲げる「すべての人々に安全な食料を継続的に提供する」という理念をまさに反映したものであり、バッタ問題における彼らの功績はあまりにも大きい。彼らなくして今後のバッタとの闘いは成し遂げられない。

第2章
黒き悪魔を生みだす血

相変異を支配するホルモン

姿、形に、行動までも別種のように変身するバッタだが、一つ考えてみてほしい。いったいどうやってそんなことを成し遂げているのかを。長年の研究によって、彼らは体内のホルモンを巧みに操ることでダイナミックな変身を遂げていることがわかってきた。ホルモンとは動物の体内において、ある決まった器官で合成・分泌され、体液（血液）を通して体内を循環し、別の決まった器官でその効果を発揮する生理活性物質のことで、ギリシャ語の hormaein（「刺激する」「興奮させる」の意）から命名された。体の中で起きていることなど目には見えないはずなのに研究者たちはどうやってホルモンが重要だと突き止めることができたというのだろうか。たとえ体内を観察できたとしてもホルモンなど目には見えないはずなのに。「相変異はホルモンによって制御されている」と説明できるようになるまでには、バッタ研究者たちの苦闘の歴史があった。

相変異研究が始動した当初、フォール教授は、バッタはお互いに刺激しあうことで群生相化する物質を体内で生産し始めると想定し、その未知の物質をバッタの英名のローカストにちなんでローカスチンと名付けた（Faure, 1932）。現在は、その未知の物質はホルモンのことを指摘していると考えられているが、まだホルモンの存在が不明瞭な時代にフォール教授は先見の明で言い当てていた。

一九三〇年代以降、昆虫ではとあるホルモンが脚光を浴びていく。昆虫生理学の大家ウィグルスワース卿の研究によって存在が証明された幼若ホルモンだ。ウィグルスワース卿は一度吸血すると脱皮をするオ

オオサシガメ *Rhodnius prolixus* に目を向けた。オオサシガメ同士の頭をガラス管で繋ぎあわせて体液が行き来するように処理したり、吸血後に各個体の頭部を切り落とし脱皮するかどうかを調査したところ、頭部のアラタ体(Corpora Allata)という器官から脱皮変態を制御する物質が体液に分泌されることを発見し、後にそれが幼若ホルモンであることが特定される(Wigglesworth, 1934)(図2・1)。体液の輸血実験や器官移植、器官摘出実験は、ホルモンの働きや分泌器官を特定するための常とう手段である。摘出した器官を別個体に移植し、その後起こる生理的な変化を検出し、その器官から分泌されるホルモンの働きを特定するという流れなどがある。ただし、器官移植と言っても人間のように神経や血管を繋ぎ合わせることはせず、体内にその器官を挿入するだけだ。昆虫の体内器官は風船の中の液体に浮かんでいるような状態で、移植された器官はしばらくホルモンを生産・分泌し続ける。

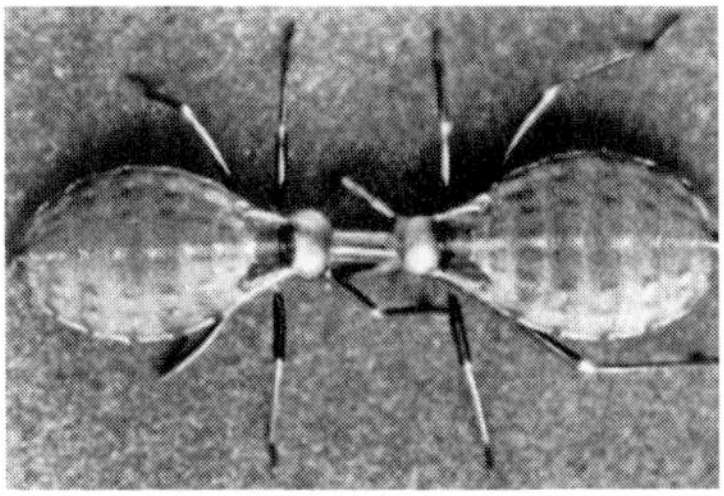

図2・1　ウィグルスワース卿のホルモン実験. 体液がお互いに行き来するようにガラス管で繋がったオオサシガメ(通称：接吻カメムシ). (Belles, 2011を改変).

バッタでも体内の群生相化を誘導するホルモンを特定するために体液の輸血実験や器官移植実験が行われた。ホルモンを分泌すると考えられる器官を摘出し、別のバッタに移植してその効果が観察された。腹部の節間膜にメスで切り込みをいれ、その中に器官を挿入する。そして、その後の変化を見るのだが、せっかく効果があったとしても、もし見ている形質が間違っていたら何の働きをしているホルモンなのか特定することはできない。もしかしたら群生相化を、

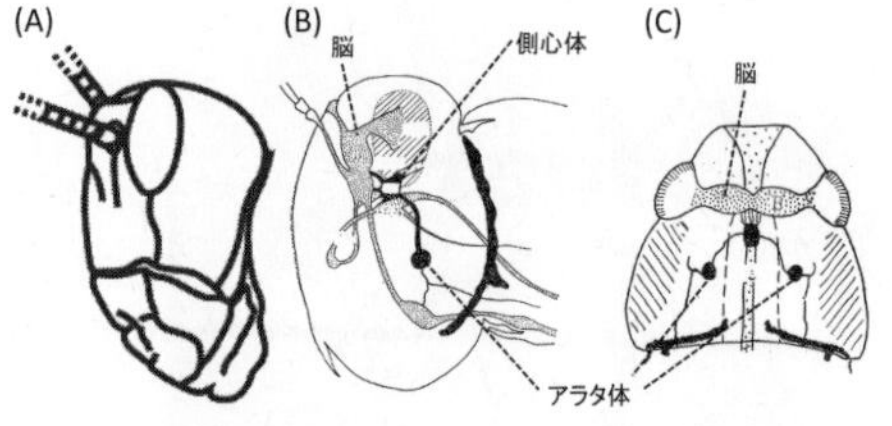

図2・2　バッタの頭部.（A）側面,（B）側面断面図,（C）上面断面図. 脳および側心体は黒化誘導ホルモンのコラゾニンを生産・分泌し, 1対のアラタ体は幼若ホルモンを生産・分泌する（画A：前野拓郎；画B, C：Uvarov, 1966を改変）.

あるいは孤独相化を誘導しているかもしれない。しかもホルモン分泌器官は一つだけではなく多数あるし、受け手の生理状態も重要で処理するタイミングの問題もあり、ホルモン要因を突き止めるのは困難を極め、手さぐりだったと思われる。

初めて相の変化を誘導するホルモンの手がかりを得たのはジョリー夫妻だった(Joly & Joly, 1954)。ジョリー夫妻らはトノサマバッタを用いて、孤独相幼虫の幼若ホルモンを分泌するアラタ体を群生相幼虫に移植すると黒い体色が減衰し、緑色になることを発見した(図2・2)。アラタ体を除去された孤独相幼虫の体色は緑色から茶色に変わったが、群生相特有の黒にオレンジの体色にはならなかった。この結果は、幼若ホルモンは孤独相的な緑色の体色を誘導するが、このホルモンがないからといって群生相化は誘導されないことを意味している。つまり、群生相化を誘導するホルモンは別物だということになる。では、いったいどのホルモンが相変異をコントロールしているというのか? ホルモン研究は進展がないまま時を刻み続けた。そして、一世紀近くに及ぶ謎を初めて解き明かした研究者こそ、師匠の田中先生だった。

白いバッタ

研究室では世にも珍しい真っ白いトノサマバッタを飼っていた（図2・3）。突然変異体のアルビノ[*1]のトノサマバッタで、十数年前に田中先生が沖縄の石垣島から採集してきたバッタの中から数匹出現し、それ以来ずっと系統を維持していた（Hasegawa & Tanaka, 1994）。トノサマバッタは、北は北海道から南は沖縄まで日本に広く分布しているが、卵休眠で越冬する個体群としないものとがある。

図2・3　正常型（A）とアルビノ（B）のトノサマバッタの3齢幼虫．コラゾニンを2齢アルビノ幼虫に注射すると3齢時に黒化する（C）（Tanaka, 2006を基に作図）．

当時、トノサマバッタの休眠に関する研究を行っていた田中先生は、休眠を制御する未知のホルモンの探索を目的に、卵休眠する系統のバッタのホルモン分泌器官を休眠しないアルビノに移植して休眠が誘導されるかどうかを調べようとした。ところが、思わぬ事件が発生した。移植されたアルビノが数日後、黒くなったのだ。移植した器官に何か特別なホルモンがあるかもしれない。そこで、詳しく調べたところ、脳と側心体（Corpora Cardiaca）と呼ばれる器官、それに神経節にアルビノを黒くする要因があることを発見した（Tanaka, 1993; Tanaka & Pener, 1994）。その要因の正体を突き詰めた結果、コラゾニンと呼ばれるペプチドホルモンが黒化を誘導していることがわかった（Tawfik et al., 1999）。このホルモンは［His^{7}］-corazonin、あるいは黒化誘導ホルモン（Dark-color inducing hormone）と呼ばれている。もともとこのホルモンはワモンゴキブリ *Periplaneta americana* で見つかったもので、心拍数を速める強心作用をもつことからスペイン語のコラゾン（心臓）にちなんで名付けられていた。*2 田中先生はアルビノ幼虫に注射するコラゾニンの濃度や注射する時期を変え、黒、赤、紫、茶色、ピンクと色々な体色が誘導されることを証明した（Tanaka, 2000a, b）。しかも、黒とオレンジが混じった群生相的な体色をアルビノに誘導することに成功した。一九三二年にフォール教授が想定した群生相化を誘導するホルモンが初めて特定され、バッタ研究界は震撼した。アルビノはコラゾニンを遺伝的にもたない突然変異体だった（Hasegawa & Tanaka, 1994）。ちなみに、アルビノの動物は、コブラ、ヒト、ネコ、ブタ、ザリガニ、ハリネズミといくつか知られているが、アルビノの原因がわかった例はきわめて少ない。

バッタの黒化誘導ホルモンが知られると世界中のバッタ研究者が田中先生の発見に飛びついてきた。先生が国際学会でコオロギの発表をし、最後のスライドでアルビノが黒化する話を披露したところ、それまで退屈そうに聞いていた大御所のバッタ研究者がそれを見たとたんに身を乗り出して話を聞いてきたそうだ。発表後に共同研究をもちかけてきたそうで、一度断ったが、次の日ホテルのロビーで先生が出てくるのを待って、再び口説いてきた。けっきょく、先生は受け入れたそうだ。先生はアルビノを自分だけで占有するような真似はせず、欲しい者には惜しげもなく分け与えた。アルビノは新発見を秘めた宝箱なのに、人にむざむざあげるなんてと納得ができずにその理由を尋ねたところ、

「自分でできる範囲は限られているから、自分のできないところを他の人がやってくれるかもしれないでしょ。あと、自分が気づかなかったことを誰かがやったら嬉しいじゃない」と教えてくれた。心からバッタ学の発展を望まなければとてもできないことだ。先生の研究室には実験補助のパートさんが三人とた

まに学生が一人いるくらいで、実質的には自分で手を動かさなければならなかったので、競争になるとライバルの研究室は何人も研究者を抱えているので物量ではかなわない。先に美味しいところをやられてしまう恐れもあった。先生はさらに冗談めいて、

「それにね、他の人たちが思いつかないことを自分でできる自信があったからね」とニヤリと笑った。その言葉通り、先生は少数精鋭で次々とコラゾニンに関する発見をし、他の追随を許すことなく相変異メカニズムの本質に切り込んできた。そして、コラゾニンが体色だけではなく、他の相変異関連形質の制御にも関与していることを発見するに至った。

＊1　アルビノとは先天的にメラニンが欠乏する遺伝子疾患、ならびにその症状を伴う個体のことをさす。

＊2　いくつかのコラゾニンが発見されているが、この本では［His[7]］-corazoninを便宜的にコラゾニンと呼ぶ。

ホルモンで変身

孤独相と群生相との違いは体色にも見られるが、成虫形態にも見られる。トノサマバッタの場合は顕著に前胸背板が孤独相で膨らみ、群生相でへこんでいる（図2・4）。サバクトビバッタではこの差は明確ではない。孤独相と群生相の体の大きさにはバラつきがあり、身体の各パーツ、頭幅や前翅、後腿節などの実測値で孤独相と群生相とを比較してもオーバラップするため明確に区別することができない。何かうまい見分け方ができないかと、対バッタ研究所の研究者ディィリッシュ博士がこの問題に取り組み、後腿節長

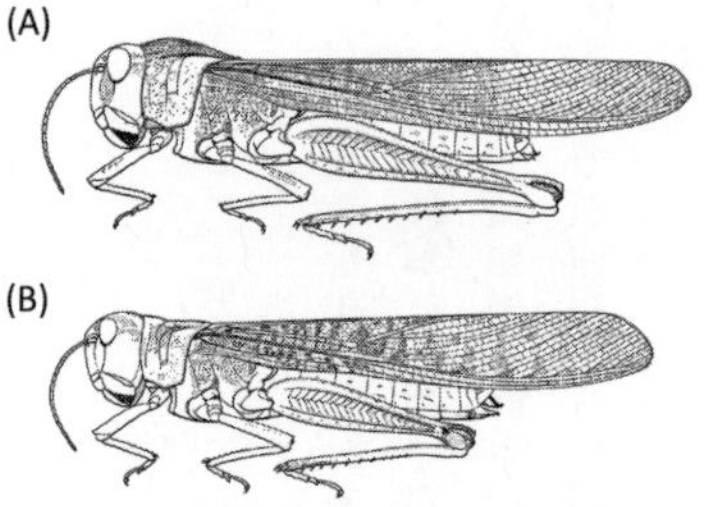

図2・4　孤独相（A）と群生相（B）のトノサマバッタの成虫．群生相は孤独相に比べて前胸背板がへこみ，体に対して後脚が短く，翅が長くなる（Uvarov,1966 を改変）．

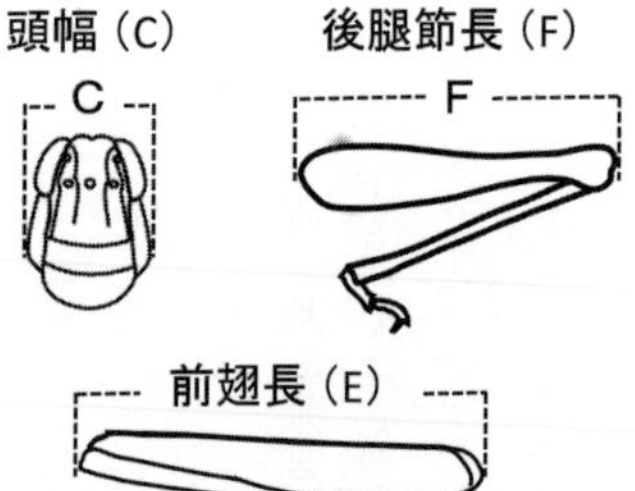

図2・5　バッタの成虫形態．伝統的に頭幅（C），後腿節長（F），前翅長（E）の比を用いて相の程度を定量化する（画：前野拓郎）．

（F）を頭幅（C）で割った値（F／C）と、前翅長（E）を後腿節長（F）で割った値（E／F）を用いると孤独相と群生相とを分離することができることを発見した（Dirsh, 1953）（図2・5）。群生相は相対的に身体に対して翅が長くなり、脚が短くなり、F／C値は低く、E／F値は高くなるので、孤独相と区別することができる。群生相の体型の方が直観的に飛翔に適したように思えるのだが、流動力学的にそれを実証した報告を目にしたことはない。

コラゾニンは体色以外の他の相変異関連形質の制御にも関係しているのではと考えた田中先生は成虫の形態への影響についても調査した。単独飼育している沖縄産のアルビノと茨城産の二系統の幼虫にコラゾニンを注射したところ、どちらの系統でも成虫形態が集団飼育したものに似た値を示す結果が得られた。つまり、コラゾニンが体色だけではなく成虫形態でも群生相化を引き起こすことがわかった（Tanaka et al., 2002）。サバクトビバッタに関しては、イギリスの研究グループが調査していたが、コラゾニンは成虫形態の群生相化をオスではわずかに誘導するが、メスでは誘導しないというあやふやな結果が得られていた(Hoste et al., 2002)。

授かりしテーマ

一般的に大学の研究室では、指導教官から研究テーマをもらうか、自分でやりたいことをやる、という具合だ。「とりあえず半年くらいバッタを飼ってみて、自分で好きなテーマを決めたらいいよ」ということで私の研究生活がスタートした。学生としては贅沢すぎる飼育室を一室お借りし、さらに自分専用の実験机も準備していただいた。何か相変異に関係した研究をしたいけれど、無限とも思えるテーマからどうやって選んだらよいものなのかさっぱりわからなかった。VIP待遇にもかかわらず、肝心の頭の準備ができていなかった。いったい何をテーマにしたらいいものか。指示待ちの人生を歩んできたツケがここで出てきてしまった。読者の皆様は、これまで散々昆虫学者になりたいと話してきたのでさぞかしできる子だと思ったろうがとんでもない。頭脳明晰どころか頭に難を抱えて生きてきた。

何をしたいのか自分で決められないとはなんと情けない。かと言って良いアイデアも浮かんでこない。思い悩んだ末に、開き直り「自分、研究者になりたいのですが、正直何をテーマにしたらいいのかさっぱりわかりません。何をしたら研究者になれるのか教えてください」と田中先生を頼ったところ、「わかった。ちょうどいいのがあるよ」とテーマを恵んで下さった。ただし、それには条件がついていた。修士課程は通常二年間で修了するのだが、(一)与えられたテーマは一年目で終わらせること、(二)一年目の間に自分でやりたいテーマを見つけること、(三)二年目から自分のテーマを研究し、そのテーマで修士論文を書くことだった。要は、一年目は修行に専念し、二年目から自分の研究をするのだ。二年目には修士論文を書かなければならないので、実質的に半年ちょっとまでしかデータをとれない。一年目で何か良いテーマを見つけられる保証はないし、短期間で修士論文を書きあげるのに十分なデータをとれるかどうか自信がなかったが、研究者としてやっていくための最初の試練だと思いチャレンジさせてもらうことに決めた。

ホルモン注射

田中先生が授けてくださったのは、コラゾニンがサバクトビバッタの成虫形態を制御しているかどうかという問題だった。先に述べたように、すでにイギリスの研究チームが調査し、コラゾニンの効果はトノサマバッタの結果に比べて不明瞭であると報告されていた。しかし、トノサマバッタで採用したコラゾニンを処理する濃度とタイミングが違っていたこともあり先生はトノサマバッタで効いてサバクトビバッタで効きが悪いという結果に疑問を抱いており、今一度調べる必要があると考えていた。

「コラゾニンがサバクトビバッタの成虫形態に及ぼす影響」をテーマとして、修行を開始した。このテーマは相変異も関係しており、やれば確実に結果が出るものだった。しかも、論文になる可能性があり、修行として格好のテーマだった。実験には孤独相系統が必要だったので、群生相が産んだ卵から孵化した幼虫を単独飼育し、その二世代目を使用することにした（写真2・1）。

幼虫にコラゾニンを注射する手順を説明しておくと、まず発泡スチロールにクラッシュアイスを敷きつめ、そこにバッタが一匹ずつ入ったシャーレをつっこんで一五分ほど冷凍麻酔する。虫を麻酔するのには二酸化炭素麻酔もあるのだが、バッタに良くないとの報告があったので冷凍麻酔法を採用した。冷え切ったバッタはぐったりしているのだが、氷から出すとものの数分で動き回るようになる。氷から取り出したら即座に腹部の節間膜に注射針を差し込み、ホルモン注射する必要があるので迅速な手際が要求された（写真2・2）。

人工的に作ったコラゾニンは粉末状で目的の濃度になるように油に混ぜて注射する。不思議なことにコラゾニンは水に混ぜたのでは黒化を誘導せず、油に混ぜる必要があることを田中先生は見つけていた。しかも、油なら何でもよく、ナタネ油でもゴマ油でも、オリーブオイルでもよいとのことだった。実験には、単独飼育した幼虫にナタネ油に混ぜたコラゾニンを注射する区と、油のみ注射する区、それに何も注射しない集団飼育した区の三つのグループを準備した※3。一個体につき二齢

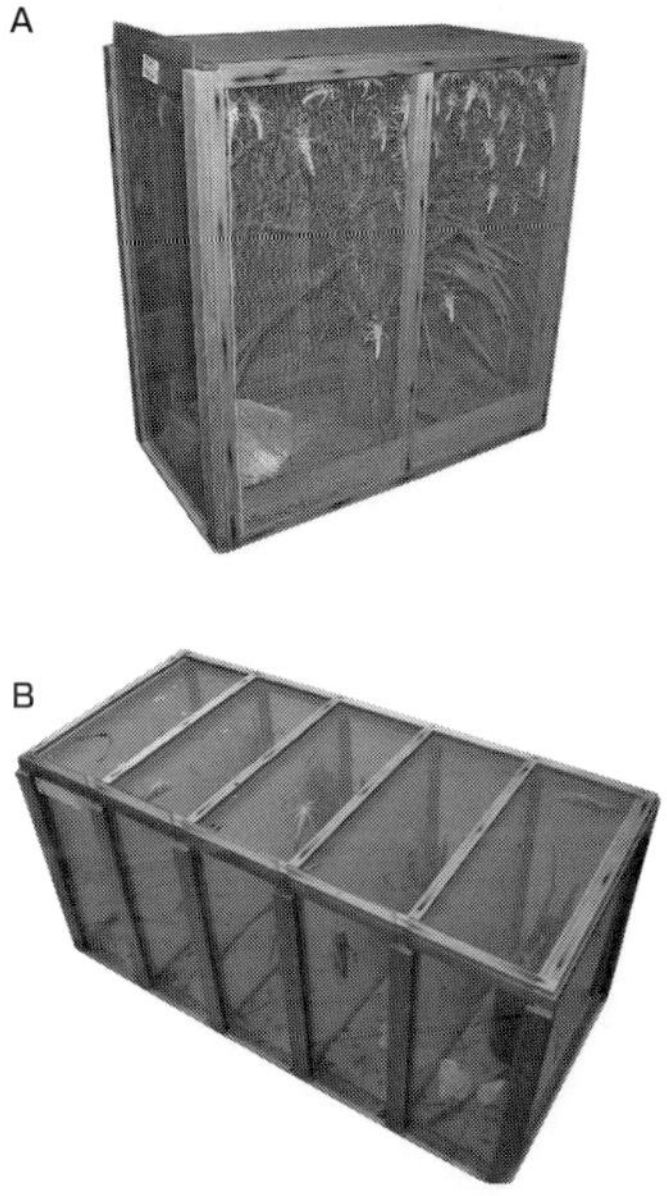

写真2・1　集団飼育用の大型のケージ（A）と，単独飼育用の５連棟と呼ばれるケージ（B）．

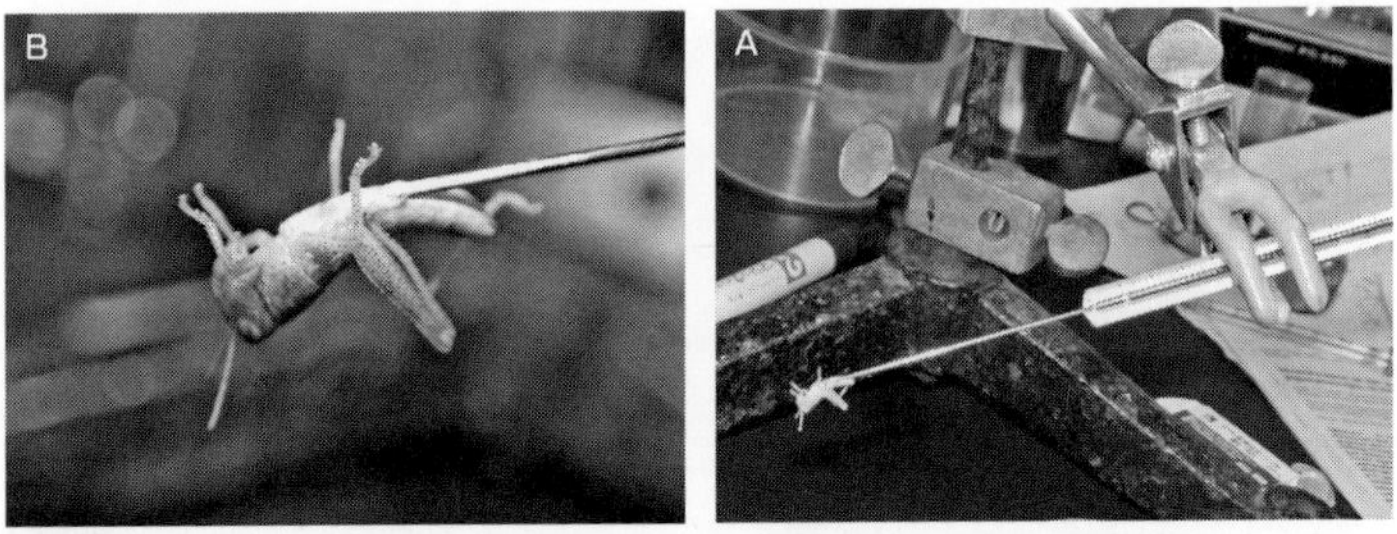

写真2・2　バッタに注射中の実験風景.（A）バッタにホルモンを注射する時は注射器をあらかじめ土台に固定しておくと正確に一定量の注射ができ，かつ連射が可能となる.（B）注射針は腹部の節間膜に打つ．この際，体の中心には神経が通っているのでそれを避け，なるべく端に打つべし.

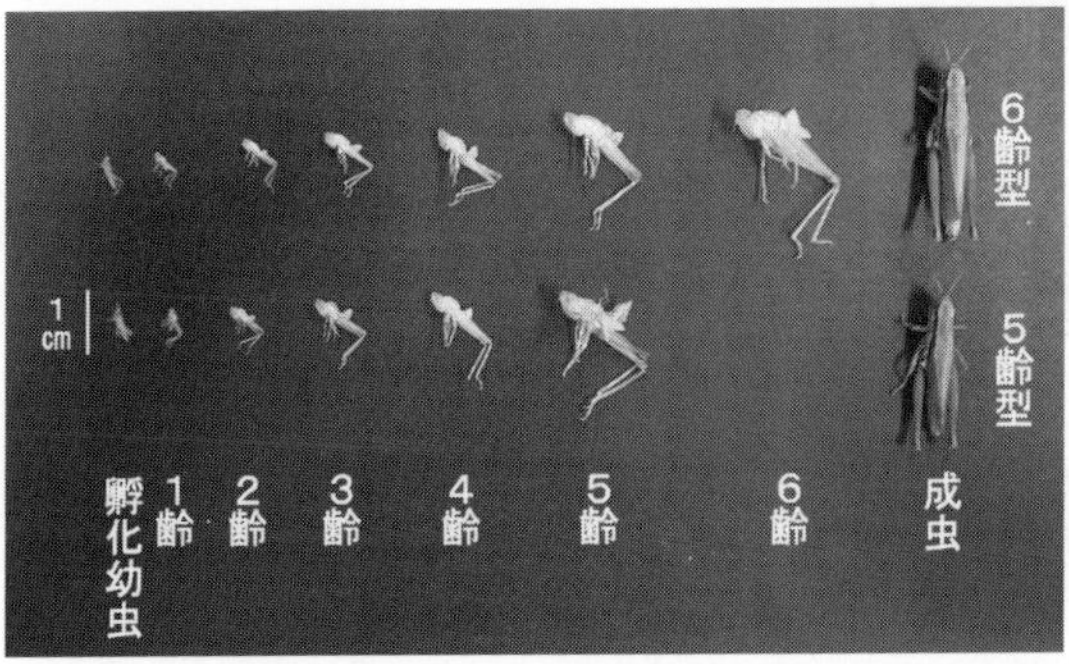

写真2・3　コバネイナゴの5齢型と6齢型の脱皮殻の比較.

一日目と三齢一日目の計二回コラゾニンを注射した。コラゾニン処理した幼虫は、脱皮すると明らかに黒くなっている。コラゾニンが効いている証拠だ（口絵3）。成虫形態がどうなっているか測定するのが楽しみだ。

決められた齢期に注射しなければならないので、毎日脱皮をチェックしていたのだが、脱皮回数に変異が見られ、孵化幼虫は五回か六回脱皮して成虫になっていた。六回脱皮するほうが発育に時間がかかるが大きな成虫になる。学部生のときにコバネイナゴの脱皮回数を研究していたので脱皮回数には思い入れがあったので、何回脱皮したのかをオマケで記録しておいた（写真2・3、2・4）。

もちろん土日祝日関係なく毎日規則正しくエサ換えと実験をこなさなければならない。実験が佳境に入ってくると疲れが蓄積してきたのか、手元が狂って自分の指にコラゾニンを注射してしまった。次の日、パートのおばさんに顔色が悪いよと言われたが、まさか自分も黒化したわけではないだろう。

一ヵ月ほどでお待ちかねの成虫が続々と羽化してきたが、ここでもまだじらされる。羽化直後のバッタの体は柔らかく、少なくとも一週間ほど体が堅くなるのを待ってからデジタルノギスで成虫形態を測定しなければならない（写真2・5）。そして、成虫の形態測定は決して易しいものではなかった。サバクトビバッタは敵に体を掴まれると口から醤油のような茶色の液体を吐き出す。これは胃の中にため込んでいた植物由来の毒だ。ただし、手についてもなんともないので、実際に何の役にたっているのかは自分に

写真2・4　(A)弘前大学環境昆虫学研究室のコバネイナゴの飼育室のようす．(B)特製のガラス瓶の底にろ紙を敷き，水を張ったフラスコに，刈ってきたイヌムギを差し込んでコバネイナゴに与えた．

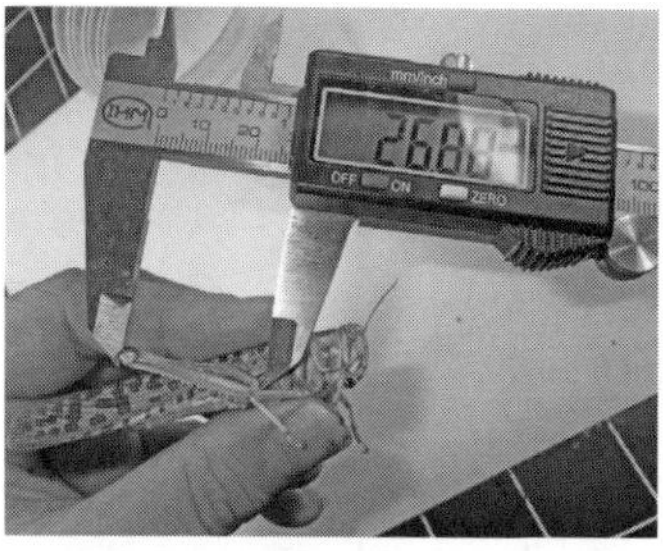

写真2・5　バッタ研究三種の神器の1つ．形態測定に用いるデジタルノギス．ちなみに残り2つは顕微鏡とデジタル天秤．

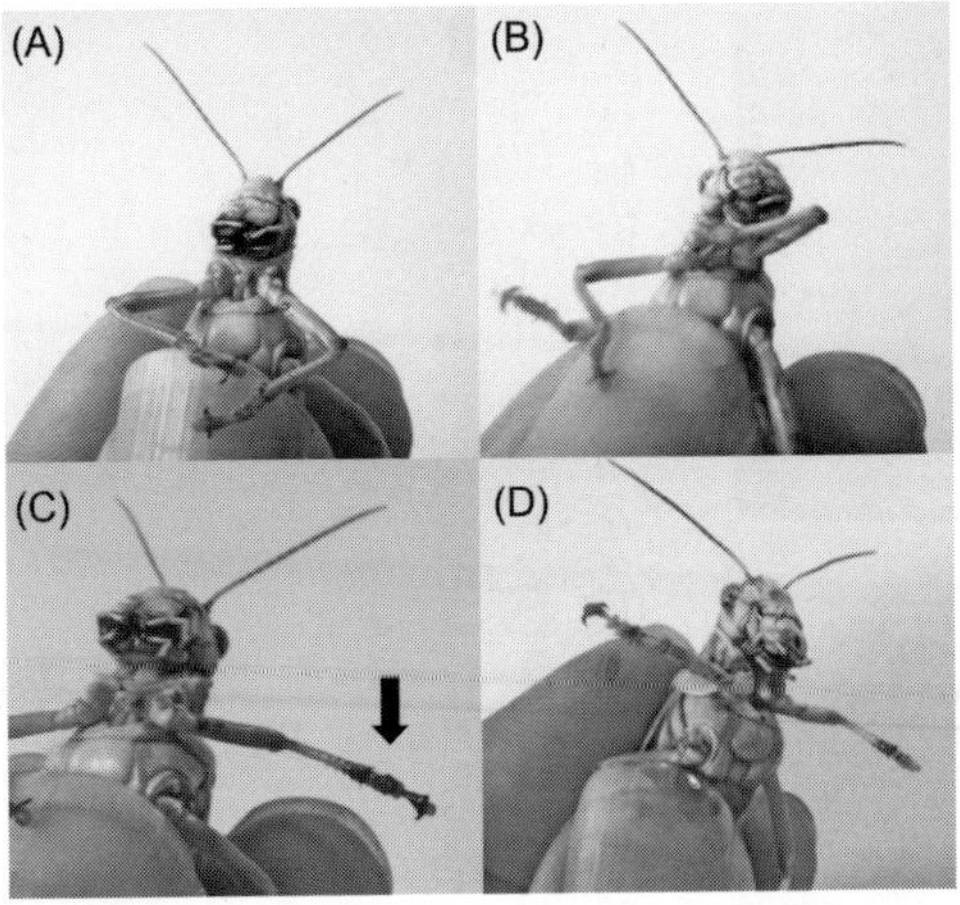

写真2・6　サバクトビバッタの防御行動.（A）茶色い液体を口から吐き出し,（B）すかさず志村けんの代名詞「アイーン」をして口をぬぐって,（C）前脚の先端に液体を付着させたら,（D）前脚を振り回して自身を捕えている敵に塗ったくる. 人に対して精神的なダメージを与えるのに有効.

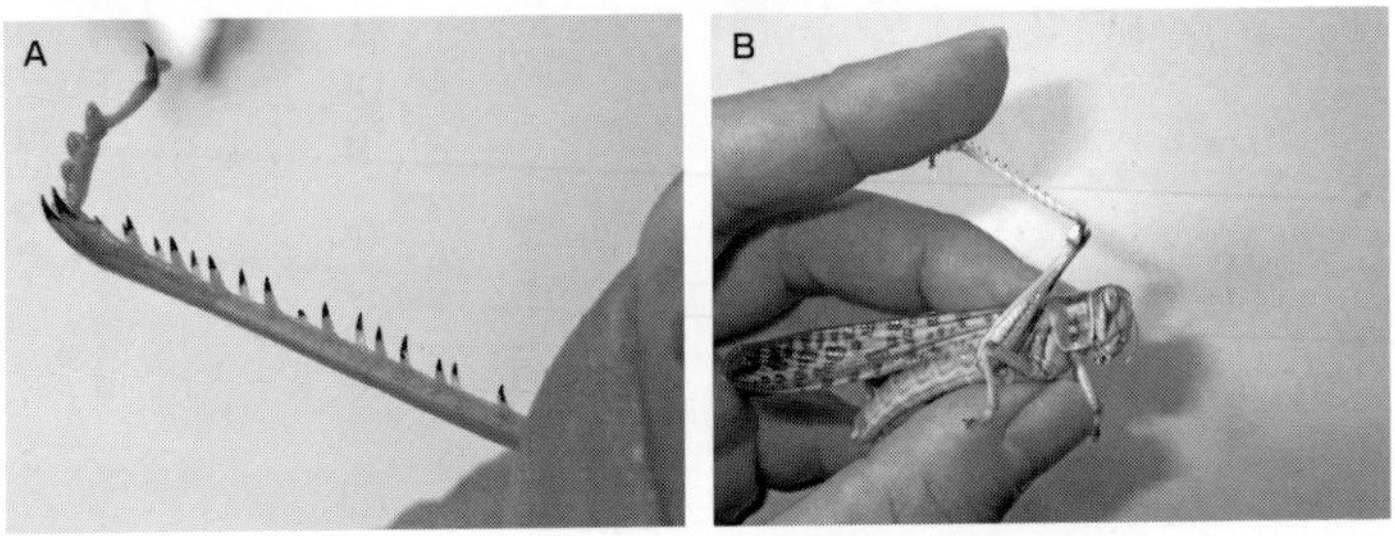

写真2・7　（A）サバクトビバッタの後脚のトゲ.（B）可動域が広くあらぬ方向にも蹴りが可能なうえ，トゲが並んだ面で蹴ってくるので物理的な攻撃力が高い.

は謎だった。一つ言えることは手につくときわめて不快だ。不幸なことに服にその液体がつくとシミになってしまうので不快度数はいっきに上がる。その嫌がらせの効果は抜群だ。彼らはただ口から吐き出すだけではなく、前脚でその液体をぬぐって、つまんでいる手に塗ってくる。ひじょうに迷惑な行為である（写真2・6）。そして、嫌がるバッタを無理やり押さえつけて測定するのだが、彼らはトゲつきの巨大な後脚を振り回して暴れるため当たり所が悪いと出血することがある（写真2・7）。あのジャンプするときのエネルギーのすべてが脚のトゲに集約されてぶつかってくるのだ。指がちぎれないだけよしとしよう。形態測定は平坦で地味な作業と思われがちだが、決して油断できない真剣勝負なのだ。いつの日からか形態測定の日は、黒色の服で挑むのが恒例となった。

お目当てのデータをすべて収集し、パソコンにデータを入力してコラゾニンの効果を解析してみることにした。色々とデータを眺めていて、コラゾニンの効果を解析する前に重要なことに気づいた。六齢型の方が五齢型よりもF／C値が高く、より孤独相的な体型をしているのだ。このことはひじょうに重要なことで、五齢型と六齢型とを混ぜて解析してしまうと、出てきた結果がホルモンの効果なのか、それとも六齢型がどれだけ混ざっていたためなのか、何が何だかわからなくなってしまう。そこで、五齢型と六齢型とを分けてデータ解析することにした。その結果、トノサマバッタの結果と同じように、五齢型でも六齢型でも単独飼育したにも関わらず、コラゾニン処理したバッタのF／C値は低くなっていた(図2・6)。この結果は、コラゾニン処理が集団飼育と同様の効果をもつことを示唆していた。また、コラゾニン処理は脱皮回数や発育日数には影響していなかった。

そしてコラゾニン処理するタイミングも重要だった。先ほどの実験では、二と三齢時に一回ずつコラゾニン処理をしたのだが、今度は二、三、四齢時のいずれかに一回だけコラゾニンを注射して成虫形態に及ぼす影響を調査した。その結果、早い時期に処理するほどより群生相的な成虫形態が誘導された(図2・7)。これらの結果は、以前トノサマバッタとサバクトビバッタとで見られた食い違いを説明する有力な証拠となった。イギリスの研究チームは四齢と遅い時期に一回だけコラゾニン処理していたため、効果が弱くな

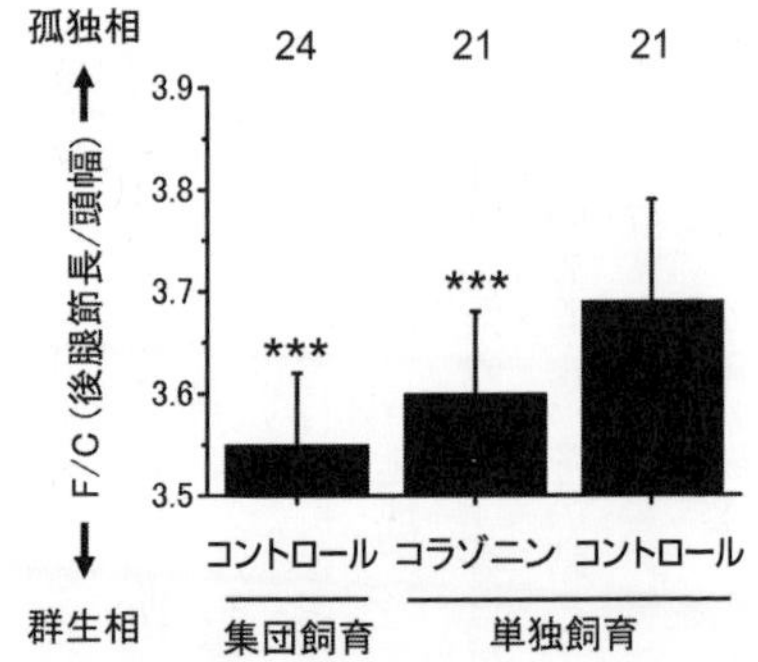

図2・6　F/C 値（後腿節長／頭幅）に及ぼすコラゾニンの影響．コラゾニンは油に混ぜて単独飼育下の2齢と3齢時にそれぞれ1回注射した．コントロール（対照区）は油のみ注射した．5齢型の結果のみ示す．コラゾニン処理は単独飼育したにもかかわらずF / C値を低下させる．図中のアスタリスクは単独飼育のコントロールとの間に統計的に有意な差があることを示す（Mann-Whiteny's *U*-test; ***, *P* < 0.001）．棒グラフ上の数字はサンプル数．エラーバーは標準偏差を示す（Maeno et al., 2004を改変）．

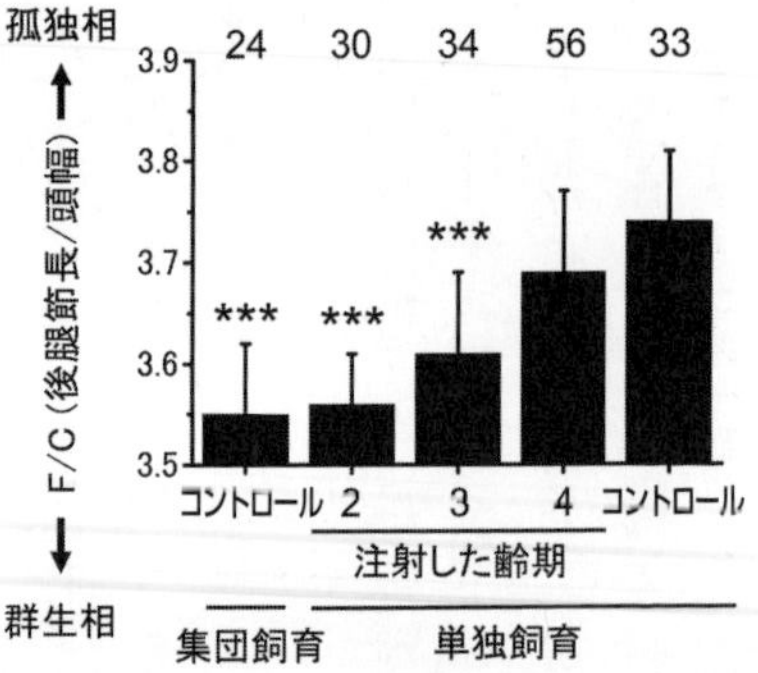

図2・7　コラゾニンを処理するタイミングがF/C値（後腿節長／頭幅）に及ぼす影響．コラゾニン注射は単独飼育下の2，3，4齢時のいずれかに1回行った．コントロールは油のみ2齢時に注射した．5齢型の結果のみ示す．早い時期にコラゾニン処理するほどF / C値は低下し，より群生相的になる．図中のアスタリスクは単独飼育のコントロールとの間に統計的に有意な差があることを示す（Mann-Whiteny's *U*- test; ***, *P* < 0.001）．棒グラフ上の数字はサンプル数（Maeno et al., 2004を改変）．

っていたと考えられた。また、五齢型と六齢型とをまったく区別していなかったこともコラゾニンの効果を検出できなかった原因の一つだろう。

弘前大学での経験がたまたま生きたが、これからもあれこれと注意を払わなければ、真実を知ることはできないのかと恐れおののいた。だが、すでに研究者としてやっている人たちが見落としたことを駆け出しの自分が見つけられたことは自信に繋がった。サバクトビバッタでもコラゾニンが成虫形態を制御していることがわかり、ホッと息をついたのもつかの間、すかさず次のテーマへと移った。じつは、田中先生が準備して下さった修行はこれだけではなかった。

＊3　実験では、処理を施した区と処理を施していない以外は同一の条件下でおこなう対照区（コントロール）とを比較する必要がある。また、あらかじめある反応が起こることがわかっているポジティブコントロールや起こらないことがわかっているネガティブコントロールと比較することも重要である。

触角上の密林

コラゾニンの影響が成虫形態だけではなく触角上の形態的特徴にも及んでいるのかについても調べる計画が立てられていた。五齢型バッタ成虫の触角の節は二十六節あり、それぞれの節には四つのタイプの毛が生えている（図2・8）。その毛は感覚子（Antennal Sensilla）と呼ばれており、それぞれ役割が異なっている。毛の表面に穴がたくさん開いているものは匂いなどの化学物質を感受し（図2・8A、B、C）、毛の根本にソケットがあるものは（図2・8D）接触を感受すると言われている。触角の節と感覚子は孵化した当時からすべて揃っているわけではなく、脱皮するたびに新しい感覚子と節が追加されていくことが一個体の脱皮殻を成虫になるまで追った観察で証明されていた（図2・9）。この触角上の感覚子の数が孤独相の方が群生相よりも多いことが発見された。この現象は最初にトノサマバッタで報告され（Greenwood & Chapman, 1984）、続いてサバクトビバッタでも確認された（Ochieng et al., 1998）。なぜ孤独相の方が感覚子の数が多いのかは不明だが、彼らの食事に関係しているかもしれないと考えられている。孤独相はグルメで自分の好みの食草しか食べないので、そのエサを探すためにセンサーが多い方が見つけやすいのかもしれない。一方、群生相は周りにライバルたちがひしめき合っているので贅沢を言っていられないので選り好みせずに色々な種類の食草を食べるしかない。また、交尾相手を見つけるのにも関係していると考えられている。孤独相は低密度のためパートナーを探すのは容易ではない。性フェロモンが使われているとの報告もあるので、交尾相手を探すのにはセンサーが多い方が好都合なのだろう。一方の群生相は周りにパートナーがいるので探索する必要がないため感覚子が少なくても良いのかもしれない。

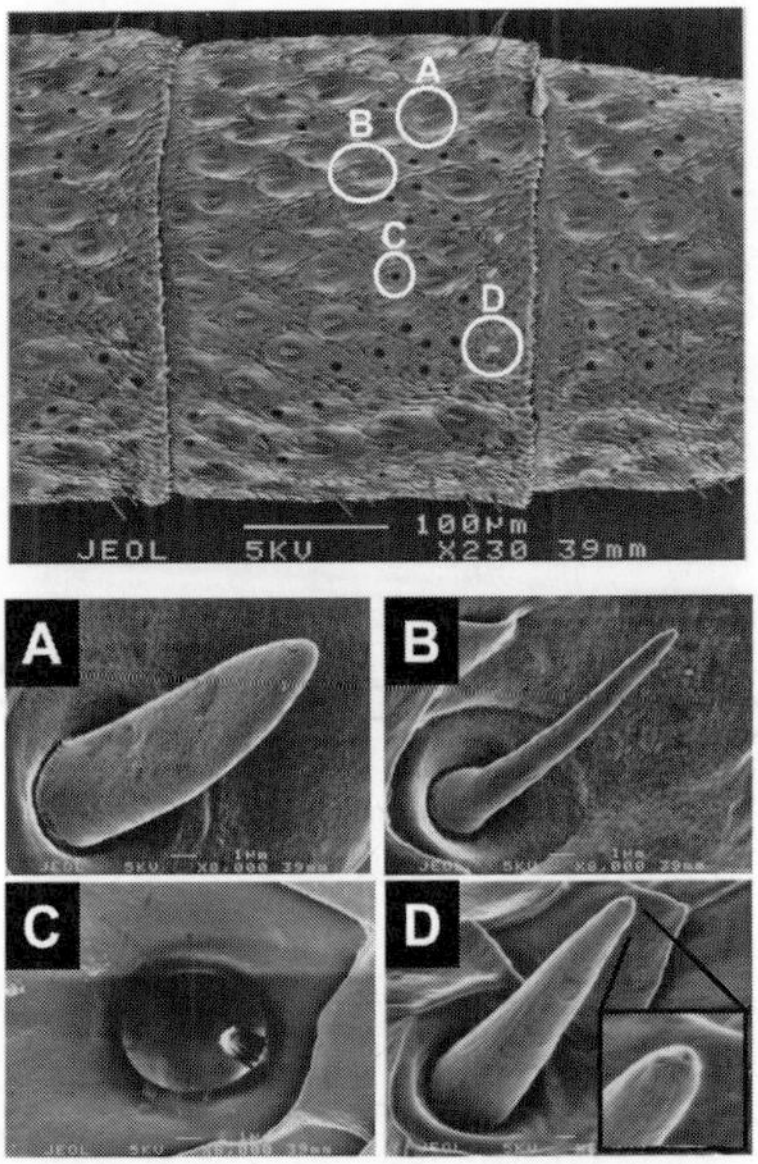

図2・8　サバクトビバッタ成虫の触角の電子顕微鏡写真．触角上には異なる4つのタイプの感覚子が見られる（Maeno & Tanaka, 2004を改変）．

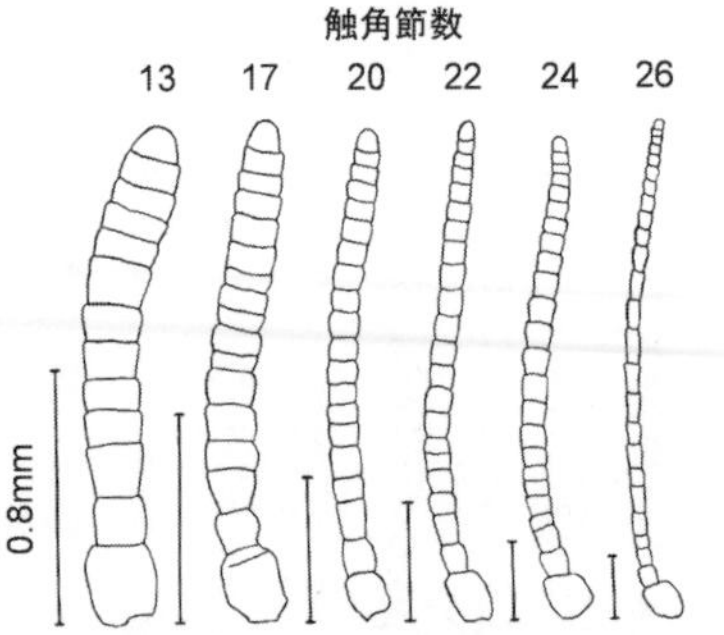

図2・9　バッタの触角節の数は脱皮するごとに増える（*Dociostaurus maroccamus* を例に）（Uvarov,1966を改変）．

感覚子の数を増やすのにもエネルギーが必要なため群生相としては余計なものには投資しないようにした結果、感覚子の数が少ないのだと考えられている。

この触角上の感覚子の数を決めるのにもコラゾニンが関与しているのではないか、というのが田中先生の目の付け所で、すでにトノサマバッタでは実証済みだった(Yamamoto-Kihara et al., 2004)。ただ、二十六節ある内の一節でしか調べていなかったのでまだ絶対の確信を掴めていなかったそうだ。サバクトビバッタでは確かめられておらず、これは成虫形態を調査したバッタの触角をついでに調べれば、答えが得られる。一度の注射で二度オイシイ。なるほど、色々考えて実験計画を組み立てると効率良くデータを取れるのだなとしみじみ思った。触角の節数は、五齢型は二十六節、六齢型は二十八節あったため、今回の実験ではすべて前者の個体を用いることにした。

触角上の感覚子を観察するためには特別な装置「電子顕微鏡」の出番である。ふつうの顕微鏡と比べて劇的に小さなものを観察可能にしたハイテクマシンである。これを使うと私たちの髪の毛の表面のしわの構造まで簡単に見ることができる。以前、田中先生と一緒にトノサマバッタの感覚子を観察した木原(山本)眞実先生に電子顕微鏡の使い方を教わった。実験ではバッタの触角を根元から切除して、それを観察するために、ミクロの世界に足を踏み入れた。観察した画像は、備え付けのポラロイドカメラで撮影して記録した。コラゾニンの影響を調査するためには各触角節で四タイプの感覚子がそれぞれ何本生えているのかを調べる必要があった。写真は撮ったものの写真のサイズが小さいために、感覚子を数えるには虫眼鏡を使わなければいけないようだなと途方に暮れようとしたところ、田中先生が画期的な手法を考案して

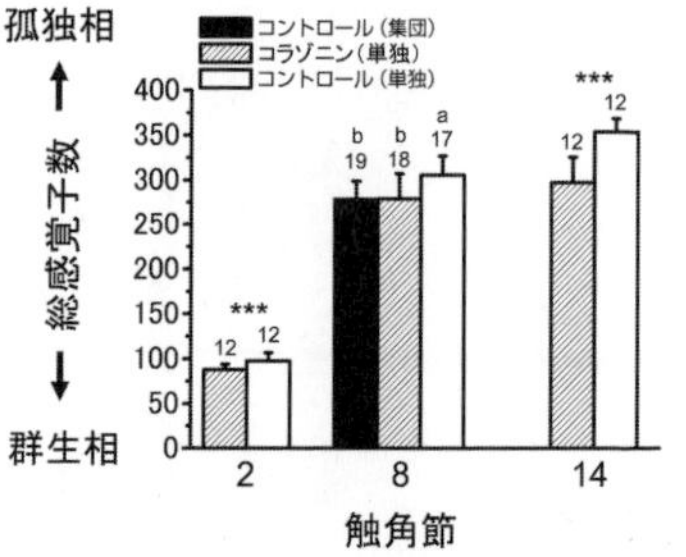

図2・10　触角の先端から数えて2, 8, 14節の総感覚子数に及ぼすコラゾニンの影響. コラゾニンは単独飼育下の2齢と3齢時にそれぞれ1回注射した. コントロールは油のみ注射した. 5齢型の結果のみ示す. コラゾニン処理は総感覚子数を減少させる.図中のアスタリスクは単独飼育のコントロールとの間に統計的に有意な差があることを示す（ANCOVA；＊＊＊, $P < 0.001$）. 8節目のみ集団飼育個体とも比較した. 図中の異なるアルファベットは統計的に有意な差があることを示す（ANCOVA；$P < 0.05$）. 棒グラフ上の数字はサンプル数（Maeno & Tanaka, 2004を改変）.

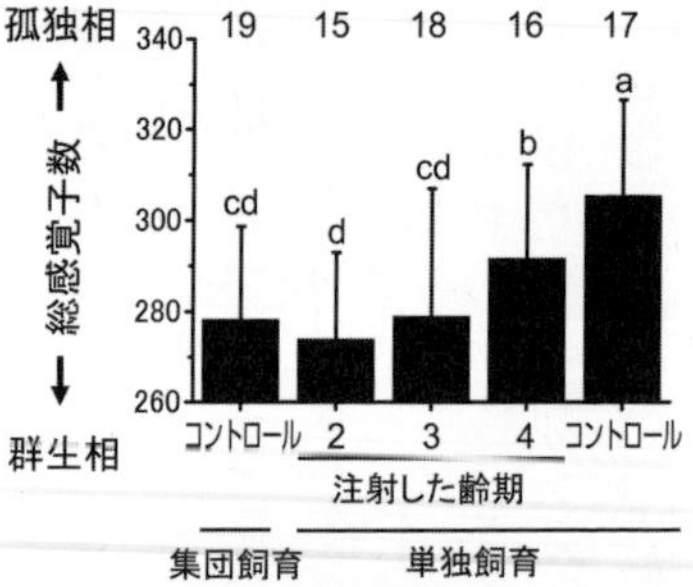

図2・11　コラゾニンを処理するタイミングが触角の8節目の総感覚子数に及ぼす影響. 早い時期にコラゾニン処理するほど総感覚子は減少する. コラゾニン注射は単独飼育下の2, 3, 4齢幼虫のいずれかに1回行った. コントロールは油のみ2齢期に注射した. 5齢型の結果のみ示す. 早い時期にコラゾニン処理するほど総感覚子数は減少し, より群生相的になる. 図中の異なるアルファベットは統計的に有意な差があることを示す（ANCOVA；$P < 0.05$）. 棒グラフ上の数字はサンプル数（Maeno & Tanaka, 2004を改変）.

くださった。それは写真を一番大きなＡ３サイズに拡大コピーする技だ。これなら感覚子のタイプをまちがえることもなければ、見落とすこともない。四種類の感覚子それぞれに異なる色の蛍光マーカーでマークしてから、野鳥の会でおなじみのカウンターを使って数える。こういうひと工夫で作業効率も精度も劇的に高まった。あとは、ひたすらカチカチとカウントすればよい。

以前の研究で明らかになっていた孤独相と群生相との間でとくに顕著な差が見られた先端から数えて二、八、十四節目に集中して調査を行った。二十六節全部ではないものの、それでも調査する感覚子の量は半端なものではなかった。薄毛で悩み始めた年頃の青年にとって、虫とはいえ、他人の毛を眺め続けるのはさぞかし辛かったのだろう。作業開始数日後、小さくなった自分が、触角上の毛の林で遭難する悪夢を見た。

心が病む前に待望の結果がでた。コラゾニン処理すると単独飼育したにも関わらず感覚子の数が有意に減少していた（図2・10）。すなわちコラゾニン処理によって群生相化が誘導されていたのだ。調査したすべての触角節でこの傾向が認められた。ただし、すべてのタイプの感覚子に影響するわけではなく、化学物質を感受するタイプの感覚子（図2・8A、C）に効いていることがわかった。さらにコラゾニン処理する時期が早ければ早いほど感覚子の数は減少する傾向が見られた（図2・11）。これらの実験結果から、コラゾニンは体色や成虫形態の制御に関係する多機能ホルモンであることがわかった。[*4] これらの結果に田中先生には「悪くないね」と納得してもらえた。結果は出揃ったので次のステージへと進むことになった。

＊4　黒化誘導ホルモンのコラゾニンに関する詳しい話は、『飛ぶ昆虫、飛ばない昆虫の謎』（東海大学出版会）（Tanaka, 2006）で取り上げられているのでそちらを参照されたし。）

論文の執筆

髪が女の命なら、論文は研究者の命。

「研究者は実験結果を論文にしないと何もしていないのと一緒だよ」

これは田中先生が常日頃から口をすっぱくして言っていることだ。当時、論文は読んだことはあったが、書こうと思ったことはなかった。今回の結果も論文発表することになった。一本目は、成虫形態に及ぼすコラゾニンの影響の結果をまとめたもので、先生が「お手本として最初の論文は僕が全部書くよ」と申し出て下さったのが金曜日で、翌週の月曜日に原稿を持ってきてくださった。今思うと信じられない早業だった。私は図をまとめ、統計解析をし、過去の知見をまとめ、雑用としてお手伝いしたのだが、なんと作業の多いことか。こんな莫大な量の作業を先生はこれまでに一〇〇報以上もやってこられたのかと驚いた。

そして、二本目は触角の感覚子の数に及ぼすコラゾニンの影響を見よう見まねで書くことになった。明らかに先生が書いた方が早いのだが、それでも何回も、何回も添削してくださった。直し方も独特で、全部をいっきに、このように書き直すようにと指示を出すのではなく、あえて私に考え直すようにヒントを残すにとどめる形だった。それを何往復もした。一見すると、何度もやり直しさせるとは鬼だと思われるかもしれないが、それはとんでもない誤解でこれはとても贅沢な指導方法なのだ。大学では先生たちは大勢の学生を抱えているため、一人ひとりにかける時間は必然的に少なってしまう。そう何度も丁寧に教える時間は物理的にとれないため、いっきに直してしまうことが多くなる。その点、私の場合は師匠を独り占めできるという贅沢な立場にいた。先生は出来の悪い弟子に正面からつきっきりで指導してくださっていたのだ。英語力の問題以前に論理構成、図を並べる順番、何がわかっていて何が新しくわかったのかなど、初めて論文を書く大変さ、研究の深さのほんの一端が理解できた。「一度読んで、誤解せずに簡単に理解できる文がよい」や「同じことを伝えるのならば、短い文の方がよい」などと次に繋がる技を伝授してもらったが、これからいったいどれだけ努力して力を蓄えなければならないのか、先が見えなかった。けっきょく、ほぼすべて先生に書いていただき、論文を投稿することができた。先生の文章が芸術の域に達していることに気がつくのはこれからもっと後のことである。

そして、論文とは、研究者の苦労と喜びの結晶であることを知る日が訪れた。最初の論文は、ウバロフ卿が相変異を提唱した英国王立昆虫学会誌『Bulletin of Entomological Research』に採用され（Maeno et al., 2004）、感覚子の論文は米国の昆虫生理学誌『Journal of Insect Physiology』に受理された（Maeno & Tanaka, 2004）。わずか半年の実験で二報である。先生の采配に恐れおののいたと同時に、先生についていけば昆虫学者になるのも夢ではない。やったことが形となり、世の中に発信できた充実感、努力が論文という形で実を結ぶ達成感は他の何物にも代えがたいことを知った。そして、業績以上に、自分にもやればできるという自信を得られたのが大きかった。論文に載った自分の名前を見て何度も何度もニヤニヤした。なんとやりごたえのあることか。今まで味わったことがない快感に目覚め、ぜひまた味わいたい衝動に駆られた。しかし、浮かれてばかりもいられない。そう、私には自分の研究テーマを決めるという大仕事があったのだ。そして、約束の日が近づいてきた。

コラム　バッタのエサ換え

幼虫はぴょんぴょんと跳んで逃げ回り、成虫は飛び回るのでエサ換えは大変だと思われるかもしれない。

ところが、バッタのある習性を利用すればケージから逃げられずに効率良くエサ換えをすることができる。バッタは光に誘引されるため（写真B）、エサを換えるときはケージのスライド式の入口とは反対側をライトで照らしてバッタがライトに集まっている隙に手早くエサを換えると逃げられにくくなる（写真A）。トノサマバッタの飼育室ではエサ換えをする人が立つ側の天井の電灯も消しており、バッタに逃げられない工夫を田中先生があみだしていた。それでも隙をついて脱走しようとするバッタが後を絶たないためエサ換え中は気が抜けない。

写真　バッタのエサ換え.（A）ライトを使ってエサ換え中のパートの剣持則子さん.（B）ライトにおびき寄せられているケージ内のサバクトビバッタの終齢幼虫.

コラム　伝統のイナゴの佃煮

年に一度、弘前大学では学祭が開催され部活やサークルがクレープ屋さんや焼きそば屋さんなどを出店する。私たちの昆虫研では伝統としてイナゴの佃煮を売り物にしていた。学祭が始まる三週間前ほどから授業が終わると学部四年生が近くの田んぼで日が暮れるまで毎日イナゴを捕まえる。田んぼでは稲刈りを終えているところもあるので、長くつをはいてイナゴを追いかけ回す。自分たちの研究材料の逃避行動をみる絶好の機会だ。

採ってきたイナゴは数日間エサを与えずにフン出しをする必要がある。これをしないと食べたとき青くさいのだ。そして、さっと熱湯にくぐらせ、その後乾燥させる。そして、伝統のレシピに従い酒、醤油、みりん、しょうがで味付けをして五時間ほど煮込み、一晩寝かせて完成となる。基本的にエビに似た味で病み付きなうまさに仕上がった。小さいパックを二五〇円で販売するのだが、東京では、同じくらいの大きさで六〇〇円で売られているのを見かけたことがあるので私たちのは良心的な価格設定だ。

そして、毎年オリジナルのイナゴフードを創作するのも伝統だった。前年の先輩たちは乾燥させたイナゴをそのまま突っ込んだ「イナゴゼリー」を作り、まったく売れなかった。イナゴが直接見えると人々の購買意欲が低下するようだ。そこで、私たちは苦心のすえ、イナゴを隠しつつもイナゴのもち味を生かした「イナゴクッキー(一五〇円)」と「イナゴチョコ(一〇〇円)」を開発した。ウエハースのようなサクサクっとした乾燥イナゴの食感がクッキーやチョコの甘さと絶妙にマッチして、どちらも美味だった。それらをかわいくラッピングし、学祭当日は、満を持して店名「虫まみれ」を開店し、店頭販売チームと売り子チームに分かれて販売することに。私は売り子として胸に宣伝用の看板をぶらさげてイナゴチョコを売り歩いたのだが、イナゴがとぶように売れた。しかも女子に人気なのだ。不思議なこともあるものだ。調子に乗って売りまくっていたのだが、しばしば後ろで悲鳴が聞こえた。おぉぉ　みんな大げさに喜んでいるな。人を喜ばせるのは気分が良いものだ。しかし、これは大きな勘違いだった。あとで水泳部の後輩の女子に肩をたたきながら文句を言われた。「コ～タロ～さん、さっきのチョコに虫入ってたんですけどぉ。やめてくださいよぉ。しかも、ちょっと美味しかったし…（笑）」どうやら看板に書いていた「イナゴ」を「イチゴ」と勘違いしたらしい。甘酸っぱさを期待した乙女たちが口にしたものは若干苦めのイナゴでさぞかし混乱したことだろう。人々の誤解も助けてくれたおかげで、七万円ほど売り上げた。

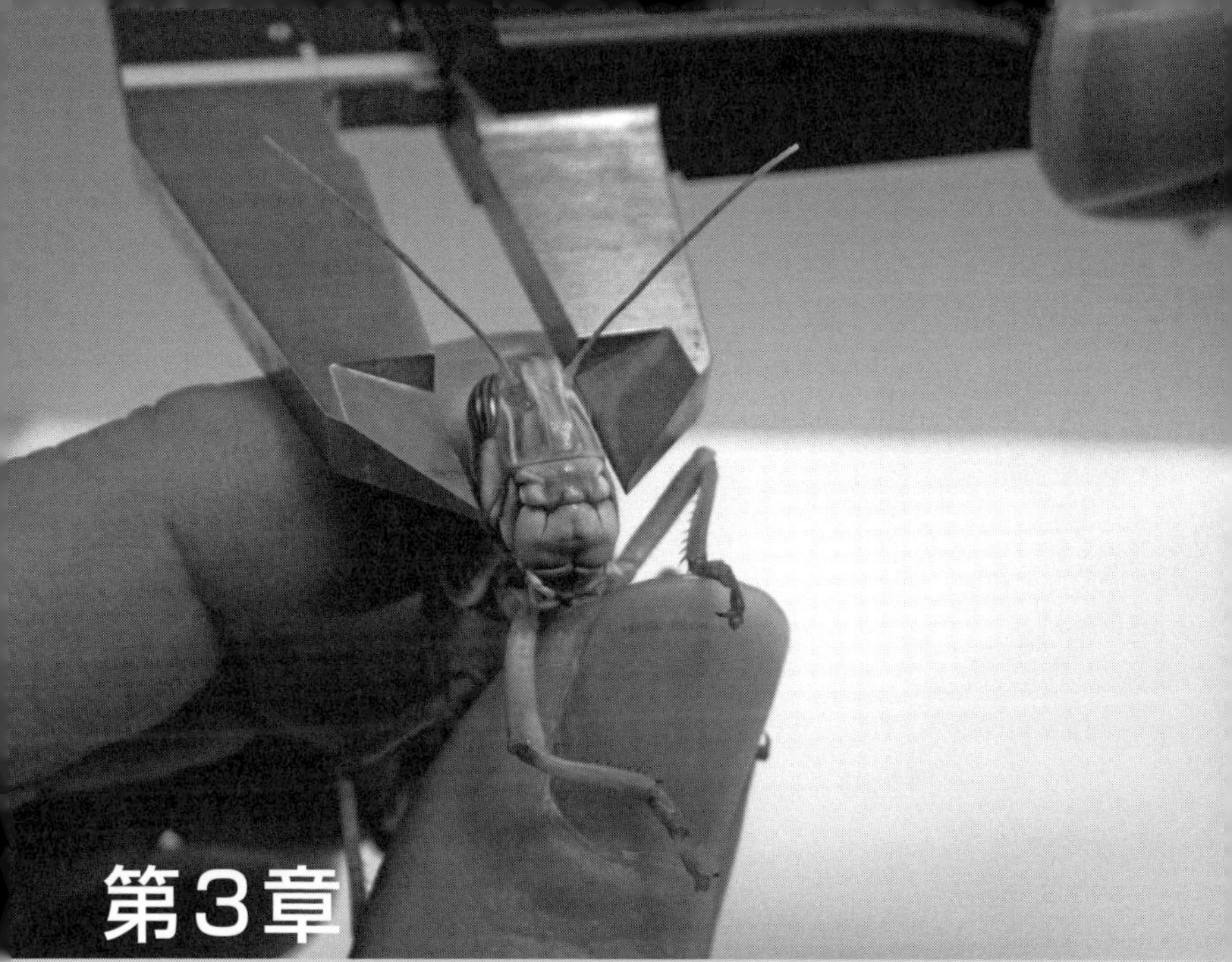

第3章
代々伝わる悪魔の姿

補欠人生に終止符を

ホルモンの実験中、頭の片隅はいつもテーマ探しでいっぱいだった。メインの実験の傍らで、おもしろいテーマを探るべく一人サイドプロジェクトを立ち上げて秘密裡に実験を重ねていた。これは！と思うたび田中先生に進言するのだが、

「うん。やりたかったらやったらいいじゃない。僕だったらやらないけどね」

と、やんわりと却下され続けていた。まだ自分で研究の良し悪しや発展性を判断できる力が身についておらず思いついたことはなんでも伝えていた。ただし、この新しいテーマ選びで一つだけこだわったことは、自分自身で見つけた現象を研究することだった。教科書を読んで、「あ、ここやられてないからちょうどいいな」というような安易な決め方だけはしたくなかった。なんとしてでも自分の力で見つけた現象を研究したかった。このテーマ選びには、今まで苦汁を味わってきた人生を変えようとする想いが込められていた。

私の従妹が秋田の実家の近所で剛柔流修武館空手道場を開いており、小学生のときには肥満児ながらもそこで修練していた。六年の歳月をかけて黒帯になったのだが、段位は「初段（補）」。一級でもなく、初段でもなく、初段（補）だ。肥満児の可動時間は、線香花火のごとく短くも儚いことを忘れないでほしい。初段の進級をかけた試験のときも、途中でいつものようにガス欠を起こして、思うように演舞できなかっ

た。審査員は、多感な年ごろの少年を落とすに落とせず、かといって初段にするわけにもいかずかなり悩んだのだろう。審議の結果、救済措置としての（補）。おとなの優しさはときに残酷だ。残念な黒帯保持者が誕生してしまった。私はリベンジすることなく空手界を後にした。このたった一度の逃亡が、この後数多くの敗北を招くことになるとも知らずに…。

今度は虫捕り網を振りまわす技術を向上させる目的も兼ねてソフトテニスを始めた。高校時代のソフトテニス部では、虫のことを忘れてテニスに夢中になったおかげで十五キログラムのダイエットに成功して身軽になったのだが、補欠だった。肉というハンディを背負った肥満児が痩せたら常人の一・五倍の速度で走れると信じていたのだが、人の体はそんなに都合良くできていなかった。大学も浪人してようやく入学でき、大学院も一度落ちた。私生活においても、道を歩くときは歩幅をそろえることはなく、左手は空を握っているだけだった。一言で、無様だった。文武私生活ともに単に実力がなかったせいなのだが、他人より努力した覚えがなかった。壁にぶつかると迂回することしか考えずにやってきた。最後の希望の研究でも、試練から逃げてしまってはこれからもずっと補欠で人生が終わってしまう。勝ち負けだけで説明できる問題ではないが、昆虫の研究だけは手を抜かず、負けたくなかった。しかし、その研究ですら勝ち目が見えないではないか。迫りくる約束のときの到来に脅え、焦りが焦りを呼び、空振りを繰り返した。自分にできる残されたことといったら、もはやうつむきながらバッタを眺めるだけだった。その姿は幼少の肥満時代と何も変わっていなかった。これしか、こんなことしかできないのか…。自分の非力さに目を背けたくなった。ふがいなさに目を覆いたくなった。それでも、研究者になりたい一心で目は閉じなかった。

何回却下をくだされただろうか。その日の先生の一言は今までとは違っていた。

「うん。それだったらおもしろそうだね。やってみたらいいよ」

目を見開いて

コラゾニンの実験中、サバクトビバッタを飼育していて気づいたことがあった。サバクトビバッタでは孵化幼虫の時点ですでに孤独相と群生相との間には明確な違いが見られ、単独飼育しているメス成虫が産んだ卵からは緑色で小さな幼虫が孵化してくるのだが、集団飼育しているものからは黒くて大きな幼虫が孵化してくるのだ（口絵4）。もしかして新発見なのではと思いきや、バッタ研究の歴史を甘くみていた。すでに半世紀前に報告されていた（Hunter-Jones, 1958）。残念だけど、こういった感じで自分で気づくことが大切なのだ、と自分で自分を慰めた。色々試さないことには先に進まないので、思いつくままに実験を考案しては試してみた。

それまでは単独飼育しているメス成虫はオス成虫と一日だけ交尾させて採卵するのがバッタ研究の常識だった。そうやって採卵した卵からはほとんどが緑色の幼虫が孵化してくるのだが、交尾させる期間をイタズラして一週間に延ばしてみたら、そのメス成虫が孤独相でも群生相でもないちょっとだけ黒い中途半

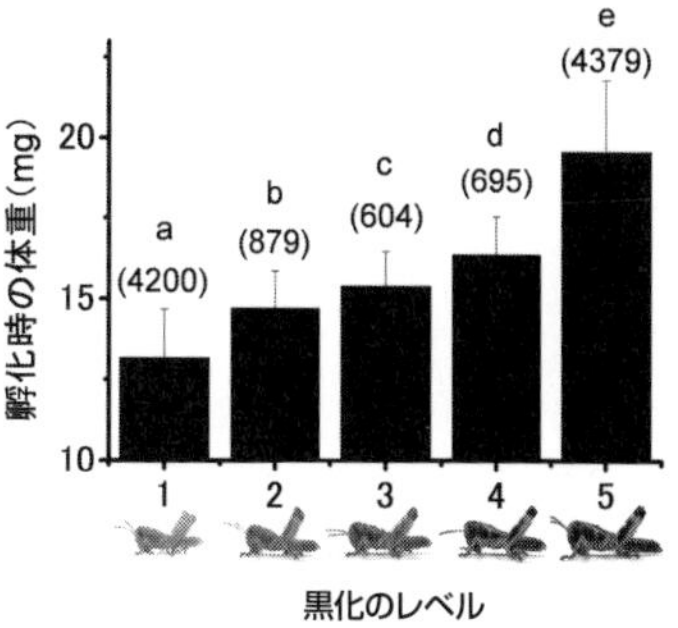

図3・1孵化幼虫の体色と孵化時の体重との関係．黒い幼虫ほど大きくなる．図中の異なるアルファベットは各区間で統計的に有意な差があることを示す(Scheffe's test；$P<0.05$)．棒グラフ上の数字はサンプル数．

端な孵化幼虫を生産することに気づいた。もしやと思いオスと一緒にする期間をあれこれと変えてみたら、色々な黒さの孵化幼虫がでてきた。その変異は、まったく黒くない緑色のものから、真っ黒なものまで黒さの程度が連続的だった(口絵5)。しかも黒くなるほど大きくなっているように見えた。そこで孵化幼虫を黒化の程度が異なる五つのレベルに分けて、一匹ずつ体重測定してみた。レベル一は全身緑色の幼虫、レベル二～四は徐々に黒化の程度が増して、レベル五では典型的な群生相にみられるほぼ全身真っ黒の孵化幼虫にした。その結果、黒くなるほど体重が重くなる傾向があることがわかった(図3・1)。一番小さいものと大きいものとでは約三倍も体重が違っていた。こんなにも体色や体サイズが違う孵化幼虫はその後どう発育して、どんな成虫になるのだろうか？この内容を調べてみることをテーマにしてもよいかどうかを田中先生に尋ねたところ、GOサインがでたのだった。テーマが決まると次のステップは研究計画の準備だ。どのように実験をするのか、念入りな計画を立てなければならなかった。

実験室といえども野外で起こりうる状況をイメージする必要がある。野生のサバクトビバッタは映像や写真でしか見たことがなく、実際の野外でどんな生活をおくっているのかは大部分が想像によるところが

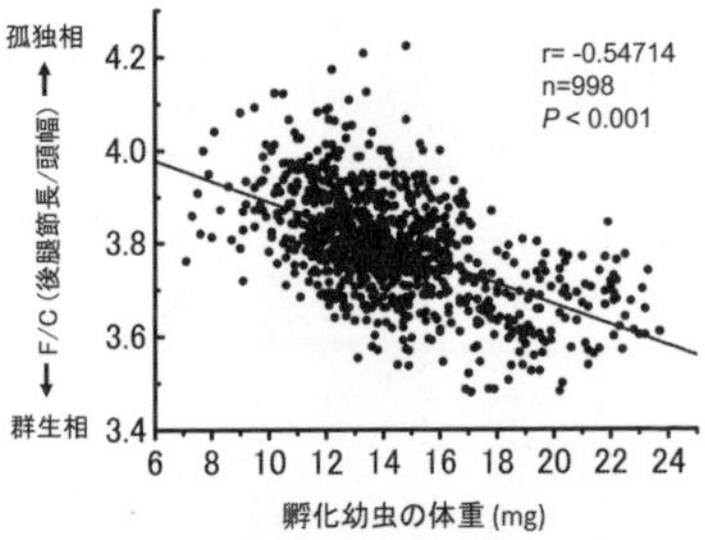

図3・2　単独飼育条件下における孵化幼虫の体重と成虫のF/C値(後腿節長 / 頭幅)との関係．大きい孵化幼虫ほどF/C値は低くなり，より群生相的な成虫形態になる(Maeno & Tanaka, 2009b を改変)．

写真3・1　食事中のサバクトビバッタの群生相の幼虫．食欲旺盛な時期は朝昼晩にエサを与えることもある．

大きかった。まずは、通常の低密度を想定した単独飼育条件下で孵化幼虫たちがどんな形態の成虫になるのかを調べてみることにした。さまざまな大きさの孵化幼虫を単独飼育した結果、大きい孵化幼虫ほどＦ／Ｃ値は減少し、より群生相的な成虫形態を示す傾向が見られた(図３・２)。

今度は、さらに大発生したときのかなり混み合った状態をイメージした集団飼育を採用し、さらに孵化幼虫の大きさと集団飼育の影響が組み合わさったときに成虫の形態にどんな影響を及ぼすのか調べてみることにした。

同じ卵塊から孵化してきた幼虫を単独と集団飼育の二つに分けて遺伝的な偏りを排除する必要がある。当然ながら、似たようなサイズの孵化幼虫を一度に集団飼育するためには同じ日に孵化した幼虫が大量に必要になる。実験に使用するすべての孵化幼虫を一匹ずつ体重測定していたら翌日の日も暮れてしまう。似たようなサイズの幼虫をかき集めるための技をあみだすために、先ほどの孵化幼虫の体色に目をつけた。

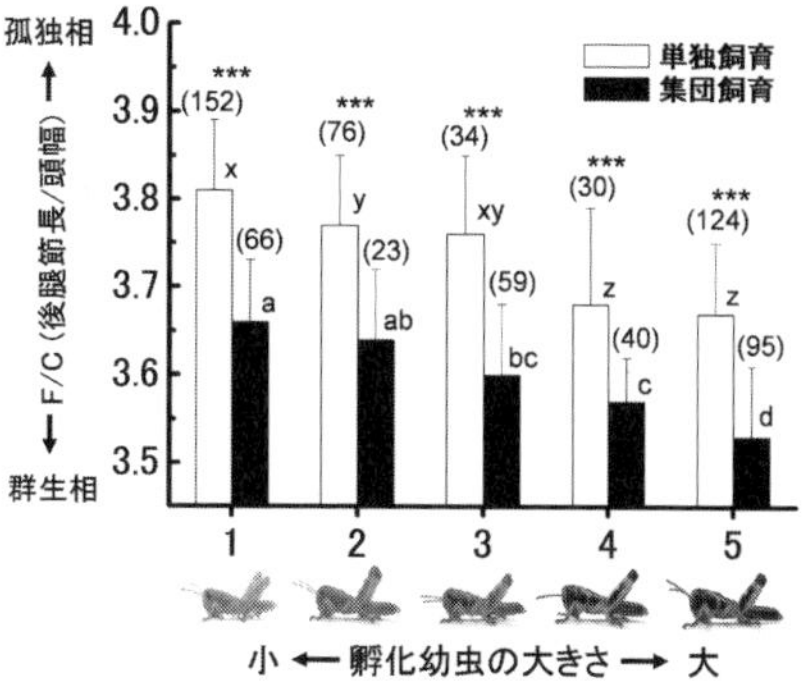

図3・3　孵化時の体サイズおよび飼育密度が成虫のF／C値（後腿節長／頭幅）に及ぼす影響．同一飼育の条件下における棒グラフの右肩にある異なるアルファベット（単独飼育, a-d; 単独飼育, x-z）は各区間で統計的に有意な差があることを示す（Steel - Dwass nonparamentric test；P ＜0.05）．図中のアスタリスクはそれぞれの異なる大きさの孵化幼虫のグループ内において単独飼育と集団飼育したものの間に統計的に有意な差があることを示す（Mann - Whitney's U-test；＊＊＊,；P ＜0.001）．括弧内の数値はサンプル数（Maeno & Tanaka, 2009b を改変）．

体色から幼虫の大きさを判断してしまうという魂胆だ。これならあっという間に実験に必要な孵化幼虫を仕分けできる。孵化幼虫は黒化の程度が異なる五つのレベルに分けた。それらの幼虫を一ケージ（42×22×42㎝）あたり一〇〇匹入れた集団条件下と五連棟と呼ばれる小さなケージ（28×15×28㎝）あたり一匹入れた単独条件下で飼育してみた（写真3・1）。

幼虫たちはすくすく育ち、羽化後に形態を測定し、F／C値（後腿節長／頭幅）を算出した。その結果、飼育密度に関わらず大きな子ほどF／C値は低くより群生相的な形態を示した（図3・3）。さらに集団飼育するとどの大きさの子もF／C値が低下し、群生相化した。これらの結果より、小さい子を単独で飼育するともっとも孤独相的になり、逆に大きい子を集団飼育するともっとも群生相的な形態をした成虫になることがわかった。なるほど、孵化したときの大きさとその後の飼育密度の二つが組み合わせで成虫形態が色々と変わるのか。ところで、この結果はおもしろいのだろうか？　先生に聞いてみよう。

データをまとめてグラフを作り、テーブルでコーヒーを飲んでいた先生に見せたところ、最初は興味深そうに眺めていたのだが、突如シリアスな顔つきに変わり、「ん、ちょっと待ってよ」と慌ただしく自分の本棚に向かっていった。何かデータにマズイ点でもあったのだろうか？　不吉な予感がした。

代々伝わるミステリアス

戸惑う必要はなかった。田中先生が本棚に取りに行ってきたのはウバロフ卿の『Grasshoppers and Locusts（イナゴとバッタ）』というバッタ研究者にはバイブル的な教科書だった（Uvarov, 1966）。その中の一頁に描かれていたグラフを見せてくださった。そのグラフは成虫形態について調査されたもので、世代を超えて相が変化していく様相を示したものであった（図3・4）。孤独相から群生相、または群生相から孤独相への変化は数世代かかるという現象を世に初めて示したグラフだった。集団飼育している群生相系統から得られた子を単独飼育して孤独相系統を作りだすと徐々に成虫形態は孤独相化していき、四世代目で最高値に達しそれ以降安定する。逆に四世代目の孤独相の子を集団飼育すると二世代かかって群生相へと戻っていく。科学的な表現ではないが、バッタが典型的な黒い悪魔になるためには数

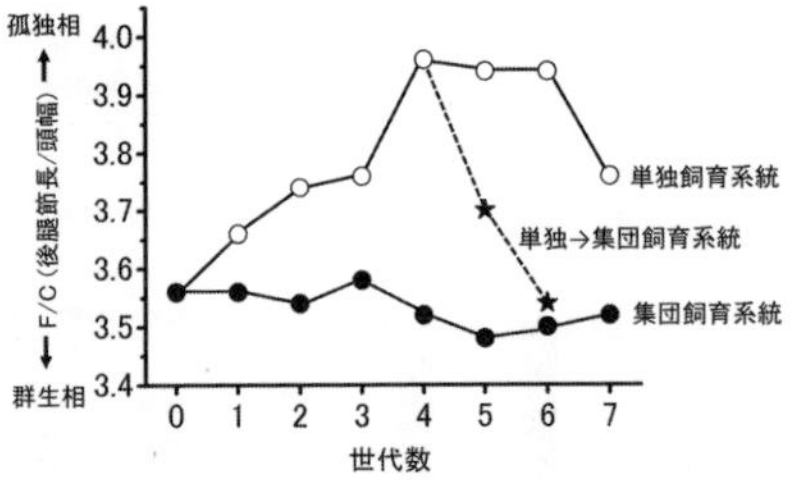

図3・4　世代を通したF／C値の変化．相の変化は数世代かかることを世界で最初に示した図．○単独飼育系統，●集団飼育系統，★単独飼育から集団飼育へ戻した系統（Uvarov,1966の図210を改変）．

世代かけて悪魔の血が濃くなる必要があるともいえるのだ。この世代を超えて徐々に変化していく様相は、相変異形質が蓄積していくかのように見えたため「相蓄積（Phase accumulation）」と呼ばれていた。成虫形態だけではなく、幼虫の行動や体色、フェロモンの分泌量、はたまた体内のペプチドの量にいたるまで相蓄積が報告されていた。この現象は遺伝や既知のメカニズムでは説明することができないミステリアスな現象として知られていた。相蓄積の原点であるこのグラフは未発表データを基に論じられており、その後同じような現象が他の研究者たちによっても確認されていたが、どのような仕組みで成虫形態の相蓄積が引き起こされているのかは依然として謎につつまれたままだった。

田中先生は研究所でバッタ研究を始めるときに恩師の正木先生からこのウバロフ卿の教科書と、相蓄積という不思議な現象が未解決なのでぜひ解明してほしいという激励の手紙を託されていた。私が提出したグラフはこの相蓄積の謎を解く重要なカギになることに田中先生が咄嗟に気づいたのだ。

田中先生は相蓄積のカラクリを一瞬にして解いてしまい、それを興奮したようすで説明してくださった。ことの重大さを理解できていない私と先生との間にはかなりの温度差があったが、それによると、単に子の大きさと飼育密度の組み合わせで成虫形態が決まっているだけで、あたかも蓄積していっているように見えただけなのでは、というものだった。

仮説としてはこうだ。まず、ウバロフ卿のグラフで集団飼育相系統でF／C値が一貫して低いのは、大きい子を集団飼育したからで、単独相系統一世代目で中間的なのは大きな子を単独飼育したからであり、そして、二世代目でより高いのは親が低密度下だったので小さい子を生産し、その子を単独飼育したからだというものだ。確かに矛盾なく説明できる。ただ、解せないのはさらに単独飼育相系統で二世代目以降も孤独相化が進んでいる点だ。相蓄積のカラクリを説明するこの考えを証明するためにはいったいどうしたらよいのか？　方法はたった一つ。自分たちでやるしかない。ウバロフ卿の教科書と同じように連続飼育し、それを証明しようという実験計画を立てた。ちなみに、サバクトビバッタの一世代はおよそ三ヵ月。これから二年近くバッタを毎日飼育し続けることになる。この状態はまさに安藤先生の言っていた、

「いやぁ　僕はねぇ、虫を飼ってるんじゃないよ。虫に飼われているんだよ」

という状態そのものだった。師匠→弟子→孫弟子と三世代を越えて伝わった相蓄積の謎への挑戦が始まった。

コラム　バッタ飼育事情

この当時の研究生活がどんなものか紹介すると、二人のパートさんがいて、田中先生が飼育するトノサマバッタのエサ換えを担当して、私は自分でバッタのエサ換えをしていた。研究室のバッタのエサ換えは一日置きなのだが、エサ用の草取り当番は私で、研究所の畑に草を刈りに行き、朝九時までに準備をして、それからエサ換えを始める（写真1）。昼休みをはさんでエサ換えを再び始め一六時に終わる。エサ換えは当然三十一度もある飼育室にこもって作業をするため、汗だくになってしまうので半袖に半ズボン姿が基本だ。

写真1　(A) バッタのエサ畑. (B) 業務用の70ℓのビニール袋に入っているのは本日の収穫. この日のメニューは, イヌムギ, オーチャードグラス, ソルガム, ススキで合計で50kgを超えた. 草取りは1日置き. 刈った草は水を入れた瓶に差し込んでバッタに与えるため, 瓶に差し込みやすいように草の刈り口をキレイに並べておくのができる男の心遣いだ.

皆がコートを着始める時期でも汗を垂らしながら半袖に半ズボン姿で研究所内を歩いていたので、よくパートのおばさんたちに「まぁ　さすが秋田県民は寒さに強いわね」と勘違いされていた。

　単独飼育用のケージは通称五連棟と呼び、車の車庫のように五つの部屋が連結していた。採卵用の砂をアイスクリームカップに入れ、さらに瓶に水を入れて、刈り取ってきた草を適量差し込んだものをエサとして与えるのだが、いがいと重く一つ五キログラムちかくになる。これを飼育室に目いっぱい積み重ねて並べてバッタを飼うのだが、数が多いのでケージの上げ下げを何度も繰り返していると疲労が蓄積する（写真2）。飼育室の中と言えども置き場所によって微妙に環境が変わるため、毎日ケージの置き場所をローテーションで変える必要がある。エサ換え終了後にはぐったりしていた（夕方、テニスをする余力はあったが）。後にパートの池田ひろ子さんにエサ換えを手伝ってもらえるようになり、飼育できるバッタの量が飛躍的に向上し、たくさんのバッタに囲まれることになった。バッタ研究チームには田中

写真2　飼育室の風景.（A）5連棟を積み重ねるとバッタのアパートのできあがり.（B）田中先生（右）と著者（左）多い時には5連棟は60個，大型ケージを20個ほど同時に使って飼育を行う．ちなみにこれらのケージは建具屋さんに特注したもので，それぞれの1つの値段は5連棟は15,000円，大型ケージは8,000円ほど．当時の私のアパートの1ヵ月の家賃は28,000円．色々考えてしまいますよね．

先生と私の二人しかおらず、二人とも常にフルパワーで土日祭日関係なく研究に精をだしており、代打がいないために健康管理には気をつかった。けっきょく、八年間皆勤賞となったが、たまに寝坊することがあり、そんなときには決まって田中先生から「生きてるかぁ？」とモーニングコールをかけてもらっていた。

そして、鬼門はエサの確保だった。冬が近づくと畑の草は発育しないため貴重になってくるので研究所の畑の外にも採りに行かねばならない。エサにはイヌムギを利用したのだが、この草は冬でも枯れることなく緑を保っており、この草のおかげでバッタ研究は助けられた。弘前でもイヌムギをイナゴのエサに利用しており、冬場はプランターに移し替えて温室で維持したが量が限られていた。雪が積もりすぎて手を出せなくなるギリギリまで雪を掘ってイヌムギを採っていた。研究所のあるつくば市ではほとんど雪が積もらないので弘前に比べたらエサの確保は楽なのだが、量が量なのだ。毎回二〇～五〇キログラムちかくの草を確保しなければならず、空き地、道路わき、川沿いなど街のあらゆるイヌムギスポットに進出して、かき集めた。道路わきのイヌムギは散歩中の犬の絶好のトイレなので、踏み入るには勇気が必要だった。車を路肩に停めて、一心不乱に草を刈る。道行く人は業務用の大きなビニール袋いっぱいになった草を見ると、何か美味いものでも採っているのかと思うようだ。当然、不審者扱いを受け、通りがかる人から何をしているのかと質問を受ける。「ムシのエサを採ってるんですよ」と釈明すると、「あ～　ウシね」と都合よく勘違いしてくれた。私は秋田出身のため、つくばのすき家で牛丼を頼むとカレーが出てくるレベルで訛っていたのでこんなことは日常茶飯事だった。

草刈りの最中いきなり、「オメェ　どこのモンだ?」とおじさんに怒鳴られたこともあった。「おらぁ　ここの町内会長だけど、久しぶりにオメェみたいなエライ若いモン見たぞ」と町の美化に貢献していると勘違いされることも少なくなかった。見た目も行動も言語も心もとない人々に勘違いされる辛い日々をすごした。バッタといるときだけは等身大の自分に戻れたので次第に彼らと一緒にすごす時間が増えた。

消えた迷い

三世代目の孵化幼虫が準備できたところで、論文発表するにはまだ十分なデータがとれていなかったが修士論文を書くことになった。ほぼ予想通りの結果が得られていたが時間がないので、実験しながら修士論文を書いた。論文が書きあがるころには孵化幼虫が成虫になって三世代目のデータが取れると目算していた。弘前大昆虫研では代々修士論文を英語で書いていた。私は英語力が弱く、とても書けるレベルではなかったのだが、自分には弘大昆虫研の血が流れているのでチャレンジさせてもらうことにした。けっきょくは田中先生にすべて添削していただくため、負担がすべて先生にかかってしまうのだが、迷惑極まりなく無謀とも思える挑戦を快く引き受けてくださった。

そして修士論文提出の時期が近づくということは、次の進路を決める時期に差し掛かっていることに他ならない。当時、分子生物学が流行していた。先輩たちは口を揃えて、「前野君も分子生物学やらないと就職できないよ」とアドバイスしてくれていたので、私も陰ながら勉強していた。分子生物学の研究室を見学させてもらうと何やら規則正しく作動している装置がたくさんあるのだが、冷蔵庫と電子レンジしかわからず恥ずかしい思いをしたこともあった。当時は、バッタを飼育し、あれこれ考え研究するのが楽しくて仕方がなかったのだが、この先ずっと研究していくためには色々とスキルを身につけた方がいいのではないかと考えていた。自分には特別な技術もないし、装置も薬品もまったく使えない。ただひたすらバッタを飼育するだけの私をあざける声も少なからず聞こえてきていた。はたしてこのままでいいのだろうかと自分の研究スタイルにも不安を覚え、これから先、何をしたらいいものかと考え始めていた。おそらく先生はそんな私の迷いを見抜き、

「若いときは色んなラボを見て経験を積んだ方が良いので博士課程からは別の研究室に移ってね。バッタにこだわる必要はなくてどんな虫の研究をしてもおもしろいよ」

と研究室から巣立ちを促されていた。ノギス一本でこの先やっていく自信がなかった。修論のために多くの文献を読みあさり、これまでのバッタ研究の歴史を噛みしめながら、これから自分はどんな研究者になりたいのか。忙殺されながらも、迷走し、頭の中は自分探しの旅のことでいっぱいだった。

そんなとき、「昔はナントカ（忘れてしまったが手法の名前）をやればそれで論文になったのに、今では無理だもんなぁ。やっぱ新しいナントカできないとダメなんだよなぁ」というなにげない会話を小耳にはさみハッとした。そうだ、自分は手法や技術を覚えるために研究したかったわけではない。虫の研究がしたかったのだ。突如、虫のことが知りたいという少年時代に思い描いた夢が蘇ってきた。新しい技術を使えば、新しいことがわかるだろう。でも、それは本当に自分のやりたかったことではない。昆虫学者になろうとしたのは、己のアイデアで謎を解き明かしていくあのファーブルの姿に憧れたからだ。

いまだにファーブルの研究成果が色あせないのはなぜか？　それは、虫を観察するのにかける時間の価値は何年経とうが、科学技術がいくら発達しようが変わらないからではないのか。

いまだにファーブルの研究が多くの人々を魅了するのはなぜか？　それは、ファーブルが、虫自体がもつおもしろさや謎と格闘していたからではないのか。私の場合、今、自分の知りたいことを知るのに最適なのが、バッタをたくさん飼って、ノギスを使うだけで、技術や道具にふりまわされる必要はないじゃないか。技術はローテクだろうが、ハイテクだろうが関係ない。心惹かれた謎に挑んだらいいじゃないか。研究者になれるかどうかわからないんだし、どうせなら、やりたいことをやって笑顔で路頭に迷おうと開き直った。それに、独学でやっていたファーブルには悪いが、自分には心強い師匠がいる。想いは固まった。

「田中先生、まじめな話があるんですけど…」と、切りだしたとき、「僕はいつだってまじめなんだけど」とウィットを含ませて返されたが、ひるまずに、思いの丈と研究室に残ってバッタ研究をしたい旨をぶつけたところ、「うん」、と一言いった後に、

「それに気づけたってことは、それだけ前野君が成長したってことだね。日本でバッタ研究するとなったらよそではなかなかできないだろうから、またがんばってね」と延長を許してくださった。きっと先生は私がどれだけバッタ研究をしたいのかを確かめるためにあえて突き放して試したのではないだろうか。先生としても相蓄積の仕事がまとまらずに私が去るのは歯がゆかったはずだ。真意のほどは聞いたことがないのでわからないが、この一件で研究スタイルに関する迷いはなくなり、バッタ研究にかける想いは強くなった。

相蓄積のカラクリ

今後の研究の進展を期待し、神戸大学の竹田真木生教授の研究室に籍を移して、引き続きつくばの研究所で相蓄積の研究の続きを行うことになった。竹田先生も弘大昆虫研出身で、弘大を卒業した博士課程の先輩三人を引き受けていた。竹田先生は昆虫の生物時計に関する研究をされており、生体アミンの解析や遺伝子解析を得意とし、世界各国からたくさんの留学生を引き受けて、精力的に研究をされていた。竹田先生はコオロギにも精通しておられ、もちろんバッタについても興味をもっておられた。

「田中誠二はすごいぞ。誠二を越えてこい」と肩をドシリと叩かれた。そんな恐れ多いことを平気でお

っしゃる竹田先生は、弘前大時代の田中先生の先輩だった。

その後、順調に世代を重ね、私たちの実験でもウバロフ卿の結果と似たような図が得られた（図3・5）。実験条件は出来る限り各世代が均一になるように心がけたが、飼育室と言えども湿度は季節によって変化するし、エサの草は野外の畑で栽培しているため季節的に栄養価が変化している可能性もある。成虫形態は色々な環境条件の影響を受けるため、時期がずれて飼育した世代間の比較は適切ではなかった。このため、何世代で相の転換が完了したのかを強く主張することができなかった。この問題を解決するためには、相の変化を調査するための系統を孤独相系統と群生相系統と同時期に飼育して比較する必要があった。そこで、四、五、六世代を用いて同時飼育実験を行った。まず、群生相から孤独相への変化が何世代かかるかを調査するために、集団飼育系統の四世代目から得られた子を単独飼育した。その結果、F／C値は次の世代では孤独相と群生相との中間的な値をしめし、その次の世代ではコントロールの孤独相との間に統計的に有意な差が見られなくなった（図3・6A）。さらに、今度は孤独相から群生相への変化が何世代で完了するかを明らかにするために、

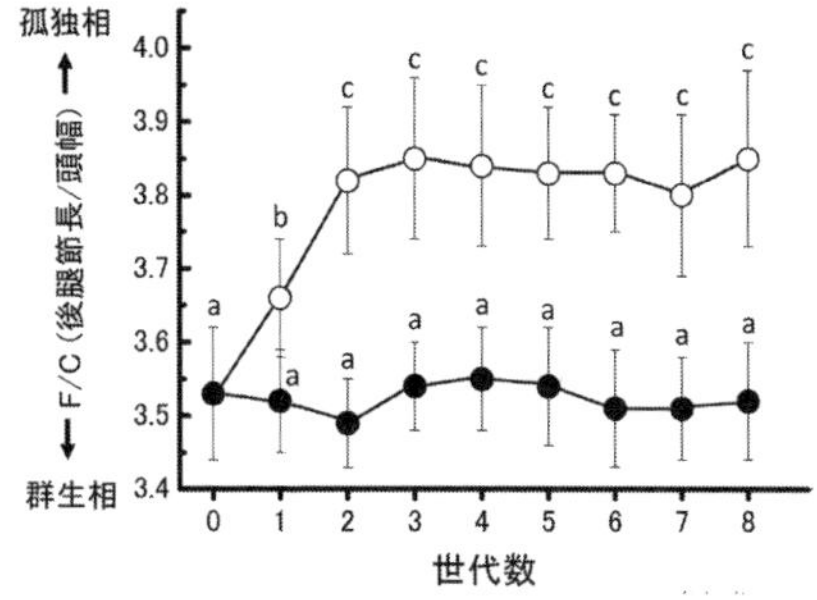

図3・5　F／C値（後腿節長／頭幅）の世代間の比較．図中の異なるアルファベットは各世代間で統計的に有意な差があることを示す（Steel-Dwass nonparametric test; *P* < 0.05）．○単独飼育系統（各世代，n=約50），●集団飼育系統（各世代，n=約100）（Maeno & Tanaka, 2009b を改変）．

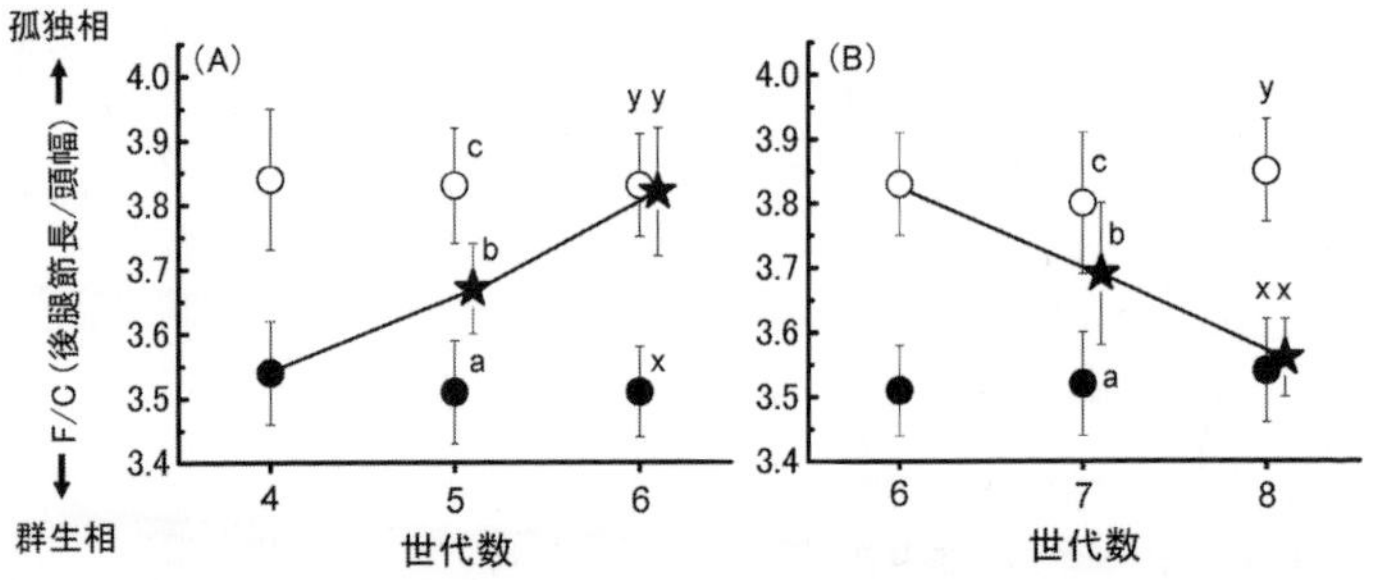

図3・6　同時飼育による集団飼育系統（●），単独飼育系統（○）および新しく作出した単独飼育系統（A：★），集団飼育系統（B：★）のF／C値（後腿節長／頭幅）の変化．相の変化は2世代で完了する．F／C値は同時期に飼育した系統間で比較し，異なるアルファベットは各区間で統計的に有意な差があることを示す（Steel-Dwass nonparametric test; $P < 0.05$）（Maeno & Tanaka, 2009b を改変）．

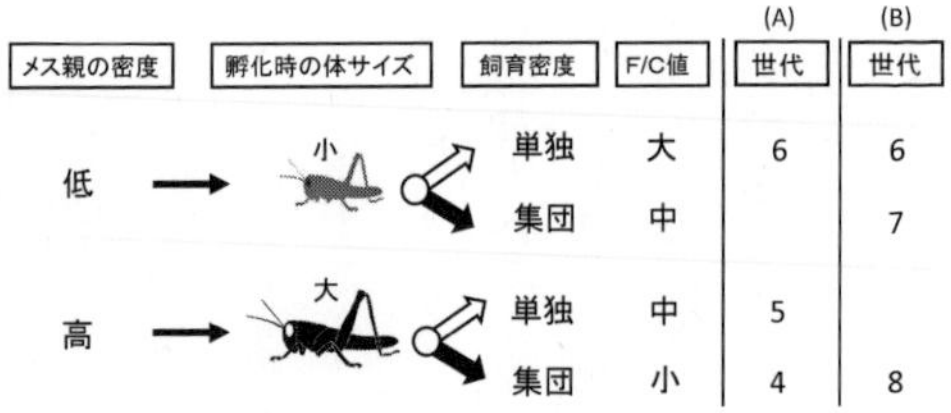

図3・7　F/C値（後腿節長／頭幅）に影響する要因の組み合わせのまとめ．図3・6AとBに該当する世代数を示した．

先ほどとは反対に、単独飼育している六世代目の子を集団飼育した。その結果、七世代目では中間の値を示し、さらに八世代目ではコントロールの群生相とほぼ同じF／C値を示した（図3・6B）。これらの結果は、相の転換は二世代で完了することを示していた。

実験で得られた結果を見るとウバロフ卿の教科書のグラフと同様にあたかも相蓄積しているように見えるが、どのようにこのF／C値の変化が起こったのか説明することができる（図3・7）。まず、図3・6AでF／C値が集団飼育系統の四世代目で低いのは、大きい子を集団飼育したからで、五世代目で中間的なのは大きな子を単独飼育したからであり、そして、六世代目で高いのは親が低密度下だったので小さい子を生産し、その子が単独飼育条件下で発育したからだ。孤独相から群生相へと戻した図3・6Bの場合も子の体サイズとその飼育密度の組み合わせでうまく説明することができる。だが、何か未知の物質が世代を越えて蓄積している可能性もいまだに捨てきれない。相蓄積の仕組みを説明する決定的な証拠がさらに必要だった。

仮説の補強

この相蓄積の仕組みを説明するうえで、孵化幼虫の体サイズが重要な役割を演じていることがわかってきたが、その孵化幼虫の体サイズはどのように決まっているのだろうか？　半世紀前に、ハンター・ジョーンズ博士（Huntre-Jones,1958）が重要なことを明らかにしていた。彼は、サバクトビバッタを用いてメス成虫が幼虫期に経験した密度は関係なく、成虫期の密度こそが子の体サイズを決定しており、低密度だと小さい孵化幼虫を、高密度だと大きな孵化幼虫を生産することを明らかにしていた（図3・8）。つまり典型的な孤独相の形態をしたメス成虫でも羽化後集団飼育すると群生相と遜色ない黒くて大きな子を生産するようになり、逆に典型的な群生相の成虫を羽化後単独飼育すれば、緑色の小さい孵化幼虫を生産するというわけだ。今回得られた私たちの結果では、小さな孵化幼虫を単独飼育すると典型的な孤独相になり、逆に大きな孵化幼虫を集団飼育すると群生相になった。それならば、親の羽化後の成虫期の密度と子の飼育密度を同じにすれば、数世代かかると信じられてきた相の変化が理論的にはたった一世代で完了するのではないかと考えられた。

このような状況は決して人工的なものではなく、野外でも十分に起こりえる。たとえば、孤独相成虫の生息地に群生相の群れが降り立ち、高密度下にさらされると、孤独相成虫は大きな孵化幼虫を生産しはじめ、その孵化幼虫は他のメス個体が生産した数多くの孵化幼虫とともに高密度下で発育すると考えられる。そういった個体は一世代で群生相成虫になるのではないか。今度は逆に、群生相バッタが群れからはぐれ、低密度を経験すると、小さな孵化幼虫を生産しはじめるはずだ。そのような孵化幼虫は周りに他の個体がほとんどいないため、低密度下で発育し、一世代で孤独相成虫になるのではないだろうか。数世代かかると信じられてきた相の変化がはたして一世代で完了するのかどうかを明らかにするために実験を行った。

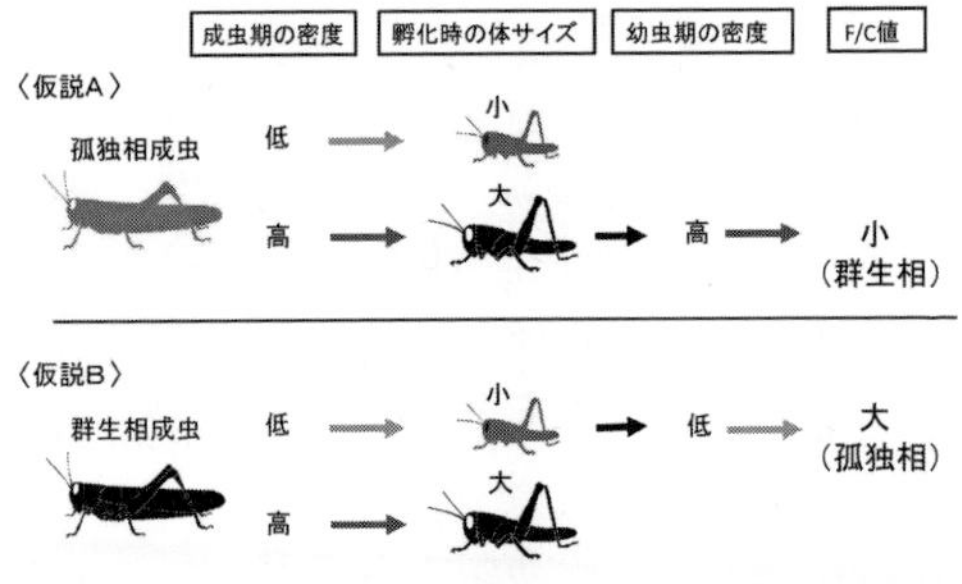

図3・8　子の体サイズに影響するのは，メス親の幼虫期に経験した密度ではなく，成虫期の密度が重要（Hunter-Jones, 1958）．成虫期の飼育密度と子の幼虫期の飼育密度が同じになったら1世代で相の転換が完了するのか？

まず、四世代目の典型的な孤独相成虫同士を羽化後、集団飼育して、大きな孵化幼虫を生産させる（図3・9）。そしてこの孵化幼虫をさらに集団飼育して、成虫のF／C値を調査した。その結果、F／C値は五世代目で低い値を示し、コントロールの群生相との間に統計的に有意な差は見られなかった。さらにもう一世代集団飼育してもF／C値は低いままだった。念のため、さらに五世代目を用いて同様の実験を行

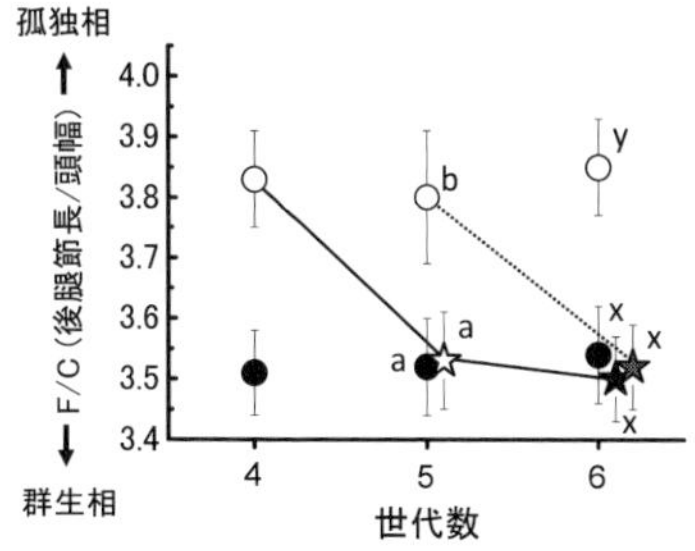

図3・9　図3・8の仮説A．孤独相由来の大きな孵化幼虫を集団飼育した場合のF/C値（後腿節長 / 頭幅）の変化．親と子を集団飼育すると1世代で群生相化が完了する．同時飼育による集団飼育系統（●），単独飼育系統（○）および新しく作出した集団飼育系統（1つ目：☆），（2つ目：★）．F/C値は同時期に飼育した系統間で比較し，異なるアルファベットは統計的に有意な差があることを示す（Steel-Dwass nonparametric test; *P* < 0.05）．（Maeno & Tanaka, 2009bを改変）．

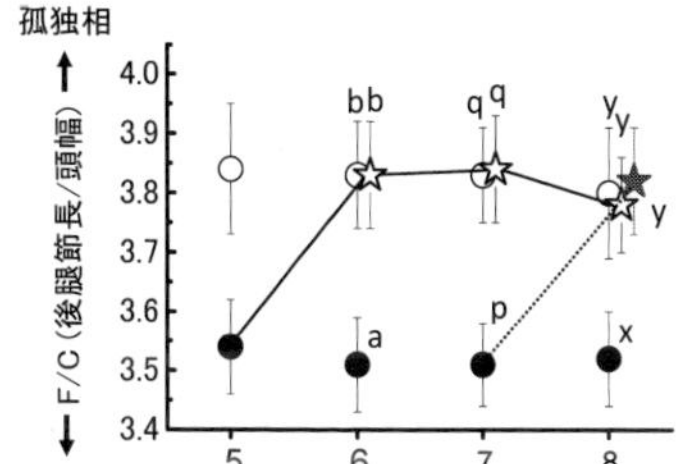

図3・10　図3・8の仮説B．群生相由来の小さな孵化幼虫を単独飼育した場合のF/C値（後腿節長 / 頭幅）．親と子を単独飼育すると1世代で孤独相化が完了する．同時飼育による集団飼育系統（●），単独飼育系統（○）および新しく作出した単独飼育系統（1つ目：☆），（2つ目：★）．F/C値は同時期に飼育した系統間で比較し，異なるアルファベットは統計的に有意な差があることを示す（Steel-Dwass nonparametric test; *P* < 0.05）．（Maeno & Tanaka, 2009bを改変）．

った場合もやはり、一世代で群生相的な低いF／C値を示す個体が得られた。今度は、五世代目の群生相成虫を羽化後、単独飼育して小さな孵化幼虫を生産させ、この孵化幼虫を単独飼育して、その成虫のF／C値が孤独相的な高い値を示すかどうか調べた。その結果、F／C値は六世代目で高い値を示し、コントロールの孤独相との間に統計的に有意な差は見られなかった（図3・10）。さらに単独飼育した場合も三世代連続して高いままだった。さらに七世代目の群生相を使ってだめ押しで確かめたところ、やはり一世代で孤独相へと変化した。これらのことから相の変化は数世代かけずとも一世代で完了することが可能だということがわかった。この一連の相蓄積の研究で、（一）成虫形態（F／C値）の相の変化には通常二世代かかること、(二)孵化時の体サイズと飼育密度の組み合わせで相蓄積を説明できること、(三)親の成虫期と子の幼虫期の飼育密度が同じ場合、一世代で相の変化が完了すること、(四)世代を通じて蓄積する未知の物質に要因を仮定せずに成虫形態の相蓄積を説明できることがわかった。ウバロフ卿の教科書で孤独相化に四世代かかっていたのは、おそらく小さい孵化幼虫だけを使わなかったからだと思われる。

なにか未知の要因が世代を超えて受け渡されて相の変化が引き起こされているとしたら、かなり話はおもしろかったのだが、そういったものを想定せずともF／C値の変化は説明できる。相蓄積は単に目の錯覚だったのではないかと考えている。今回得られた結果から、相の変化はそれまで考えられていたよりも早く完了している可能性が示唆された。田中先生の狙いがズバリ的中し、私たちはこれらの結果をまとめ、論文発表した(Maeno & Tanaka, 2009b)。幼虫の体色に関しても成虫形態の相蓄積に似た現象が知られていたので、ついでに幼虫の体色も調べてみたのだが、今回の実験とほぼ同様の現象が起きていることがわかった(Maeno & Tanaka, 2007a)。製本した修士論文を正木先生に送ったところ、すぐに御礼の返事をいただいた。相蓄積の問題を田中先生に伝えたことを覚えておられ、当時からの謎を解き明かした私たちの研究成果を大変喜んでくださった。

この連続して何世代も飼育する実験は単調な作業の繰り返しで地味に見えるかもしれないが、バッタを長期にわたって何度も見ることができた贅沢な時間に他ならなかった。同じような顔のバッタが孵化し、羽化してくるのだが、不思議なことにその都度に気づくことがあり、新鮮な気持ちで彼らを迎え入れることができた。毎日繰り返す作業も、「短い時間で、たくさん丁寧に」を心掛け、技を磨こうとすれば、たとえ地味なエサ換えであっても飽きがこず、常に真剣に取り組むことができた。
「繰り返し見続けることで見えてくるものがある」この研究で得た教訓だった。

修論のテーマを決めた後も、メインの実験の傍らでサイドプロジェクトは日課として継続していた。田中先生は、バッタ、コオロギ、ゴキブリを使ったまったく異なる実験を同時に手掛けていた。よく頭が混乱しないものだとその離れ技に驚いていたのだが、その技こそ新発見を連発し、プロフェッショナルとして世界で闘う秘訣だと睨んでいた。自分も見よう見まねで複数のサイドプロジェクトを同時進行させようと試みていた。

そして、そのサイドプロジェクトがたぐり寄せた発見は、国を越えた論争を引き起こすこととなった。

コラム　バッタ研究者の証

相蓄積の実験中、私の体にある異変が起きていた。バッタに触れると蕁《じん》麻《ま》疹《しん》が発症するのだ。しかも、バッタが私の腕を歩くと、その足跡通りに。その蕁麻疹は痛痒いのだが、一〇分もすれば跡形もなく消失し、症状も治まる。発症する場所は腕に限らず、顔にも、そして、バッタに触れたことがない腹の上を試しに歩かせたところ、腹にも蕁麻疹がでた。自分はいったいどうなってしまったのだろうか。

この症状は、医学的にアレルギーというものだろう。毎日同じモノと過剰に接触するとアレルギーになるそうで、そう言えば知り合いにカイコアレルギーやゴキブリアレルギー保持者がいた。どうやらバッタとのふれあいは度がすぎてしまったようだ。研究を開始した当初はバッタが口から出す茶色の液体は役立たずだとなめていたのだが、バッタアレルギーになってからというもの手にかかると蕁麻疹がでるようになった(写真)。

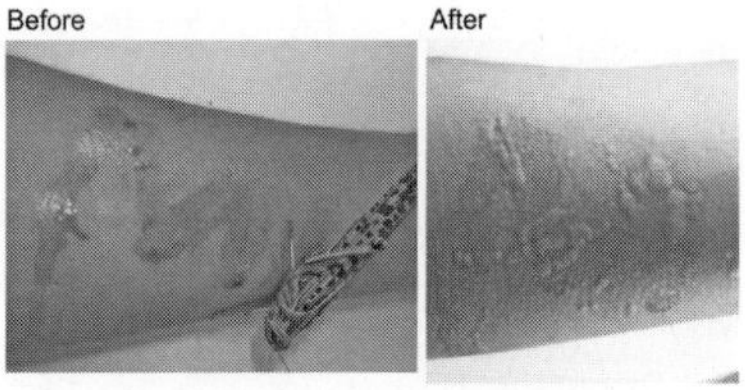

写真　バッタ研究者かどうかを確かめる儀式．左腕にバッタの口から吐き出された茶色の液体で前野のイニシャルの「M」を書くと，M字の紋章が浮かびあがる．ちなみに，はりきって長めに放置したため，その後腕がかぶれた．

　相蓄積の実験では大量のバッタの形態を測定しなければならず、そのときばかりは情けないことに薄いゴム手袋を着用するハメになってしまった。愛する者を素手で触れないのが、こんなにも辛いことだとは夢にも思わなかった。落ち込みそうになったが、よくよく考えてみたら、これはバッタに嫌われた訳ではなく、バッタの神に認められたバッタ研究者の証だということに気づいた。赤い蕁麻疹は、選ばれし者だけが手にする紋章だったのだ。蕁麻疹がでると熱いパトスがほとばしる。

第4章
悪魔を生みだす謎の泡

常識の中の非常識

「発見」は研究者にとって喜び以外の何物でもない。うっかりミスやアクシデントなどの偶然が新発見を招いた過去の事例は聞いたことがあるが、偶然はそんな頻繁に起こるわけではない。では研究者たちはいったいどうやって発見しているのだろうか？

私は王道から外れた邪道こそが発見を生みだす近道だと考えていた。とくにバッタ研究のようにすでにすさまじい数の研究がなされている場合にはちょっとやそっとでは驚きの新発見を生みだすのは難しいだろうから、あえて足を踏み外した方が好都合なのではと考えていた。一見ねじ曲ったようにも思えるこの考えは、弘前での学生時代に培ったものだ。その当時、親友の龍君とは機会があれば女子大生や看護師、エステティシャン、歯科衛生士にヘアーアーティスト等との合同コンパに繰り出していた（私たちはこのひとときを「パラダイス銀河」と呼んでいた）。求めていたものは愛とか恋とかではなく、「いかにして初対面の女子を喜ばせるか」だった。二人は、女子の笑顔に飢えていた。

私は口下手で、話題も乏しく、せいぜい昨日のテレビの話をして愛想笑いを引き出すのが関の山だった。その点、龍君の話のネタは飛び抜けていた。彼にかかるとほとんどの女子たちは笑顔で笑った。恍惚の表情で笑う女子たちの姿は、まるでライク・ア・エンジェルのようだった。私も我を忘れ、龍君の話の虜になっていた。

どうやったらふつうではないネタを編みだして女子を喜ばすことができるのか、彼にその極意を尋ねたことがある。

「非常識なことをやるためには常識を知っておかねばならない。不真面目なことをやるためには真面目を知っておかねばならない」と教えを乞うた。

彼は「ヤローワーク」というバンドの一員で、いかにクレイジーにオーディエンスを盛りあげたらいいのかという至上命題と日夜格闘しており、その研究成果を惜しげもなく授けてくれたのだ。頭の悪い振る舞いや常軌を逸した行動の数々は、膨大な量の知識と常識を踏まえたうえでの賜物だったのだ。「おれ、プリンだったらなんぼでも食えるや」と豪語した秋元という男に対して、すぐに目の前でバケツ一杯のプリンを作り始め、泣きながら謝る彼を土下座させたこともあった。カルピスの原液を一気飲みしたり、メガネでナポリタンをほおばるヤローワークのメンバーの真の姿は裏にあったのだ。彼らが巻き起こすムーブメントに女子高生を筆頭に大勢のヤングが熱狂したのには確かな理由があったのだ。ふつうを恥じ、いかに頭の悪いことをやらかすかという姿勢に感銘を受け、仲間に入れてもらい、私の世界が変わった。

その後、私生活がどうなったかはさておき、研究においても邪道をするためには王道を知っておかなければならず、そのためにはバッタ研究の歴史を知っておく必要があった。バッタに関する論文発表は、年間三〇〇本を越える年もあり、少なくとも一万報は越えている。まずは興味の赴くままに片っ端から知識を吸収することにした。すべては、新発見のために。

戦慄の泡説

興味はやはり孵化幼虫に関連した論文に向けられた。前述したようにサバクトビバッタの幼虫は孵化したときから相変異が見られ、緑色で小型の幼虫から黒くて大型のものまでいる。そんな孵化幼虫はどんな生活をおくるのかに興味が向いたのと同時に、どうやって異なる孵化幼虫が生産されているのか疑問に思っていた。

バッタがどのように体内で卵を作り、産卵し、その卵から孵化してくるのかは皆さんすでにご存じかと思うが、その一連の流れはこの本を読み進めていくうえで重要な予備知識となるので、ここで一つ改めて説明させてほしい。

その一：卵生産

メス成虫の腹部には一対の卵巣があり（図4・1）、それぞれの卵巣には卵巣小管というソーセージに似た形の卵を作る器官がある（図4・2）。虫によっては卵巣小管の本数が決まっているのだが、サバクトビバッタでは左右合わせて計九〇～一四〇本と変異が見られる。卵巣小管では脂肪体と呼ばれる器官で作られた卵黄タンパク質を体液を介して取り込み、卵が作られる。卵の完成間際には卵巣小管内の濾胞細胞が仕上げとして卵殻を形成し、卵が完成する。卵巣小管内で完成した卵は連結している輪卵管に送り込まれ、一度の産卵でまとまって卵塊として産みだされる。そのとき、ケロッグ腺と呼ばれる器官から分泌される

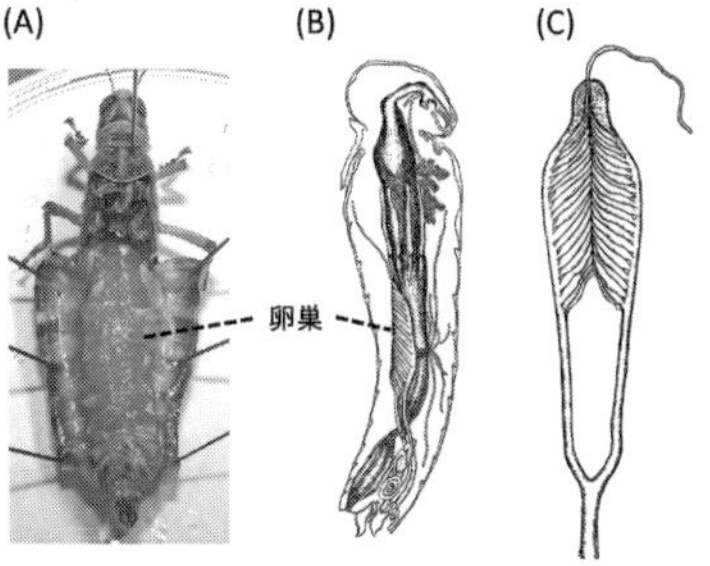

図4・1　メス成虫の解剖図．(A) 上面，(B) 側面，(C) 卵巣の拡大図．卵巣は卵を生産する器官で，複数の卵巣小管からなり，対をなしている (Uvarov，1966 を改変)．

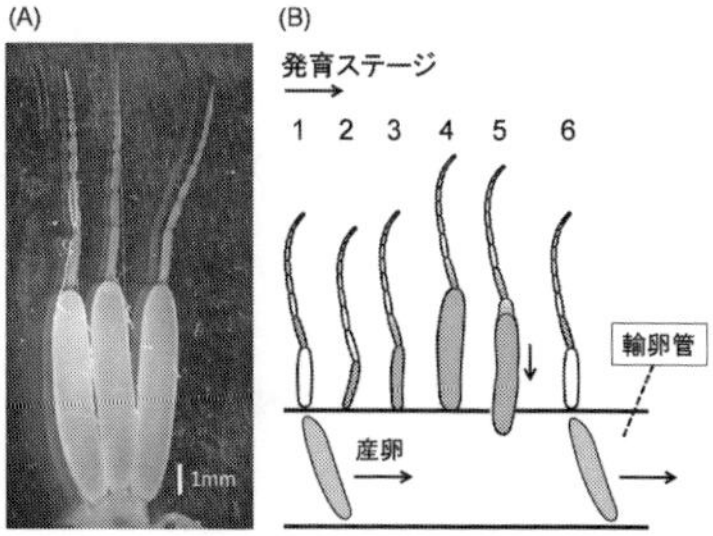

図4・2　(A) 摘出した卵巣小管，(B) 1本の卵巣小管内で卵が発育していく過程．発育ステージ (1，6)，卵殻が完成した卵は輸卵管に移動し，産卵される，(2，3) 卵排出直後，(4)，卵殻形成直後，(5)，輸卵管に移動中の卵 (画：前野拓郎)．

液が卵の表面をコーティングすることで、卵は乾燥や菌などから守られる。一回の産卵で卵巣小管数以上の卵は産み出されることはなく、必ずしもすべての卵巣小管が一度に卵を作るわけではない。一本の卵巣小管には作りかけの卵が直列して並んでおり、卵が産みだされると次に準備されていた卵が発育を始め連続して卵が作られる。

その二：産卵

サバクトビバッタは地中に産卵するが、その際腹部先端が硬くなっている部位を使って穴を掘っていく（図4・3A）。腹部はアコーディオンのように伸縮が可能で、通常時の三倍近く伸びるため、地中深くに産卵することができる（図4・3B）。どこにでも産卵するわけではなく、必ず適度に湿った砂に産卵する。乾燥し

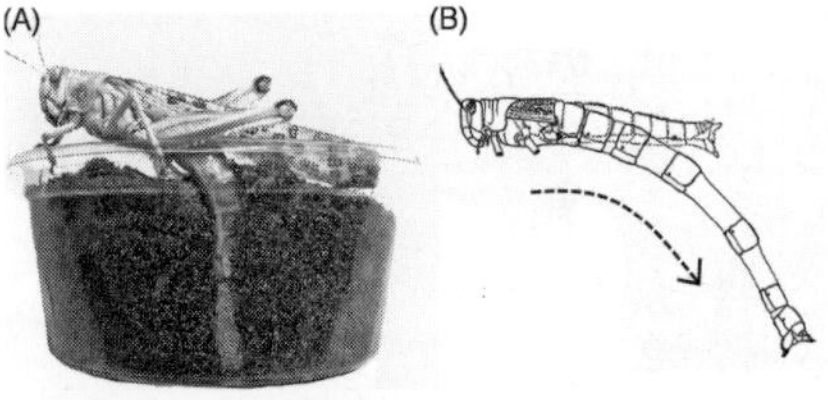

図４・３　(A) 地中に産卵中のメス成虫，(B) 産卵中は腹部を伸ばす (Uvarov, 1966 を改変).

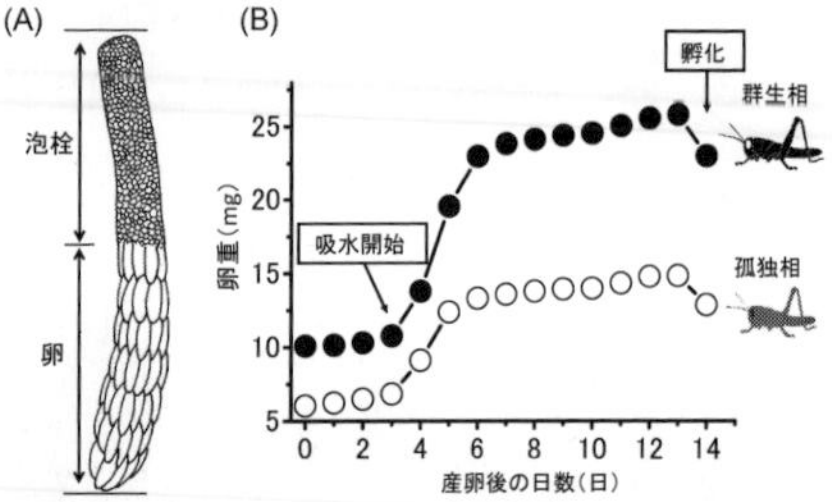

図４・４　(A) 卵塊 (B) 孤独相と群生相由来の発育中の卵重の変化．卵は約４日後に吸水しはじめる．

すぎても、湿りすぎてもダメ。ちょうど良い湿り気具合の砂にしか産卵しない。

その三：卵塊

五〇～一一〇個ほどの卵を卵塊として一度に産卵するが、地面に空けた穴をメス成虫は泡状の物質を出して栓をする（図４・４Ａ）。その物質は、始めはベトベトした液状だが、しばらくすると固まる。ちょうどカマキリの卵鞘のスポンジのような物質だ。この泡栓は産卵のために空けた穴を塞いで乾燥や外敵の侵入をふせぎ、孵化するときの幼虫の地上への抜け道になると考えられている。

その四：産卵から孵化まで

卵殻には呼吸や吸水用の微小な穴が空いている。卵は産卵された地中から水分を吸水することで、胚発育に必要な水分を補う（図４・４Ｂ）。このように卵が水分を現地調達することで、メス成虫は腹部という制限されたスペースを有効活用でき、多くの卵を生産することができる。胚発育の速度は温度の影響を受け、三十一度では十四日ほどで孵化するが、低温になるほど孵化にかかる時間は延びる。昆虫によっては朝や夜など孵化する時間帯が決まっていたりするが、サバクトビバッタでは明確な孵化時間はないとされている（写真4・1）。

ここまで説明してきたメス成虫体内での卵の生産から孵化までの一連の流れの中に、孵化幼虫の形質の決定に重要な時期があることを証明した論文があった。読者の方はいつが重要だと思われるだろうか？少し考えてみてほしい。

写真4・1　保温中の卵．湿った砂が入っているアイスクリームカップに1卵塊ずつ入れて保温する．

その当時、定説とされていたのは産卵直後で、穴を塞ぐ泡栓が孵化幼虫の形質の決定に重要な役割をしているという、にわかには信じがたいものだった。

この泡栓の重要性は、イギリスのシンプソン教授の研究グループによって発見されたものだった（McCaffery et. al., 1998; Simpson et. al., 1999）。彼らの説明によると、群生相のメス成虫が産卵時に水溶性のフェロモン様の物質を泡栓に加えてその液状の泡が卵に滴り落ちていき、卵に付着するとその卵の幼虫を黒化し、さらに群生相的な行動にするそうだ。この説は、産卵後一時間以内に卵を水で洗って泡栓のフェロモンを除去すると、その卵からは本来なら黒い幼虫が孵化してくるはずなのに緑色の幼虫が孵化するという観察に基づいていた。これだけではない。その液状の泡が産卵後に卵に到達する前に卵を一個ずつ隔離しても、水で洗うのと同じように緑色の幼虫が孵化してくる。さらに、その液状の泡を抽出した水を孤独相の卵にかけると、緑色の幼虫が孵化するはずなのに今度は黒い幼虫が出てきたというのだ。こんなマジックのような仕組み、誰が想像できただろうか。この「通称：泡説」の存在を最初にほのめかした論文も含めると、彼らのチームは十三年に渡り泡説関連の論文を七報発表して、その当時、脚光を浴びたそうだ。

疑惑の定説

バッタとシンプソン教授たちに尊敬の意を抱くとともに実際に自分でもどんなものかやってみることにした。研究室では採卵用にアイスクリームのカップに似た容器（幅一〇センチメートル×高さ四センチメートル）に湿らせた砂を入れ、そこに卵を産ませている。普段メス成虫は細心の注意を払っていて手を近づけるとすぐに逃走するが、一度産卵が始まると産卵に集中して逃げようとしなくなる。産卵中の群生相のメス成虫をカップごと別のケージに移し、すぐに水洗いできるようにスタンバイし、シンプソン教授たちの手法にのっとって同じように実験してみた。よくもまぁバッタの卵を水で洗おうと思いついたものだと感心しながら優しく、丁寧に卵を水で洗ってみた（写真４・２）。一匹では物足りないので合計で六匹分試すことにした。そして、お楽しみの半月後。

「おー　こんなにもキレイな緑色した幼虫が出…出てないやん‼」

典型的な群生相の黒い孵化幼虫ばかりだった。あまりに見事に失敗したのでツッコんでしまった。いや、きっとたまたま自分の洗い方が足りなかっただけだろうと、他の卵塊に期待したのだが、続々と孵化する黒い幼虫たち。無処理のコントロールとの違いはまったくなかった。実験はすべて失敗に終わった(写真4・3)。

これは悔しい。洗うだけの簡単な実験すら自分にはできないとは恥ずかしい。次はもっと念入りに洗ってさっそくリベンジしてみた。ところが、またしても失敗。いったい何が悪いのだろうか。ちゃんと洗っているつもりなのだが。首をかしげながら何回もやってみたのだがいっこうに改善する気配はない。思いあぐねて田中先生に相談してみたが、

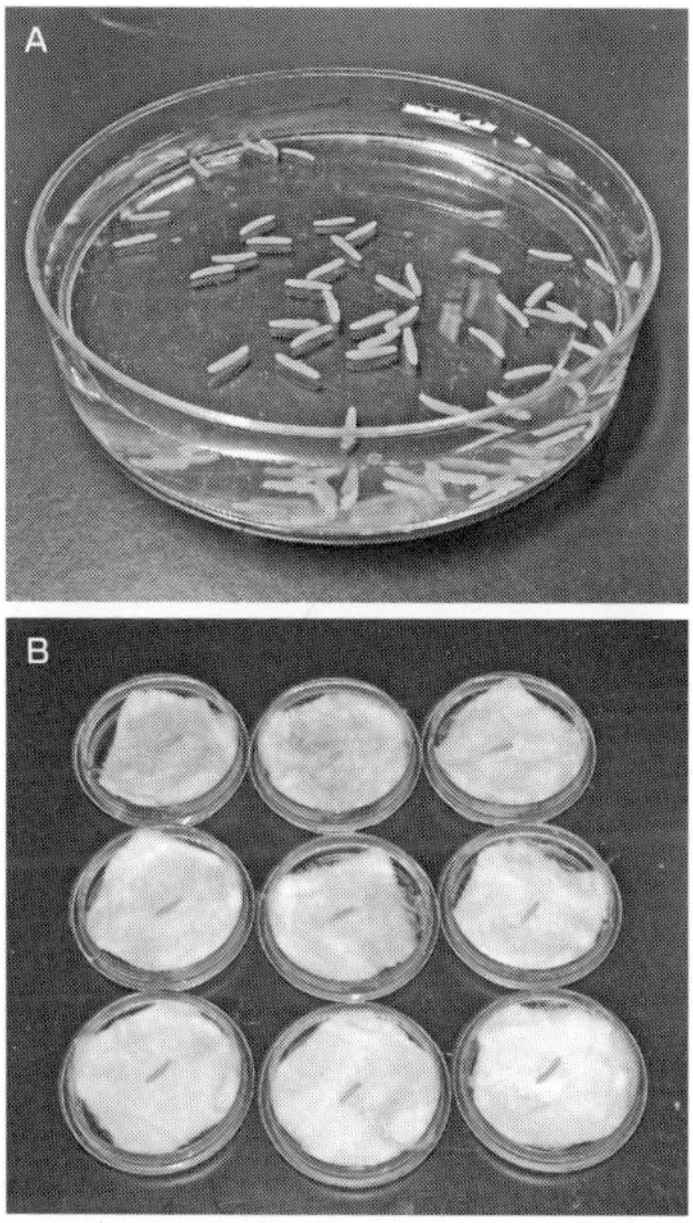
写真4・2 (A) 水で洗っている卵, (B) 水で洗った後に小型のシャーレに湿らせた綿を敷き, 卵をその上に1個ずつ置いて保温する.

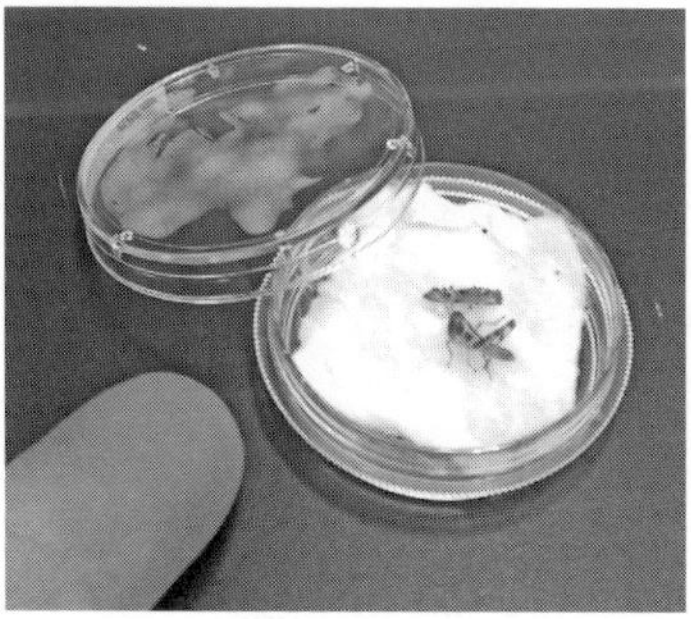
写真4・3 小型シャーレ内で孵化した幼虫.

「前野君のやり方が悪いだけだよ。もっとしっかり洗ってみな」

と、励まされた。しっかりと洗っているつもりなのだが、まだまだ試した回数が少ないので根をあげるのが早かった。

それからというもの、私はいくつも、いくつも産まれたての卵を砂からほじくり返しては洗ってみた。そして孵化幼虫の体色を観察したが、けっして緑色の幼虫が大量に孵化してくることはなかった。ほんの数匹だけ緑の幼虫が出てくることはあったが、こんな成功率ではシンプソン教授たちの足元にも及ばない。いくらなんでもここまで丁寧に水洗いはしないだろうというくらい丹念に、入念に、渾身の想いを込めて洗ってみたが、いっこうに彼らの結果を再現することは叶わなかった。

やけくそになり、今度は卵の表面を念入りに指でこすりながら洗うことにした。これならば少しの汚れも残らないはず。しかし、それでもダメだった。こすり方はどんどんとエスカレートし、とうとう卵は擦り切れて潰れてしまった。もはや、万策尽きた。私は、成すすべがなくなるのと同時にある想いを抱いた。

「もしや泡説は間違いなのでは…」

揺らぎはじめた定説

シンプソン教授はバッタ界の大御所であり、彼のことを知らない者はまずいないくらい、有名雑誌にバンバンと論文をだしているドン的な存在だ。よもや彼らの一大研究成果が間違いだとは誰も思うまい。田中先生も例外ではなく泡説を信じている。私の早合点で疑うのは失礼だが、うまくいかないのだから仕方ない。ここは第三者に実際に確かめてもらうのが一番だと思い、産卵中のメス成虫が入ったケージと泡説を提唱した論文を先生に手渡し、「試しに洗ってみてください」と頭を下げた。半月後、先生が洗った卵からも黒い幼虫が孵化してきた。その結果を見た先生は驚いた表情で、

「こ、これは…。前野君、これは追試する必要があるぞ。でかしたね。私たちが興味を抱いている孵化幼虫の形質決定メカニズムの真実を知るためには、まず、この泡説の妥当性を確かめないといけないな。よし、実験するぞ」

と思わぬ形でプロジェクトがスタートした。泡説を野放しにしておくと、もし私たちが孵化幼虫の形質決定に関する別の仕組みを発見したとしても、必ず、「いや、お前たちの説は違うよ。泡説が正しいんだよ」というツッコミが返ってきて、せっかくの新発見が認めてもらえない可能性があった。まずは、泡説の真偽を確かめ、白黒はっきりさせることになった。

定説の崩壊

「論文で相手を批判するのは、新発見をして論文発表するよりも数倍難しい。とくに、効果がないことを証明するのは、ただ単に実験が失敗しただけだと思われてしまうので、論理的にいかにその効果がないかを説明しないといけない。何か見落としを突くことができればいいのだが…」

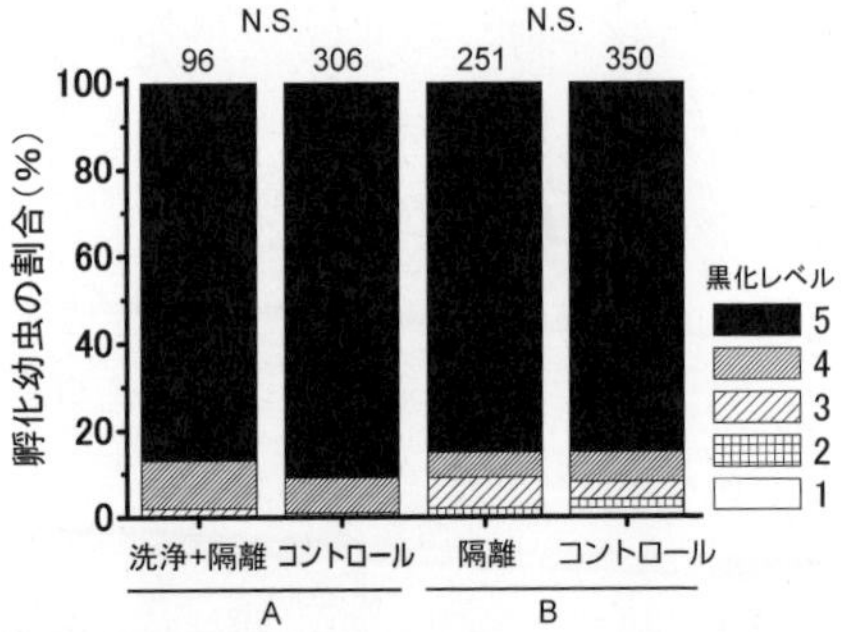

図4・5　孵化時の体色に及ぼす洗浄（A）および隔離（B）の影響．孵化幼虫の体色は黒化の程度が異なる5つのレベルに分けた．1卵塊を処理区と無処理のコントロールの半分に分けた．処理区間で異なる体色の孵化幼虫の割合を比較した（χ^2-test; N.S., $P > 0.05$）（Tanaka & Maeno, 2006 を改変）．

田中先生との穏やかではない第一回緊急ミーティングでは、まずは泡説の弱点探しからはじめた。疑いの眼差しを向けた途端にすぐに致命的な欠点が見つかった。泡説は孵化幼虫の大きさの違いが生まれる仕組みの説明をしていなかったのだ。緑色の幼虫は小さく、黒い幼虫は大きい。それでは、水で洗って誘導された緑色の幼虫の大きさはどうだったのか？　黒い幼虫並みに大きかったのか？　それともいつものように小さかったのか？　水で卵を洗ったからといって幼虫が小さくなるとは生理学的に到底考えられない。このとき私はすでに一万匹以上の孵化幼虫を執拗に体重測定していたが、緑色で大きい幼虫など一匹も見たことがなかった。孵化幼虫の体サイズと体色の関係はいつも一貫していた。

以前から、群生相の卵塊から緑色や少しだけ黒い幼虫が出現することが知られていた。では、その体色の薄い幼虫たちの体サイズは大きいのか、それとも小さいのか？　私たちは、泡栓のフェロモン様の物質は孵化幼虫の体色の決定には関係なく、卵のサイズが重要で、群生相の卵塊から緑色の幼虫が孵化してきたのは元々小さい卵が混ざっていた卵塊だっただけなのではないかと考えた。真偽を確かめるためにはきちんと孵化幼虫の体サイズも記録する必要があった。

実験は産卵後一時間以内に、水洗いして卵を一個ずつ隔離する方法とただ隔離するだけの方法を試すことにした。この実験では必ず一つの卵塊を半分ずつに分けて、無処理のコントロールと処理の二区を準備した。水洗いの実験を始めると一つ問題が起きた。それは、死亡率が高まり、多くの卵が死んでしまうのだ。それでも生き残った卵から幼虫が孵化してきたので体色を観察できたが、結果は私たちの予備実験の観察と同じく、水で洗おうが、卵を隔離しようが黒い孵化幼虫ばかり出現してきた(図4・5)。そして孵化してきたすべての幼虫を黒化の程度が異なる五つのレベルに分けてそれぞれを体重測定したところ、どの区でも体色の薄い孵化幼虫は一貫して小さかった。その決定的な写真をご覧いただきたい(口絵6)。この三匹の幼虫は群生相が産んだ一つの卵塊から孵化してきたもので、体色が違うと大きさが違うことをわかっていただけるかと思う。やはり、元々群生相の卵塊に緑色の小さい幼虫が混じっていただけなのではないのか。

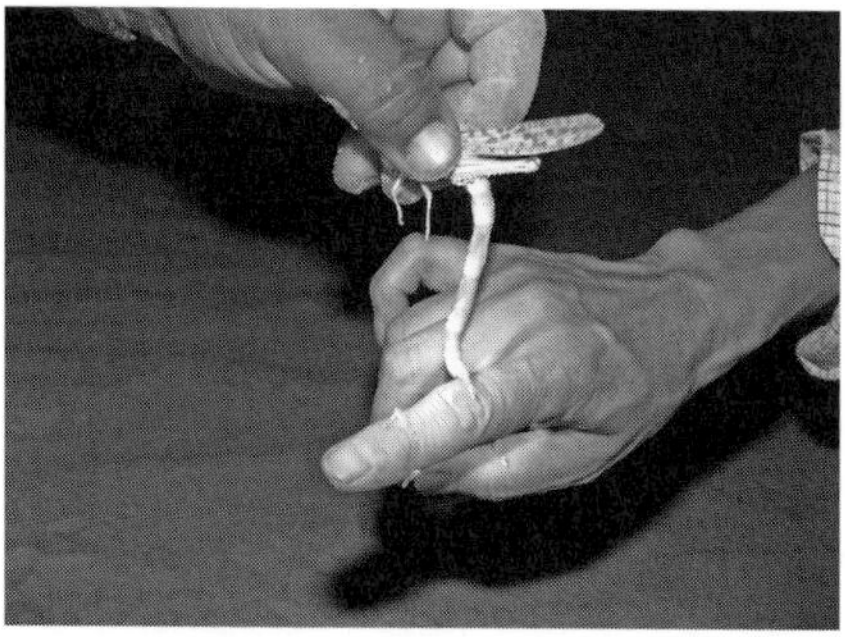

写真4・4　産卵中のメス成虫を地中から引き抜いたところ．腹部は急には縮まらない．

さらに田中先生が画期的な実験を提案してくださった。それは、産卵中の群生相メス成虫が泡栓を作る前にメスを引き抜いてしまうというものだ(写真4・4)。そうすれば卵は群生相化フェロモンにさらされる前なので、すべての孵化幼虫は緑色になるはずである。

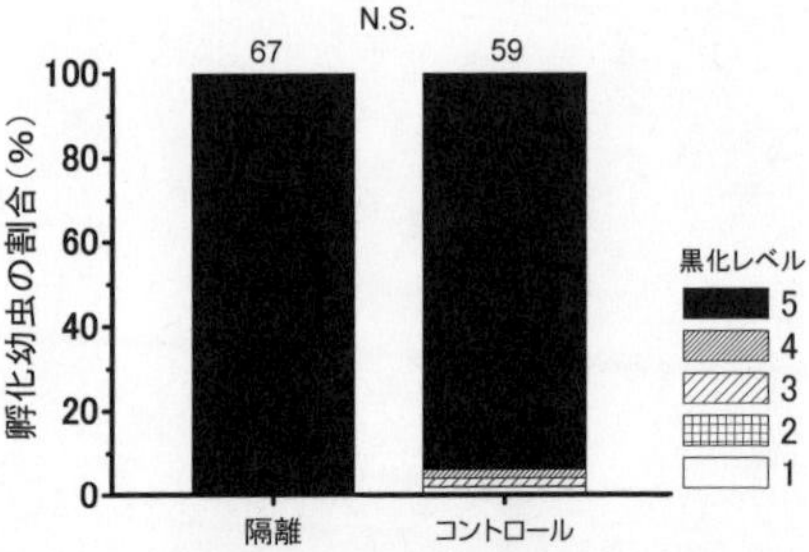

図４・６　メス成虫を泡栓を分泌する前に引き抜き，泡栓がかかる前の卵塊を隔離または無処理の半分に分け，それらから孵化した幼虫の体色を調査した．孵化幼虫の体色は黒化の程度が異なる５つのレベルに分けた．泡栓がかからなければ緑色の幼虫の割合が増えるはずだったのだが，コントロールとの間に有意な差は見られなかった．処理区間で異なる体色の孵化幼虫の割合を比較した（χ^2-test; N.S., $P > 0.05$）（Tanaka & Maeno, 2006 を改変）．

メス成虫にしてみれば甚だ迷惑な実験だったが、おかげで泡栓がかかっていないにも関わらず黒い幼虫が孵化してくることが確かめられた（図４・６）。

この結果をもとに、私たちは、「泡説は疑わしい」という主旨の論文を発表した（Tanaka & Maeno, 2006）。定説は、もろくも崩れ去った。

それにしても十三年間に渡り泡説がまかり通っていたのはなぜだろうか。無理もない。論文のデータが見事なのだ。あの見事なグラフの数々を見て疑う研究者などいないはずだ。先生も「いやぁ　すっかり信じ込んでたなぁ。やられたよ」と頭を掻きながら、この話はその日の飲み会の肴になった。「よく卵を水で洗いましたね」と宴席の方々から奇異な眼差しを向けられ私たちは話の主役になれたのだが、気分は複雑だった。科学のためとはいえ、人の仕事にケチをつけるのはなんとも気分が優れないものだった。とはいえ、真実を知るためには避けては通れない道だった。これで気持ちを新たに孵化幼虫の形質が決まる仕組みに着手できると思った矢先、シンプソン教授たちが動いた。

逆襲のサイエンティスト

私たちの論文に対してシンプソン教授がすかさず反論してきた(Simpson & Miller, 2007)。彼らは私たちの仕事には落ち度があったために再現できなかったと指摘してきた。ただし、彼らは何の実験的データも提示せずに、泡説の妥当性をよりいっそうアピールするためとしか考えられない総説(ある分野における、それまでに発表された論文の知見をまとめて要約した論文)の中で指摘してきただけだった。私たちが指摘した泡説最大の欠点である孵化幼虫の体サイズの問題に関しては、腫物を扱うかのごとくいっさい触れられていなかった。私たちとしては理屈だけで批判されてもまったく納得できない。研究者ならデータで語るべきだ。それ以前の話で、もしかしたらシンプソン教授たちは、データを提示するまでもなく彼らの説に絶対的な自信をもっていたのかもしれない。この総説を読んだ読者たちは新参者の私たちの結果をさぞかし疑ったことだろう。

この反論に対し田中先生は冷静に、

「よし、泡説にトドメを刺すか…」と椅子から立ち上がった。

その反論論文の共著者のミラー氏は博士課程の学生で、私と同じ境遇だった。今まで泡説にたずさわってこなかったミラー氏が実験もしていないのに、なぜ総説にいきなり名前が加えられていたか解せなかったが、何かあるに違いない。

ここにバッタ研究史上、いまだかつてない論争が繰り広げられようとしていた。

理論武装

田中先生との第二回緊急ミーティングが開催された。議題は「反論に対してどうするか」。今回は、相手が指摘してきた二つの可能性について検証することになった。

まず彼らの批判の一つ目は、「日本チームのメス成虫は、産卵を我慢していたのでメス成虫の輸卵管の中ですでに群生相化フェロモンにさらされていたので水洗いや隔離の効果が手遅れだった」というものだった。シンプソン教授たちの最初の泡説の論文では、「産卵後」にフェロモン様の物質が子の形質を決定していると主張していたのだが、総説ではそのメカニズムを修正し、その効果の範囲をメスの卵巣の中まで拡大してきた。私たちは産卵しているメス成虫に効率よく遭遇できるように夜間は産卵用の砂を与えていなかったのだが、そこを突かれた。まさか定説自体を修正して、言い逃れするとは予想していなかった。だが、動じることはない。これに対する実験は、「一日中産卵用の砂を与えて産卵を我慢させずに採卵した卵塊で実験をする」。こうすれば問題はなんなくクリアできる。

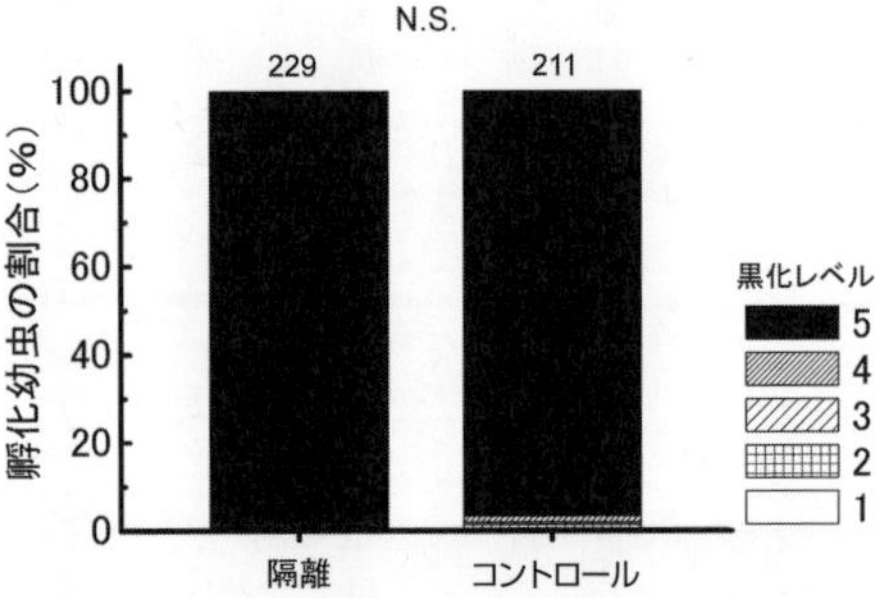

図4・7　孵化時の体色に及ぼす卵の隔離の影響．1日中，産卵用の砂にアクセスできたメス成虫が産んだ孵化率の高い卵塊のみ実験に使用した．孵化幼虫の体色は黒化の程度が異なる5つのレベルに分けた．処理区間で異なる体色の孵化幼虫の割合を比較した（χ^2-test; N.S., $P > 0.05$）（Tanaka & Maeno, 2008 を改変）.

そして二つ目の批判として、「日本チームが実験に用いた卵の死亡率が高すぎるのでせっかく誘導できた緑色の幼虫が死んでしまったため、黒い幼虫ばかり孵化してきた」というものだった。確かに死亡率は高く六〇パーセントの卵が死んでしまった。卵はひじょうにデリケートなので、産卵直後に水で洗うという豪快なことをしてしまうと多くの卵は死んでしまうのだが、これは仕方がないと思っていた。彼らは卵の死亡率のデータについていっさい提示しておらず、私たちは正直に、洗うと死亡率が増加することを述べたのだが、そこを突かれた。だが焦ることはない。これに対する実験は「死亡率の低い卵塊のみを解析に使用する」だった。

この二つの点をクリアして実験を行ったのだが、緑色の幼虫はまったく誘導できなかった（図4・7）。

打っておくべきは先手、秘めておくべきは奥の手

闘いにおける鉄則は相手の動きを読んで先手を打ち、とどめを刺すための奥の手を隠しておくことである。さらに相手の戦意を削ぐためには、完膚なきまでに叩き潰す必要がある。私たちはさらに反論の余地を残さぬように先手を打って徹底的に可能性を潰していくことにした。

いかに卵サイズと孵化幼虫の形質（体サイズと体色）が密接な関係にあるのか証拠を見せるために産卵後二日目の卵サイズを測定し、一個ずつ小型シャーレで保温し、孵化後の幼虫の体色と体重を測定した。その結果、思惑どおり卵が大きいほど大きな幼虫が孵化するというきわめて当たり前な図ができあがっ

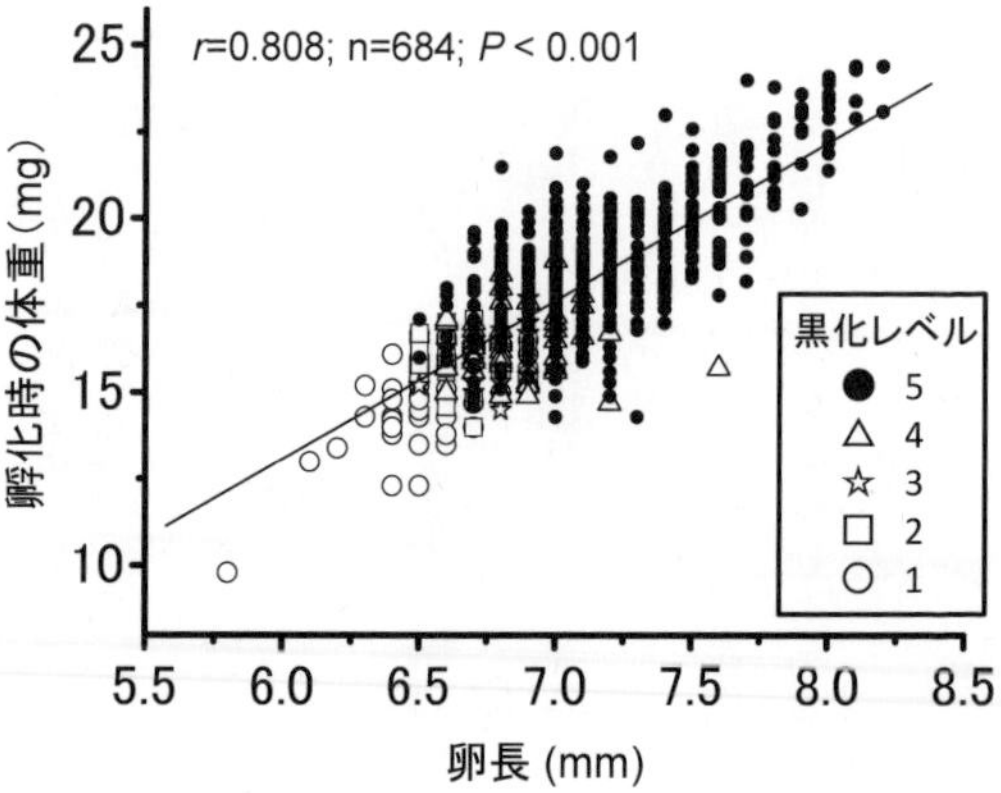

図4・8　卵サイズ，孵化時の体色と体サイズとの関係．孵化幼虫の体色は黒化の程度が異なる5つのレベルに分けた．卵サイズが大きくなるにつれて，孵化幼虫は大きく，そして黒くなる（Tanaka & Maeno, 2008を改変）．

た（図4・8）。孵化幼虫の体色について注目してほしいのだが、卵が大きくなるにつれ孵化してくる幼虫の体色が徐々に黒くなる傾向が見られた。小さい卵からは黒い幼虫は孵化することなく、また大きい卵から緑色の幼虫が孵化することはない決定的な証拠だ。つまり、卵サイズと孵化幼虫との間には密接な関係があるため、卵を見ればどんな幼虫が孵化してくるのか予測可能になる。

　孤独相と群生相の産卵直後の卵サイズは明らかに異なる（図4・9）。これは揺るぎない事実なのだが、フェロモン様物質が産卵直後の卵を大きくさせているというファンタジー溢れる反論を受けてはたまらない。机上の空論さえも許さないために、孤独相は小さい卵を、群生相は大きな卵を生産し、産卵するという事実を準備することにした。この実験では同じメス成虫を調査して、産卵二日後の卵と、次の産卵直前でメス成虫を解剖して測定した体内で完成した卵のサイズを比較したところ、単独飼育と集団飼育それぞれの飼育条件下で卵サイズに有意な違いはなかった（図4・10）。まわりくどいが、この結果は、孤独相と群生相の卵サイズの違いは産卵される前にすでに決定されており、泡栓のフェロモン様物質は卵サイズに影響していないことを強く支持する証拠になるはずだ。

私たちは、なおも容赦せず、追撃の手を緩めなかった。パピロン博士が群生相の卵塊から緑色の幼虫が孵化してくるのは卵塊の先、つまり産卵時に最初に産卵された卵から出てくると報告していた(Papillon, 1960)。この現象をシンプソン教授たちは、「泡栓物質が卵塊の先端までしたたり落ちていかないから緑色の幼虫が孵化してくる」と解釈していた。両者の意見を確かめるために卵塊を上、中、下の三つの部分に分けて、そこに含まれている卵の大きさをすべて調べあげ、卵塊の部位によって卵のサイズが異なっているのかを調べた。もし、パピロン博士の結果が正しければ卵塊の下の部分の卵が一番小さく、緑色の幼虫が多数孵化してくるはずである。調査の結果、各部分で卵サイズに違いはなく、下の部分から緑色の幼虫が集中して孵化してくることはなかった。これはパピロン博士の結果を支持する結果ではなかった。

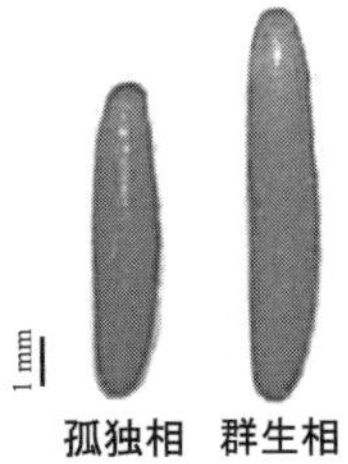

図4・9　典型的な孤独相と群生相の卵.

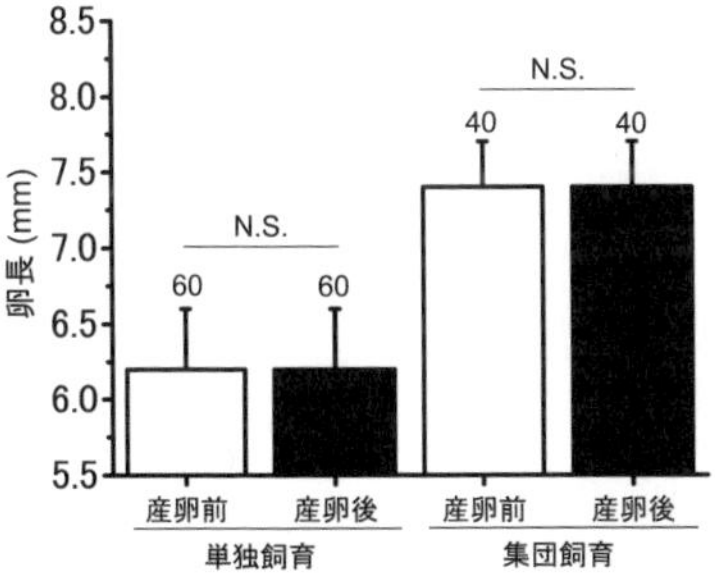

図4・10　単独または集団飼育したメス成虫の卵巣内で卵殻が形成された産卵前の卵と産卵2日後の卵サイズの比較. 卵サイズの違いは飼育密度に起因する. 同じ飼育条件内で卵サイズを比較した(*t*-test; N.S., $P > 0.05$)(Tanaka & Maeno, 2008を改変).

私たちは、孵化幼虫の形質は、

卵サイズが決定する卵巣内で決まることを主張して、シンプソン教授らの反論を覆す新たな論文を発表した（Tanaka & Maeno, 2008）。だが、泡説の可能性を完膚なきまでに叩き潰したかと思われたが、依然として泡説が生まれた原因は謎のままだった。

十三年にわたる見落とし

なぜシンプソン教授たちの実験結果が生まれてしまったのか。まっ先に思い浮かんだのが捏造疑惑だった。しかし十三年間にもわたって同じ研究室の中で代わる代わる別の研究者が泡説の研究をして一貫した結果をだし続けているので、いくらなんでも捏造したとは考えにくい。そもそも捏造が発覚すると研究者がそれまでに行ってきたすべての研究成果にも疑いの眼差しがかかり、栄光はすべて消え去り、汚名しか残らない。華々しい研究成果をあげてこられたシンプソン教授がほんの数本の論文のためにそんな馬鹿げたことをするとはとうてい考えられない。何か見落としがあると考えられた。見落としを探し当てるには一から見直す必要があるため容易ではない。諦めかけたそのとき、泡説実験と無関係に同時進行していたサイドプロジェクトが偶然にもこの「見落とし」がどこにあるのかを発見した。

サバクトビバッタは何度も産卵をするのだが、個体ごとにいつ、どんな卵を産んだのかは調べられてこなかった。理由はひどくめんどうだったからだろう。とくに集団飼育条件下では個体識別して産卵履歴を記録するのは難しい。集団飼育下で一個体の産卵履歴を追うためには、メス成虫一匹とオス成虫を何十匹も同じケージに入れた集団飼育ケージを相当数準備しなければならず、エサの確保も労力も大変すぎるためにみんな敬遠してきたのだろう。あるいは、そこまでして実験する明確な目的もなかったのかもしれない。私はこの頃サバクトビバッタの産卵能力に興味をもっていたので、ただ純粋に「集団飼育のメスがいつ、どんな卵を産むのか」を知りたくなり、厄介な問題を解決するために思考錯誤しようとしていた。

サバクトビバッタの産卵能力を調査した半世紀前の研究によって、サバクトビバッタは混み合いに対してひじょうに敏感でオス・メス成虫のペアを小さいケージで飼育しても、一ケージに何百匹で飼育した群生相と同様に黒い孵化幼虫を生産することが明らかにされていた(Hunter-Jones, 1958)。以前の研究では孵化幼虫の体色しか観察していなかったが、これは飼育数が異なるどちらの飼育条件下でも大きな卵を産んでいたことを示唆している。それならば、この性質を利用して、単独飼育用の五連棟でメス一匹とオス二匹だけを一緒に飼育しても集団飼育条件を再現できるのではないかとひらめいた。もしこの方法がうまくいくと労力を最小限におさえ、集団飼育下でもどのメス成虫が、いつ、どんな大きさの卵を産んでいるのか産卵履歴を明らかにできるはずだ。当然の如く単独飼育したメス成虫の場合も気になるので、そこで単独飼育と集団飼育条件下の両方で産卵履歴を調査するサイドプロジェクトを進めることにした。それぞれの飼育条件下で、産卵時のメス成虫の日齢、何番目に産卵された卵塊かを記録し、産卵二日後にアイスクリームのカップの砂の中に産卵された卵塊をほじくりかえしてから、一卵塊あたりランダムに一〇個の卵サイズ(直径ミリメートル)を測定し、その平均をその卵塊の卵サイズとし、さらに一卵塊あたりの卵の数、孵化幼虫数、孵化幼虫の体色を調査した。昆虫によっては母親が年をとると産卵数が低下すること

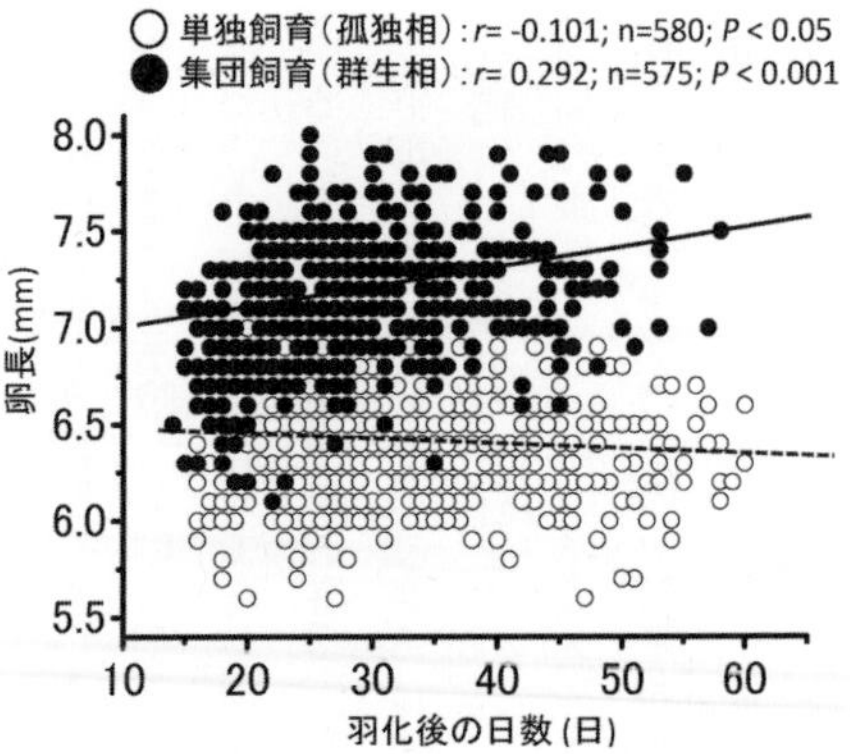

図4・11　単独または集団飼育メス成虫の日齢に伴う卵サイズの変化(Maeno & Tanaka, 2008a を改変).

や、卵サイズも変化することが知られていた。サバクトビバッタの場合も、卵サイズが変化していれば、「孤独相は小型、群生相は大型の卵を産む」と長年信じ込まれてきた定説が崩れることになる。はたして定説は正しいのだろうか、さっそく調査を始めた。

羽化後二ヵ月にわたり採卵し、得られた一卵塊あたりの平均の卵サイズと産んだ日との関係を解析したところ、遅い時期に産むほど単独飼育したものでは小型の卵を産む負の相関関係が、集団飼育したものでは遅い時期に産むほど大型の卵を産む正の相関関係が見られた(図4・11)。つまり、同じ飼育条件下でも産む時期によって卵の大きさが違っていたのだ。集団飼育していたメス成虫が若いうちに産卵した卵塊から孵化してきた幼虫を見て驚いた。集団飼育していたにも関わらず、緑色の幼虫が多数孵化してきたのだ(図4・12B)。たしかに卵サイズもいつも測定しているものに比べると小さかった。やはりオス成虫二匹では何百匹と一緒に集団で飼育したものに比べて、混み合いの程度が弱かったのかと思いながらも、続々と別の卵塊から孵化してくる幼虫を見てみると、次第に緑色の幼虫の数が減り、代わりに黒い幼虫ばかりが孵化してくるようになった。単独飼育したものでもメス成虫が若いうちに産卵した卵からは黒い幼虫が多数孵化していたが、次第に緑色の孵化幼虫ばかりになった（図4・12A）。
　集団飼育条件下の傾向として、どうやらメス成虫が若い内に産卵した卵からは予想外の体色をした幼虫が孵化しているようだった。今度はさらに厳密に、何番目に産卵された卵塊から孵化した幼虫なのかを考慮して五卵塊目まで順番に分けて解析したところ、集団飼育したメス成虫の初産卵塊（一番目）は後に産卵した卵塊に比べて有意に卵のサイズが小さく、多くの緑色の幼虫が孵化してくることがわかった（図4・13B）。群生相の卵塊からも緑色の幼虫が孵化してくることがあるのは昔から研究者たちも気がついていたのだが、よもや初産からだったとは思わなかったようだ。孤独相の方では初産の卵塊から黒い幼虫が有意に多く孵化する傾向がみられた（図4・13A）。

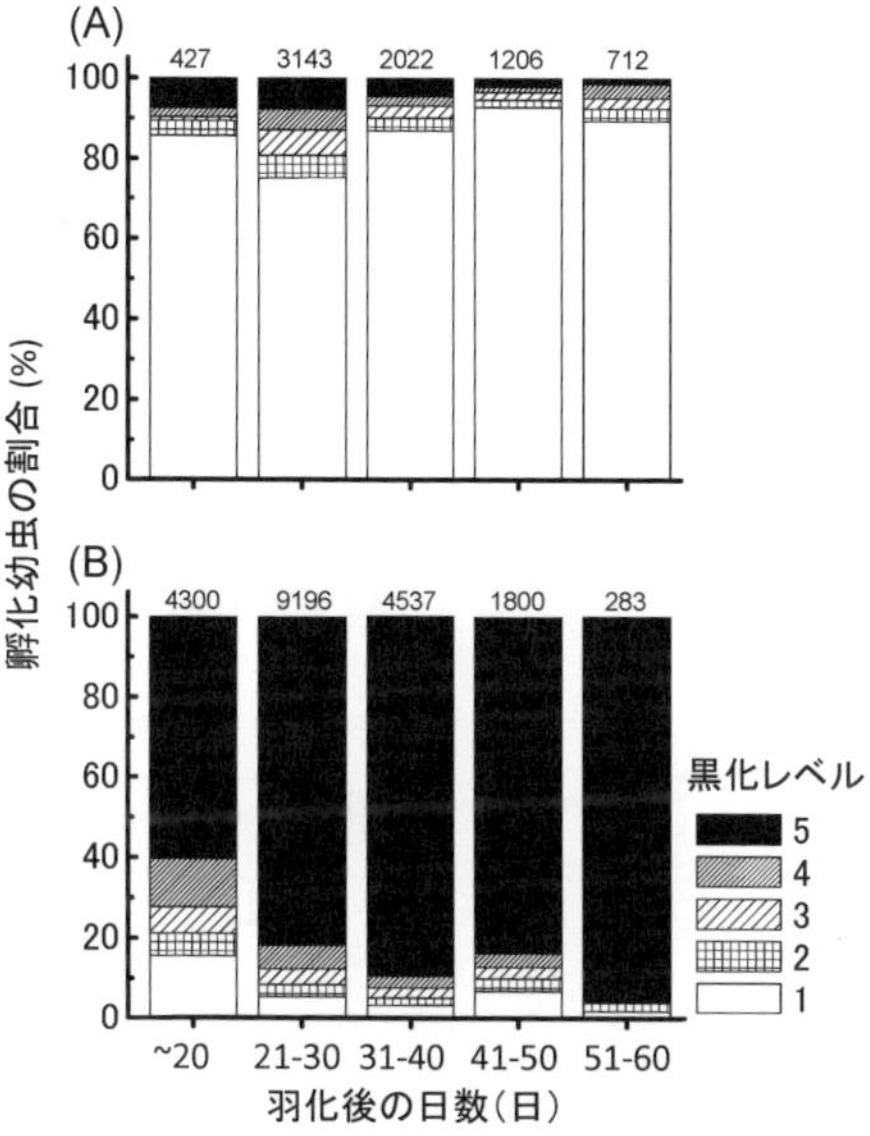

図4・12　単独（A）または集団飼育メス成虫（B）の日齢に伴う孵化幼虫の体色の変化．孵化幼虫の体色は黒化の程度が異なる5つのレベルに分けた．棒グラフ上の数字はサンプル数（Maeno & Tanaka, 2008a を改変）．

　どうして、孤独相でも群生相でも初産だけが後に産む卵塊と違っているのか。いくつか可能性が考えられるが、孤独相の方は交尾のときにオスからのアプローチを混み合い刺激として

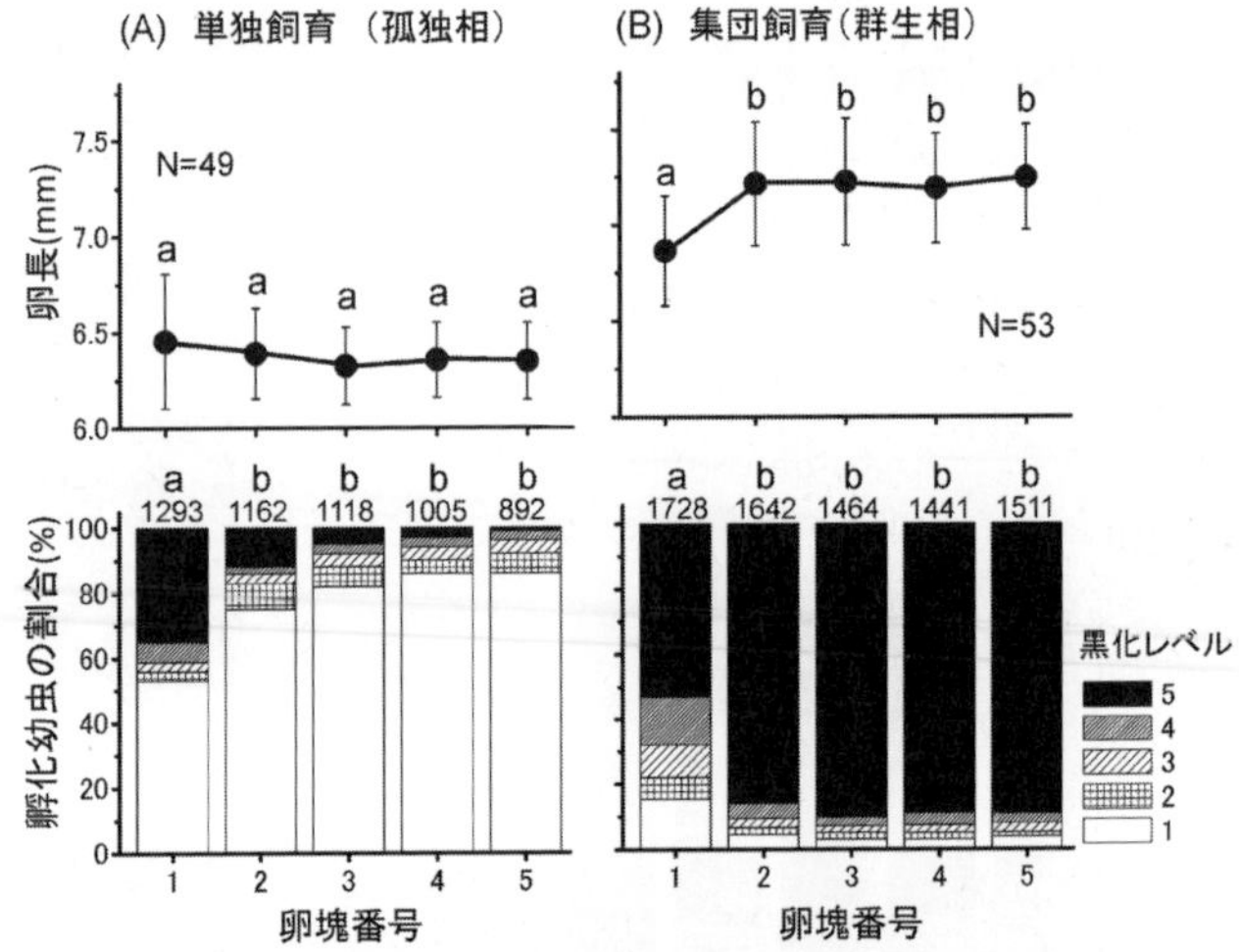

図4・13　単独（A）または集団飼育メス成虫（B）が産んだ最初の5卵塊の卵サイズと孵化幼虫の体色．孵化幼虫の体色は黒化の程度が異なる5つのレベルに分けた．孤独相も群生相も後に産む卵塊に比べて1卵塊目に異なる体色の孵化幼虫の割合が高くなる．孵化幼虫の体色はアークサイン変換後ANOVAを行った．図中の異なるアルファベットは各区間で統計的に有意であることを示す（Scheffe's test; $P < 0.05$）棒グラフ上の数字はサンプル数（Maeno & Tanaka, 2008aを改変）．

認識したために、混み合いの影響が初産卵塊にでたと考えている。また、群生相の方は、生理的に初産は小さい卵しか産卵できないと考えている。なお、後の実験でこの考えを支持する結果が得られている（Maeno & Tanaka, 2009c; 2010c）。

群生相の卵塊からは黒い幼虫しか孵化してこないと信じ込み、もし初産卵塊を泡説用の実験に使うとどんな結果が得られるだろうか？　田中先生に結果を報告したところ、ニヤリと笑ってつぶやいた。

「悪くないね。これで泡説の息の音を止められるぞ」

追撃

私たちは経験的に、若い群生相のメス成虫が産む卵塊は孵化幼虫の体色のバラつきが大きいことを知っていたので、泡説の水洗いをする実験には安定して黒い幼虫が孵化してくるある程度年をとったメスから得られた卵塊のみを初めから使っていた。

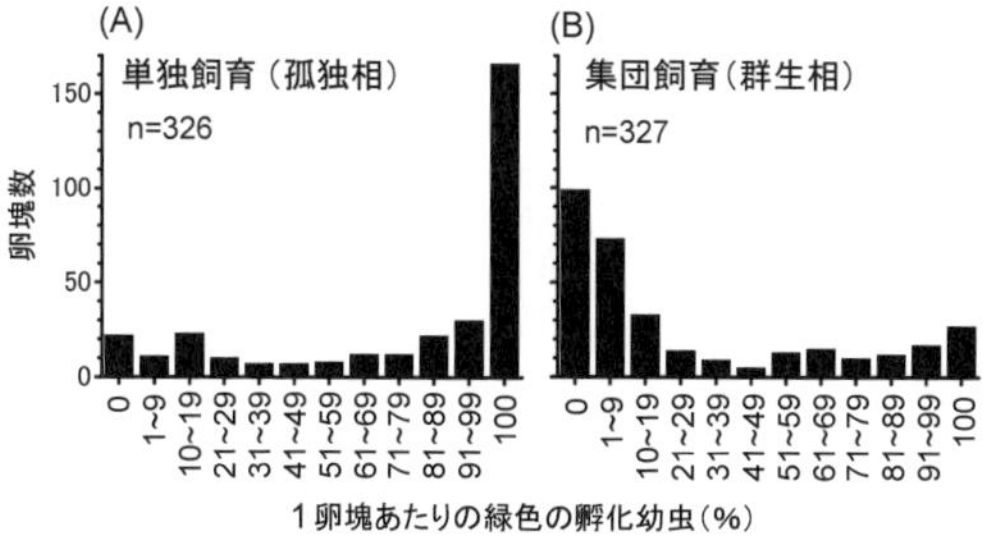

図4・14　単独（A）または集団飼育メス成虫（B）の初産卵塊の1卵塊あたりの緑色の孵化幼虫の割合．群生相でも緑色の幼虫だけが孵化してくる卵塊を産む（Maeno & Tanaka, 2008a を改変）．

群生相の卵塊から緑色の幼虫が孵化してくることはわかったが、ではどれくらいの割合なのか。集団飼育したメス成虫三二七匹分の初産卵塊を解析したところ、一卵塊あたりの緑色の幼虫の割合は〇〜一〇〇パーセントと大きくばらついていた（図4・14B）。群生相の卵塊にも関わらず緑色の幼虫だけしかでてこない卵塊が存在することは重大な事実だった。もしこの現象を考慮せずに、群生相の初産の緑色の幼虫がたくさん孵化する卵塊だけを水洗いの実験に使っていたら…。シンプソン教授たちの泡栓を水洗いする実験の図を注意深く見てみると、水洗いの強い効果が見られたと主張している結果はたったの二卵塊しか使われていない。しかも彼らは卵塊を半分ずつに分けてコントロールを採ることを怠っていた。勘の良い読者ならお気づきになられたかもしれないが、もし、その二卵塊が緑色の孵化幼虫だけがでてくるものだったとしたら、得られる結果は目に見えている。彼らの実験は初産卵塊を使ったことによるサンプリングエラー（人為的に引き起こされた誤解）だったと私たちは考えている。この結果だけで論文発表しても良かったのだが、単なる揚げ足とりの応酬は見苦しく、学術的に一歩先に進んだ発見と一緒に発表してみてはどうかと先生が提案してくださった。そこで、とっておきの奥の手を投入することにした。

この時期の私は、研究の快楽に溺れはじめ、次々とこみあげる知的探究心を抑えることができず、欲望の赴くままに複数のサイドプロジェクトを手掛けていた。奥の手は、私の欲望と怠慢の狭間で生まれた発見だった。

戦力外通告後の奇跡

ある日のこと、孤独相の孵化幼虫が大量に必要だったのでたくさんのメス成虫を単独飼育していたのだが、十分採卵できたので、手間のかかる単独飼育を打ち切り、バッタたちに労いの言葉をかけた後、戦力外通告をし、一つのケージに何匹もまとめて入れておいた。愛するバッタについてはどんなことでも知りたい。もちろん体の中身がどうなっているのかも…。ひと仕事終えた彼女らは解剖される運命におかれていたのだが、なかなか実験が忙しくてじっくりと解剖する時間がとれない。今日こそはと思うのだが、やはり時間がとれない。実験を組みすぎてオーバーワークになっていたので、余力がなくなってきて、ほったらかしになっていた。その怠慢が、一つの発見を生んだ。
一つのケージにまとめられたメス成虫たちはその後も卵を産み続けていたので、なんとなく採卵していたのだが、彼女たちが産んだ卵から黒色の幼虫が孵化してきたのだ。ちょっと前まで孤独相的な緑色の子を生産していたのに、突如、群生相の子を生産し始めたのだ。これは事件だった。
孤独相は緑色、群生相は黒色の子を数多く生産するというのは定説だったのだが、今回の事態は今までに聞いたことのない現象だった。ただ、似たような話をどこかで聞いたことがあった。そうだ、以前読んだアブラムシの研究報告を思い出した。イギリス人の研究者リーズ教授はアブラムシ類について研究していた。アブラムシは卵を産むのは越冬前に限られており、普段は直接小さなアブラムシを子として産みだす。そのうちの一種ソラマメヒゲナガアブラムシ（*Megoura viciae*）は低密度下では将来、無翅型になる子を産み、高密度下では有翅型になる子を産む（Lees, 1967）。これは混み合いによって悪化した環境から逃れられるように子の翅型を制御する母性効果と呼ばれている。リーズ教授はこのアブラムシは低密度飼育から高密度飼育に切り替えると生産する子のタイプを即座に変えることを明らかにしていた。アブラムシを解剖すると腹部にはさまざまな発達段階の胚がぎっしりと詰まっている。アブラムシの母親は混み合いに応じて子の形質を変化させているのだ。[*1]
もしかして、サバクトビバッタも成虫期の途中で飼育密度が変わると、その密度変化に反応して生産する子のタイプを切り替えるのではないだろうか。ただし、アブラムシとは違って、卵巣内の卵のサイズを変化させることで孵化幼虫の形質（体サイズ、体色）を変えていると考えられた。後で述べるが黒くて大きい幼虫の方が小さいものよりも厳しい環境に対して強い耐性をもっている。バッタにとって混み合った条件下では、より生存の可能性が高い子孫を残した方が圧倒的に有利である。それに、この密度が変化するシチュエーションは野外でも十分に起こりえる。孤独相が生活しているところに群生相の群れが飛来したときに、貧弱な子孫を生み続けたのでは生存競争に勝てない。これとは逆に群生相が群れからはぐれ、周りにライバルがいないときには大きな子を少数産むよりは貧弱でも数を増やしたほうが子孫をより多く残せるのではないか。さらに卵サイズの変化にともなって一卵塊あたりの卵数も変化する可能性もある。

「どうだろう。どうなんだろう?」と浮かれて思わず妄想してしまったが、飼育密度を切り替えるような単純な実験を誰もやっていないはずはないだろう。田中先生なら何か知っているのではと思い尋ねたところ、

「バッタが卵サイズを混み合いに反応して切り替えてるなんて話は聞いたことがないなぁ。そもそも混み合いに応じて昆虫が卵の大きさを変化させるなんて聞いたことがないよ。でも、飼育密度を切り替える実験なんか誰かやってるでしょ。そんな単純な実験。ちょっと調べてみた方がいいな」とのこと。

網羅的に文献を調べても、インターネットで文献を検索してもいっこうに引っかかってこない。どうやらバッタの産卵能力に関する研究は、単独飼育下か集団飼育下のいずれかでしか行われていないようだ。唯一近い実験をシンプソン教授たちが発表していた。それによると、単独飼育しているメス成虫を羽化後さまざまな時期(〇、七、十四、二十一、二十八日目)に集団飼育に四十八時間さらし、その後得られた孵化幼虫の体色と行動を調べたものだった(Bouaïchi, et al., 1995)。彼らの報告によると、混み合った時期が

産卵日に近いほど孵化幼虫が群生相的な行動をとるが、孵化幼虫の体色には明確な影響が見られないというものだった。その論文は、泡説の存在を前提として話が進められており、卵のサイズは取り扱われておらず、集団飼育にさらしてからいつ採卵した卵塊なのか詳しいことは述べられていなかった。また、実験に使われたサンプル数がきわめて少なかった。産卵直前の混み合いがもっとも群生相的な子を誘導するという彼らの結果に従うのならば、単独飼育したメス成虫は産卵直前に混み合うと急激に卵を大きくしていることになる。はたして、そんなことはあるのだろうか？　卵巣内で卵殻が形成されると産卵されるまで卵のサイズは変化しないはずなので、どうも話が噛みあわない。そもそもなんでこんな飼育密度を切り替えるだけの初歩的な実験がやられていないのか不思議で仕方がなかった。自分の見落としの可能性を払拭できなかったのだが、たとえ誰かがやっていたとしても違う視点からアプローチすれば、また別の発見ができるかもしれないと考え、飼育密度の切り替え実験をすることにした。

目の前の現象を手を加えずにただ観察するだけではなく、実際に人為的に色々と条件を操作して着目している現象の変化を確かめることを操作実験という。操作実験からもたらされる事実の説得力はきわめて強い。飼育密度の切り替えも操作実験にあたり、もし飼育密度の切り替えにメス成虫が反応して卵サイズを変化させそれに連動して孵化幼虫の形質が変化していたら、私たちが考えている「孵化幼虫の形質は卵巣内で決まっていて、卵サイズが重要である」という主張をよりいっそう強固にすることが期待された。

＊1　昆虫の表現型可塑性研究を世界的に牽引する三浦 徹准教授（北海道大学）の研究室には双子の姉妹：石川由希（現 東北大学）、麻乃博士（現 国立遺伝学研究所）が在籍しており、麻乃博士がちょうどアブラムシの研究をしており、

後に現物を見せて頂いた。

飼育密度の切り替え実験

田中先生のトノサマバッタの飼育室と私のサバクトビバッタの飼育室とは別の部屋だったが、先生はいつも大量のトノサマバッタを飼育していた。私は研究を始めた当初、なんで必ずしもすべてのバッタを実験に使うわけではないのに、色々な大きさのバッタを大量に飼育しているのか質問したことがあった。わざわざ飼育しているのは余計な手間だと思ったからだ。

「僕は何か気づいたらいつでもすぐに実験できるようにわざと多めに飼育してるんだよ。やりたい実験はすぐにやる。研究者にとって貴重なのは時間だからね」と教えてくださった。なるほど、私はあさはかな考えを改めて、待ち時間を少なくするこの考えにならい、普段から多めにバッタを飼育するようにした。そのおかげで思いついたらすぐに実験がセットできるようになっていた。

まずは飼育密度の切り替え実験をするにあたり、単独飼育から集団飼育に移すときに、いったい何匹のオス成虫と一緒にすれば大きい卵を産み始めるのかを確認しておく必要があった。オス成虫の数が少ない方が実験をセットしやすいので、少数のオスでもメスが反応してくれるとありがたい。実験として、小さい卵を産むことを確認した単独飼育しているメス成虫を一、二、一〇匹の性成熟したオス成虫と一緒に飼育して混み合いにさらし、どんな卵を産み始めるかを調査した。その結果、オスと一緒に飼育しなかったコントロールのメス成虫は小さい卵を産み続けたが、オス一匹だけでもメス成虫は反応して一〇匹と一緒にした場合と同様に大きな卵を産んだ（図4・15）。やはり、単独飼育しているメスは混み合いに反応すると大きな卵を産むようで、しかもかなり敏感なようだ。メスと一緒に飼育するのがオス一匹だけだと、実験の途中で死んでしまうとその途端に混み合い刺激がなくなってしまうため、保険の意味も込めてオス二匹と一緒に飼育して、その後どんな卵を産んでいくのか追跡してみることにした。

今回の実験では、小さい卵を産むことを確認した単独飼育しているメス成虫を、産卵したその日に性成熟した群生相のオス成虫二匹と一緒に飼育して混み合みあわせる区と、大きな卵を産むことを確認した集団飼育しているメスを、単独飼育に移す区を準備することにした。飼育密度切り替え後、産卵される卵塊の平均卵サイズ、卵数、孵化幼虫の体色を調査した。連続で二〇卵塊も産むバッタもいれば、一卵塊も産まずに死んでしまうバッタもいる。せっかく混み合い処理したというのに産卵予定日前日に死んでしまい、深い悲しみにうちひしがれた。ともかく最上級の愛を注いで飼育し、長生きしてくれるように祈り続けた。

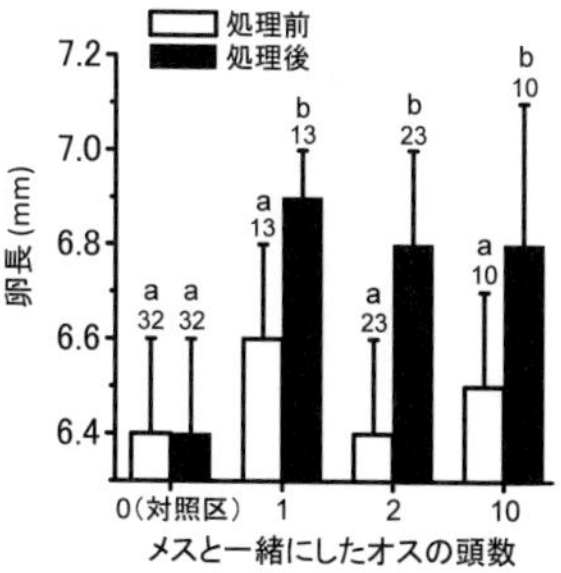

図4・15　異なる数のオスとの集団飼育が単独飼育メス成虫の卵サイズにどう影響するかを調査した実験．混み合わせるオスの頭数に関わらず，メス成虫は同じように大きな卵を産む．実験には性成熟した群生相のオスを用いた．処理前後の卵サイズを示した．図中の異なるアルファベットは処理区間で統計的に有意な差があることを示す（Scheffe’s test; $P < 0.05$）. 棒グラフ上の数字はサンプル数（Maeno & Tanaka, 2008a を改変）.

愛が憎しみに変わる前に結果がでた。単独飼育から集団飼育に切り替えた区では、混み合いの処理後一卵塊目で有意に卵サイズは大きくなり、さらに次の産卵（二卵塊目）ではより大きな卵を産み、その後は安定して大型の卵を産み続けることがわかった（図4・16A）。卵サイズが大型化するに伴い孵化幼虫の体色も変化し、混み合い処理後は黒い孵化幼虫の割合が増加した（図4・17A）。次にこれとは逆の集団飼育から単独飼育に切り替えた区では、オス二匹と一緒に五連棟で飼育して十分に大きな卵を産んでいる集団飼育メス成虫を産卵直後にオス二匹を取り除き、単独飼育に切り替えて、その後の卵塊を調査した。その結果、次の産卵では卵サイズは小さくなり、さらに次の産卵ではより小型の卵を産み始めその後安定することがわかった（図4・16B）。また、卵サイズが小さくなるにつれ、薄い体色の孵化幼虫の割合が増加した（図4・17B）。これらの結果は、（一）サバクトビバッタのメス成虫は飼育密度の切り替えに反応して異なるタイプの子を産み分けていること、（二）卵サイズと孵化幼虫の体色は密接にリンクしていることがわかった。

そして、卵数も興味深い反応を見せた。一卵塊あたりの卵が大きくなると卵数は減り、小さくなると卵数は増える傾向が見られ、飼育密度を切り替えた二卵塊目に統計的に有意な変化が現れることがわかった（図4・16）。この結果からメス成虫は混み合いに応じて卵の数かサイズのどちらにエネルギー配分するのかを巧みに変えていることがわかった。

これらの結果は、混み合いに応じてメス成虫が卵サイズを卵巣内で変化させることで孵化幼虫の形質を変えていることを示すものだった（図4・18）。この事実は、孵化幼虫の形質は産卵前に決まっており、孵化幼虫の形質決定に卵サイズが重要であることを示す強力な証拠となり、昆虫の中でもサバクトビバッタ

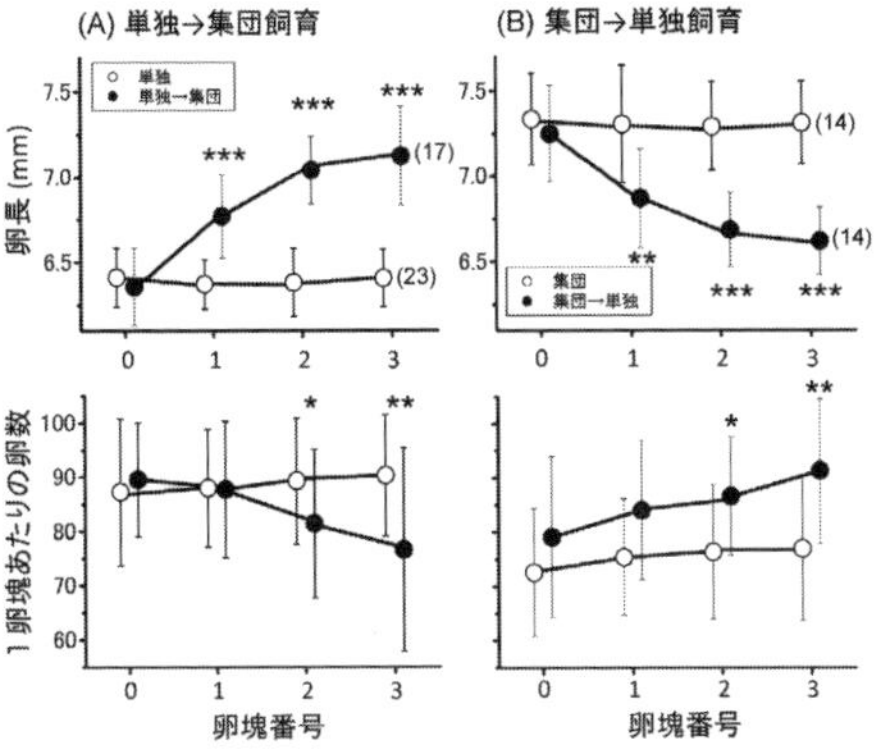

図4・16　飼育密度の切り替えが卵サイズと卵数にどう影響するかを調査した実験．メス成虫は飼育密度の切り替えに反応して卵サイズと卵数を速やかに変化させる．(A) 小型卵を産んだ単独飼育メス成虫を産卵直後に性成熟したオス2匹と集団飼育した．(B) 大型卵を産んだ集団飼育メス成虫を産卵直後に単独飼育に移した．○：飼育密度一定のコントロール，●：飼育密度を切り替えた実験区．メス成虫は飼育密度の切り替えに反応して卵サイズと卵数を速やかに変化させる．各比較は処理前 (0番目) と行った (*t*-test;*, $P <$ 0.05; **, $P < 0.01$; *** $P < 0.001$) (Maeno & Tanaka, 2008a を改変)．

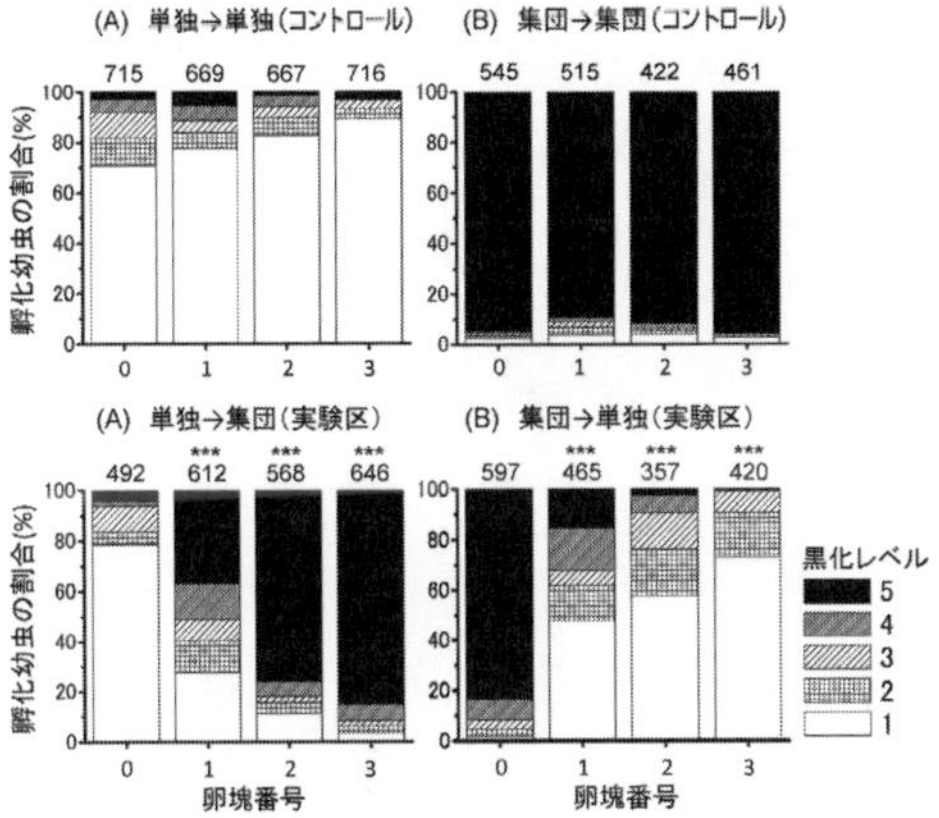

図4・17　図4・16でえられた卵塊から孵化してきた孵化幼虫．単独から集団飼育に移すと黒い孵化幼虫の割合が増加する．逆に集団から単独飼育に移すと緑色の孵化幼虫の割合が増加する．各比較は処理前 (0番目) と行ったもの．孵化幼虫の体色はアークサイン変換後解析に用いた (*t*-test;*, $P <$ 0.05; **, $P < 0.01$; ***, $P < 0.001$)．棒グラフ上の数字はサンプル数 (Maeno & Tanaka, 2008a を改変)．

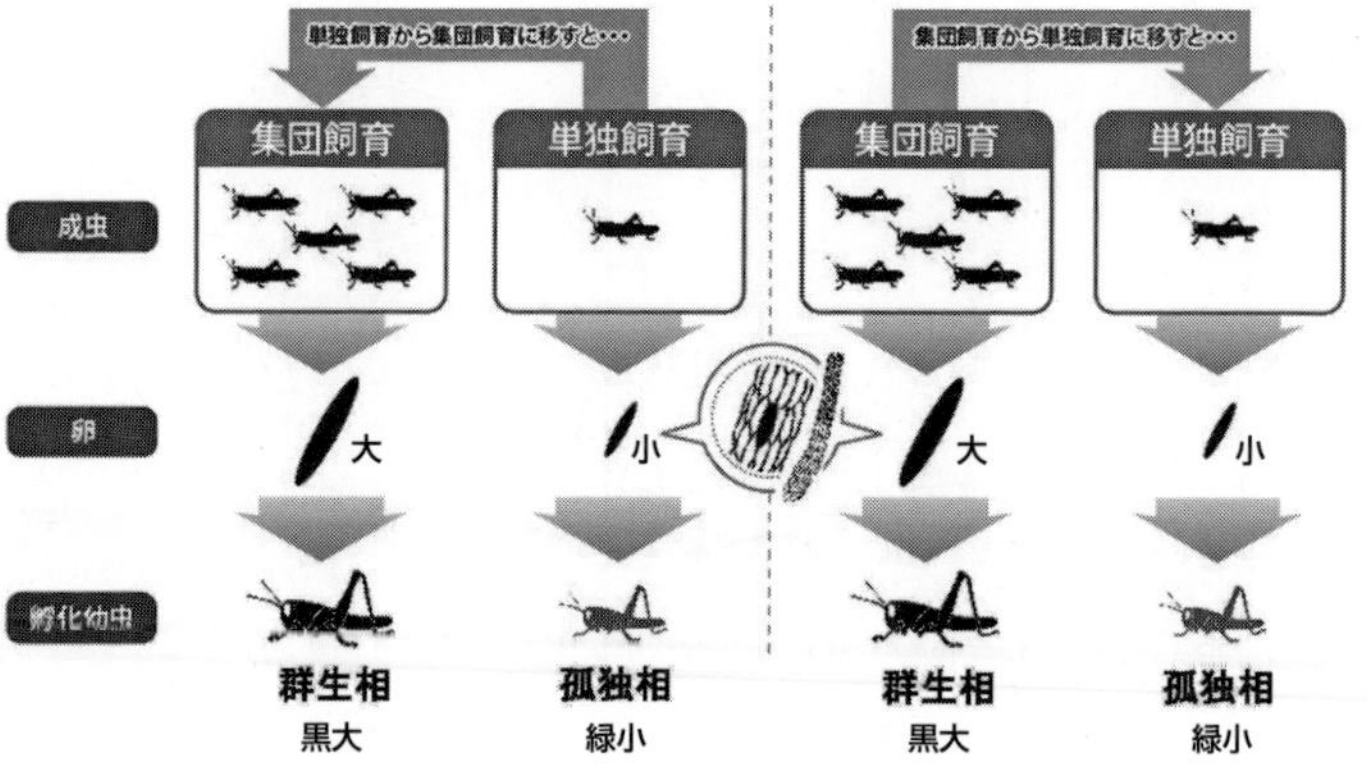

図4・18　密度依存的にメス成虫が生産する子のタイプを切り替える仕組みのモデル（画：前野拓郎）.

がきわめて珍しい能力の持ち主であることが明らかになった。サバクトビバッタはなんという器用な真似をしているのか。この結果を奥の手に使うことに田中先生も、「悪くないね。これで行こう」と賛同してくださった。私たちは、この結果と初産に関するの結果を一つの論文にまとめ、泡説を追撃した（Maeno & Tanaka, 2008a）。

ちなみに、田中先生の「悪くないね」というのは口癖で、なかなか「イイネ」とは言ってもらえなかった。先生から「イイネ」が聞けるとき、それはきわめておもしろい発見ができたときに違いない。先生の口から「イイネ」を聞くことが、いつしか一つの目標になっていた。

私たちの結果は、孵化幼虫の形質決定は泡説では説明できず、卵サイズがカギを握っていることを裏付けるものとなった。とはいえ、母親は卵のサイズをどうやって決めているのだろうか？　そして、殻に包まれた卵の中でいったい何が起きているというのだろうか？　一つ謎を解き明かしたばかりだというのに、すぐさま新たな疑問が生まれてきた。どうやってこれらの疑問にアプローチしようかと策を練っていたところ、予期せぬシナリオが私たちを待ち受けていた。

論争の果てに

予想外のことが起こった。飼育密度の切り替え実験の結果を論文発表するのとほぼ同時に泡説のフェロモン様物質を同定したという論文がシンプソン教授の研究チームから発表された(Miller et al., 2008)。かたや泡説を否定する論文、かたや泡説の妥当性を支持する論文。いったいこれはどうなっているというのだ。私たちだけではなく、彼らのチームもさぞかし驚いたことだろう。彼らの報告によれば、泡栓から抽出した物質をどんどんと細かく選り分けて、それを孤独相の卵にふりかけ、孵化した幼虫の行動を調べて、どれだけ群生相化していたかという独自の方法で物質の効果を判定したらしい。alkylated L-dopa-analogue という物質が重要なようだ。不思議なことにこれまで散々論議してきた孵化幼虫の体色への影響についてはその論文ではまったく触れられていなかった。行動を調査するのは手間暇かかるのだが、体色だったらひと目見ればすぐに群生相化したかどうか簡単に判定できる。泡説の妥当性を主張できる絶好のチャンスだというのに、なぜ結果を見せないのか。田中先生のコラゾニンに関する一連の研究が良い例なのだが、通常、何か生理現象を制御する物質を特定した場合、人工的に生成したその物質で作用を確かめるのが王道で、それをすることでより強固な証拠が得られる。彼らの論文はそこまでせずに発表されていた。その理由は、「著者たちがオーストラリアに引っ越したからこれ以上は実験をすることができない」と論文のディスカッションで述べられていた。シンプソン教授はイギリスのオックスフォード大学からシドニー大学に移ったのだが、オーストラリアは法律上サバクトビバッタの輸入が禁じられており、これ以上はサバクトビバッタの研究はできないという言い分だった。ミラー氏も自分と同じように学位を取得するためには論文が必要で、泡説の研究で学位をとらなければならないため、最後まで追求することなく論文をだしたのだろう。以前の総説に名前があったのも、これからやっていこうとしている研究テーマが否定されたままでは学位の取得は元も子もなくなってしまうので今回の論文の伏線だったと思われる。

お互いの論文がでた後にシンプソン教授から田中先生に共同で何か研究しないかというメールが届いた。論文上で論争はしているもののお互いにいがみ合っている訳ではなかった。田中先生は、以前にもシンプソン教授と共同研究をしていたし、何か一緒にやれることがあったら共同でやろうという旨を伝え、彼らのサバクトビバッタを譲ってくれないかと依頼した。彼らは私たちとの食い違いを説明するのに系統間による違いを主張していたので、もっとも確実なのは、彼らの系統で泡説があるかどうか、孵化幼虫の大きさはどうなっているかを調べれば簡単に真実がわかるはずだった。いつまでたっても彼らが調べようとしないので、私たちで調べようと考えたのだ。ところが、シンプソン教授からの返信は、

「引っ越しに伴いバッタの系統を知り合いに譲ったら、その人が他の系統と混ぜてしまったからもうない」というものだった。彼らのサバクトビバッタの系統はこの世から絶滅するとともに、泡説の真実は闇に葬られてしまった。基本的な生理現象が系統間で異なっているとは考えにくい。泡説に使われたバッタ

たちは幻と化したので、私たちは仕方なくドイツの研究者と以前にベルギーの研究者から譲り受けていたサバクトビバッタの異なる系統でも泡説を再調査したところ、やはり再現性は見られなかった（Tanaka & Maeno, 2010）。

この一連の泡説騒動の渦中で発表したTanaka & Maeno（2008）の論文が二〇〇八～二〇一〇年度の昆虫生理学誌『Journal of Insect Physiology』でもっとも引用された論文のトップ10入りを果たしたことを賞する賞状が送られてきた。これは短期間のうちにお互いに自分たちの論文を引用し合ったからであり、論争の激しさを物語っていた。

彼らが特定したフェロモンは孵化幼虫の行動には影響するかもしれないが、私はこの点を確かめなかった。その理由は、シンプソン教授たちが採用していた行動を定量的に調査する方法（アッセイ法）をもっていないからだ。シンプソン教授たちのシステムでは、まっすぐ歩いたか、歩行速度、歩いた距離、曲がった角度、グルーミング（触角や顔を前脚で掃除する行動）、ジャンプする頻度、歩く頻度、脚を動かす頻度等の情報を一つの公式に入れて計算し、何パーセントが群生相的なのかを算出していた。それぞれの数値を比較するならまだしも、すべてを混ぜてしまう方法で果たして群生的な行動を判定できるものなのか個人的に疑問をもっている。そして、砂漠の地中に産卵され、半月前の親からの情報に従って幼虫がそのまま行動するとも考えていない。孵化までの間に環境状況が変わっても、孵化幼虫は親の言いなりになって行動するだろうか？　実際の野外で孵化直後の幼虫達がどのように行動しているのか、見極める必要がある。

この本では私が著者であるという特権を利用して、自分に都合の良いように泡説を否定する論調で話を進めているが、いささかそれはフェアではないかもしれない。真偽を確かめたい方はぜひ、双方の論文をチェックしてご自身で判断していただきたい。もし可能ならご自身でも卵を洗ってみてほしい。シンプソン教授の名誉を擁護するために申し上げるが、泡説に関する研究は彼が雇った研究者が行った仕事である。もちろん論文の執筆やデータ解析などには彼も加わっていただろうが、通常ボスはデスクワークに追われるため自分の目でバッタを見る時間は少なくなっているはずだ。そして、この章の内容は、あくまでも論文に対する批判であって、著者に向けられた批判ではない旨を読者の方々に誤解のないようにしていただきたい。そして、私たちの批判的な論文を無視することなく反論してきた姿勢は尊敬に値する。この後の章でもシンプソン教授たちの仕事を多々紹介することになるが、いかに彼らが精力的にかつ独創的にバッタの研究をリードしているかご理解いただけるかと思う。

私たち研究者は論文に自分の名前がある限り、発表論文の全責任を負い、その当時得られている証拠に基づきもっとも理にかなった結論を導き出して発表している。もちろん私も誇りと情熱と責任をもって論文を発表している。当然、誤解や過ちが起こったりするが、そういった失敗が改善されることで、科学は一歩ずつ前に進んでいく。論文発表すれば、賞賛されるばかりではなく、批判の矢面に立つ恐れもあるため、ひじょうに勇気のいる行為だと感じている。理不尽な批判を受ければ忌々しいと思うかもしれないが、自分が間違っていたことを科学的に指摘してもらえれば嬉しいと思うし、本気で研究しているのなら自然とそうなるはずだと信じている。無視するのが一番つまらない行為だ。自信があるなら面と向かって闘うべきだ。本気でぶつかれる舞台が科学の世界には準備されている。

束縛の卵

泡説との論争から一年がすぎ、卵の中で何が起きているのかが明らかになる日が訪れる。

その日、私は半世紀前の文献を漁っていて、トノサマバッタに関する論文で気になる記述を見つけた。トノサマバッタの孵化幼虫はサバクトビバッタとは異なっており、孤独相は薄茶色の幼虫を、群生相は黒い幼虫を生産するのだが、なんでもトノサマバッタの群生相由来の大きな卵を糸で縛って小さくしたら体色の薄い幼虫がでてきたというのだ。「なぬーっ⁉」と、思わず驚きがはみ出てしまったのだが、なんという斬新なアイデアを思いつき、おもしろい現象を見つけたのか。サバクトビバッタでも同様の現象が起こっているのではないかと、すぐに私を駆り立たせた。この情報を田中先生に伝えたところ、すかさず、

「群生相の卵を乾燥させて小さくしても緑の幼虫が孵化してくるんじゃないかな」

という奇抜なアイデアをひねり出してくださった。「おぉぉぉ」。またしても驚く。バッタの性質を熟知した研究者ならではのアイデアだ。なんて技を思いつくのだろう。これはぜひとも試さねば。嬉しい反面、おもしろいアイデアを先人や師匠に先にだされたのが悔しかった。バッタ研究者を志す者として、自分で見つけたかった。まだまだ修行が足りない。じつはこの頃、「自分の色」を模索中だった。

「研究にはその人の色が出ており、論文を読めばその人がどんな研究者なのかわかるよ」と先生に教え

てもらっていた。乾燥実験はおもしろすぎるからやるにせよ、なんとか自分で編みだした自分色のアイデアでも真実に迫りたいと野心を抱いていた。

禁断の手法

乾燥実験をする傍ら、ノートにいたずら書きをして、どうしたら大きな卵を小さくできるか考えを巡らしていた。「大きい卵を小さい卵に…」とブツブツ唱えていたら、ふとテレビのワンシーンが脳裏に浮かんだ。外国で不本意に横に大きくなった女性がダイエットと称し、お腹にメスを入れ、腹の中の脂肪を掃除機みたいな道具で吸引して強引に痩せようとしたシーンだ。「これだ！」バッタの卵も卵黄を吸引したら、無理やり小さくできるかもしれないというえげつない実験を思いついた。バッタの胚は片方に偏っているので物理的には可能だ(図4・19A)。しかし、これは昆虫研究倫理に反する禁じられた手法だった。

そもそもバッタの卵は柔らかい殻に包まれたデリケートの塊で、優しく扱わなければならないものだと決まっていた。その卵に穴を空けて中身を吸引するなど卵を殺すためにやるようなもので、論外もいいところだった。ただ、卵だって生きている。卵に宿った小さな命が必死に生き抜こうとするはずだから、少しくらい穴が空いても孵化するだろう。大発生するくらいだから大丈夫だべ、と根拠のない期待を抱き、挑戦してみることにした。男は度胸。何でもやってみよう！　こんな手法は聞いたことがなかったので、試行錯誤を覚悟のうえで臨んだ。

やり方はきわめて簡単である。まず、群生相の産卵五日後の大型の卵を蒸留水で表面をキレイに洗ってから生理食塩水をはったシャーレに卵を沈めて、顕微鏡を覗きながら針で穴を空けて中の卵黄を絞り出す作戦にでた（図4・19B）。針はさっきまでバッタの標本作りに使われていた虫ピンを標本板から引っこ抜いてアルコール消毒してから使った。バッタの卵は、発生初期は胚が片方に偏っているので、胚とは反対側に穴を空けてみた。針で穴を空けた瞬間、勢いよく卵黄が飛び出してきた。さらにピンセットで卵をゆっくりと押すと穴から卵黄がニュルニュルと絞り出てきた。ちょうどわさびがチューブの穴から出てくるような感じだ。その卵を水から取り出して湿ったろ紙を敷いたシャーレに並べて三十一度で保温した。除菌や滅菌はいっさい行わず、ただ器具をアルコール消毒しただけだった。空けた穴も卵黄がかさぶたみたいになっていたのでとくに塞がなかった。卵黄を抜かれた卵は空気が抜けた風船のようにしわしわになっているが、とりあえずは小さくなっただろう。初めての実験なのでこんなところで手を打とう。もっと清潔に手術をしなければならないことは薄々感じていたのだが、後はこれから試行錯誤して良くないところを改善していこうと考えていた。とはいえ処理した卵がどうなるのか楽しみすぎだ。新しい

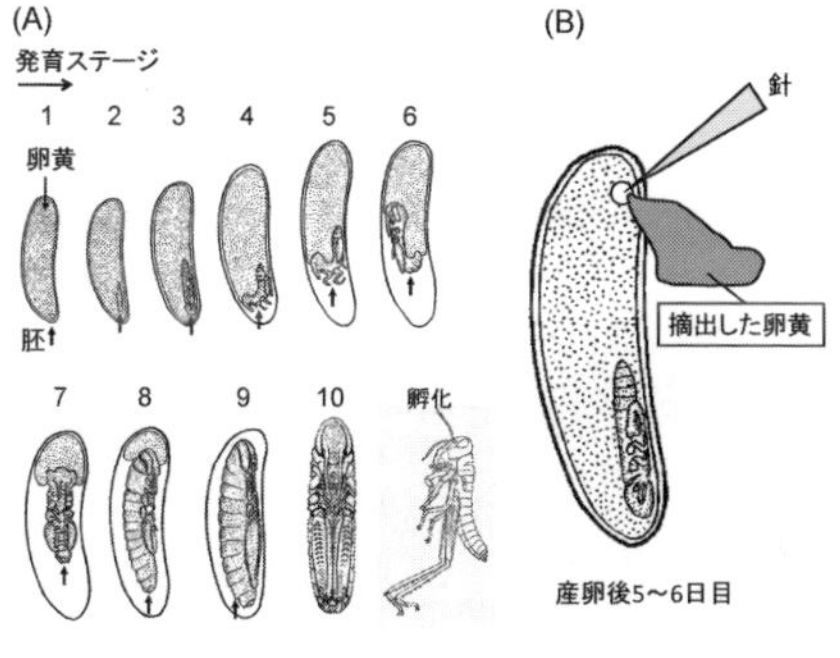

図4・19　(A) 卵内の胚発育の過程 (Uvarov, 1966を改変). 胚は卵黄を吸収して発育し，徐々にバッタの形になる.
(B) 卵黄摘出手術の模式図. 胚とは逆側に針で穴をあけるべし. 卵の外部形態からどちらに胚があるか区別できる.

実験をした後の結果がわかるまでのこのウキウキ感はいつもたまらない。そのときのようすを観察日記風に綴ります。

【処理後一日目】

ほとんどの卵は破裂し、腐りかけている。まぁ当然の結果だろう。ただ気になるのは一部の卵は昨日とあまり変わっていないことだ。こんな拷問にまさか耐えられるわけがない。どうせ死ぬのだろう、下手に期待させないでくれよ、夢見させるなよ。と、期待しすぎて裏切られたときのショックを少しでも和らげるために、少し冷たく卵にあたってみた。想いとは裏腹に。

【処理後六日目】

穴を空けて小さくした卵に黒い点が二つあることに気づく。これは複眼になる眼点と呼ばれるもので、卵殻の外からも透けて見えた。卵の中で胚が順調に発育している証拠だ。しかし、眼点の位置が正常な卵に比べてずいぶんと中央寄りだった。ということは、中の幼虫は小さくなっているのでは…。その異常さは期待を大きくさせた。そして、お待ちかねの孵化は目の前だ。神様、仏様どうかご慈悲を。

【処理後九日目】

その日、私は普段と変わらず研究所にマイカー出勤した。いつもは自分の机に真っ先に向かうのだが、この日ばかりは、卵のことが気になりリュック片手に飼育室へと足を進めた。ここ数日、毎日眺めているシャーレを覗いてみると中に並べておいたいくつかの卵が割れているではないか。「南無三！」シャーレの隅を見てみると、なんと緑色の孵化幼虫がいるではないか！　嗚呼、なんということだろう。どこからともなくハレルヤと祝福の歌声が聞こえてきた。

迂闊にも最初の実験から成功してしまった（口絵7）。もっと試行錯誤した方が美談になったのに…。複雑な面持ちでこの発見を田中先生に伝えたのだが、先生は半信半疑だった。いや、半分以上疑っていただろう。無理もない。こんな馬鹿げた話はにわかに信じられるわけがない。自分でやっておきながら信じられなかった。先生もご自身で確認したいということで、卵に穴を空けるやり方をデモンストレーションし、試してみたところ、同様に緑色の幼虫が孵化して、疑惑が確信に変わり、確信が衝撃になり、ようやく驚いてくださった。

真実は殻の中に

乾燥実験と穴あけ実験のどちらの実験もすべて確実に黒い幼虫が孵化してくるはずの大きい卵だけを選りすぐって使用した。乾燥実験では、産卵後さまざまな時期にそれまで保温していた湿った砂から乾燥したろ紙を敷いたシャーレに卵を移した。孵化直前の産卵後十二日目に卵の重さを測定したところ、早い時期にシャーレに移したものほど軽い傾向がみられ、その重さは孤独相の小さな卵とほぼ同じだった(図4・20A)。その卵から孵化した幼虫の体色を示したのが図4・20Bである。早く移しすぎると卵が干からびすぎて幼虫は孵化してこないが、四日目では緑色の幼虫が孵化してきた。逆に移すのが遅くなると黒い幼虫のみが孵化してくるようになった。田中先生の狙いどおり乾燥によって大きな卵を小さくすると孤独相的な幼虫が孵化することにみごとに成功した。ただ、乾燥によって誘導できた緑色の幼虫は、どうもふつうの孤独相の緑色の幼虫とはようすが違っていた。体の中が黄色っぽいのだ。その孵化した幼虫を解剖して体内を観察したところ、胃には未使用の卵黄が詰まっていた(口絵8)。これは、卵黄が胚発育に使われなかった証拠だ。乾燥によって緑色の体色が誘導されたのは、乾燥のため水分が足りなくて卵黄が胚発育に利用できなかったためなのか、

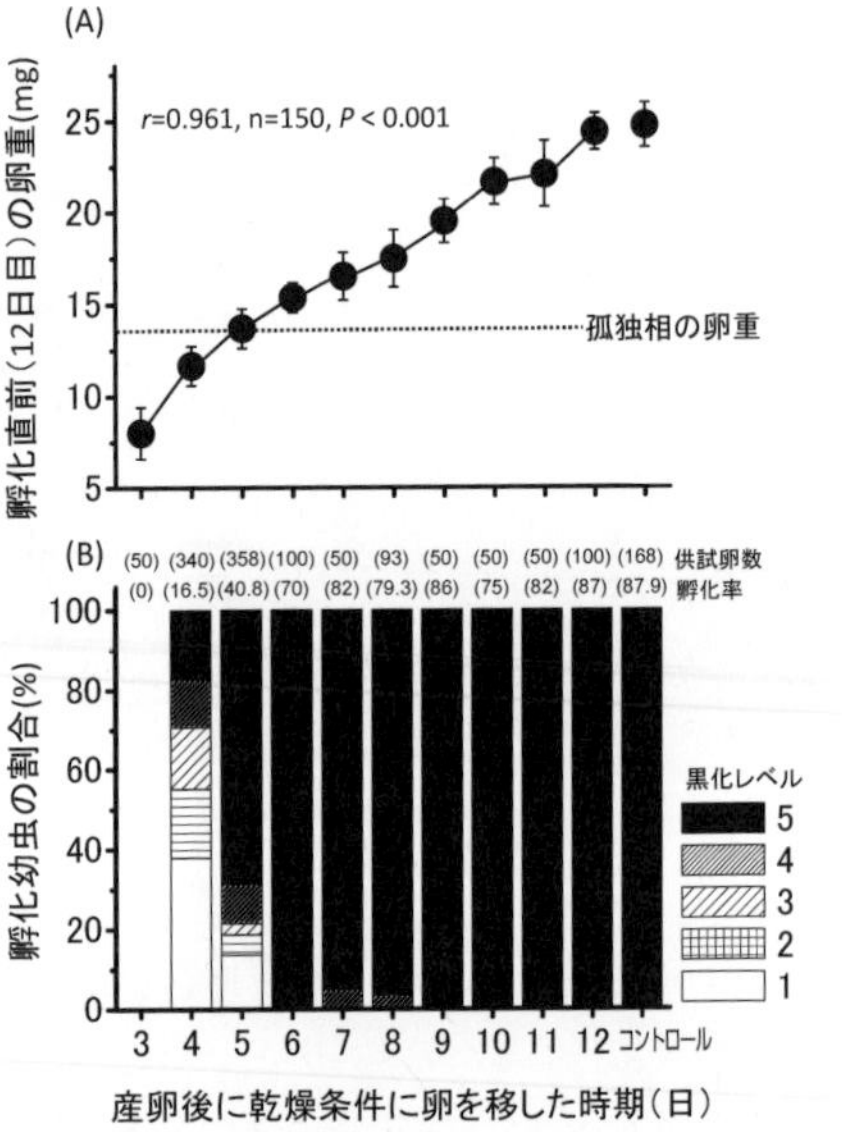

図4・20 産卵後保温中の湿った砂から乾燥条件に卵を移した時期が孵化直前の卵重(A)と孵化幼虫の体色(B)にどう影響するか調査した. 早い時期に乾燥条件に移すと卵重は軽くなり, 黒化レベルの低い幼虫が孵化する. 実験には群生相の大型卵のみを使用した. 3日目に移したものからは孵化しなかった. 孵化幼虫の体色は黒化の程度が異なる5つのレベルに分けた(Maeno & Tanaka, 2009a を改変).

それとも乾燥によって卵がしぼんでしまい卵内のスペースが狭くなってしまったため正常に胚発育できなかったのか、色々考えられるが決定的な理由はわかっていない。

穴あけ実験の方は、産卵後の色々な時期の卵で試してみたが、卵の中の胚が育ちすぎてもダメ、吸水する前でもダメで、産卵後四～五日目あたりがちょうど良かった。最初の実験で使用した卵は偶然にも五日目だったのが功を奏した。絞り出す卵黄の量を厳密に調整するのは難しいので、少ししか絞らないものから大量に絞りだすものまでさまざまな量の卵黄を絞りだして色々な大きさの卵を作りだしてみた。その結果、絞り出す卵黄の量にともなって孵化する幼虫の体色が変化し、絞りだす卵黄の量が少ないと（卵は大きいまま）黒色で大型の幼虫が孵化し、多く絞り出すと（卵は小さくなる）緑色で小型の幼虫が出てきた（図4・21）。孵化幼虫の体色を五つの黒化の程度が異なるレベルに分けてそれぞれ体重を測定したところ、普段観察しているように体重が重いほど黒くなる傾向があり、絞り出す卵黄の量に応じて体色は連続的に変化してい

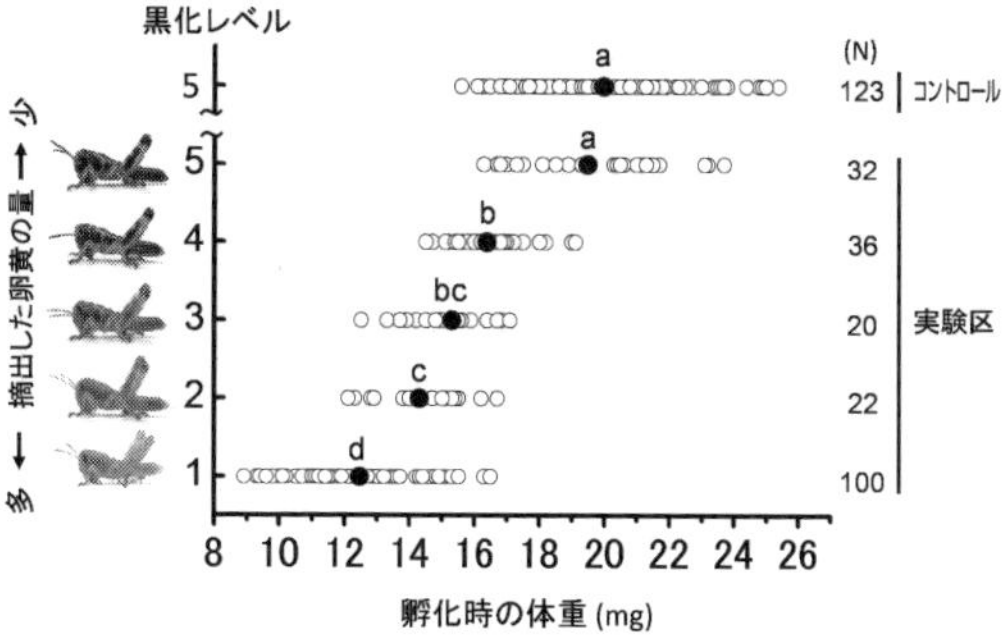

図4・21　異なる量の卵黄を摘出した卵から孵化してきた幼虫を黒化の程度が異なる5つのレベルに分け，体重測定した．摘出した卵黄の量が多くなるほど，孵化幼虫は小さくなり，黒化のレベルは減少した．図中の○は個体ごと，●は平均の体重を示す．実験には群生相の大型卵のみを使用した．図中の異なるアルファベットは各グループ間で統計的に有意な差があることを示す（Scheffé's test; $P < 0.05$）（Maeno & Tanaka, 2009a を改変）．

た。つまり、胚は卵黄の量（または質）に応じて孵化時の体色を決定していることが示された。これらの結果から、卵サイズは卵巣内で決まるが、孵化幼虫の形質は産卵後でも変化することがわかった。乾燥実験と穴あけ実験の結果を一つの論文にまとめて発表した（Maeno & Tanaka, 2009a）。

研究はアイデア勝負

これは、弘前大学環境昆虫学研究室の伝統の流儀だ。お金をかけずともアイデアを絞りだせば、新発見をすることは可能だ。この流儀を唱えてくださった正木先生に学会で無理やり大きな卵を小さくした研究成果を発表した際に「若さとはすごいね」と、大笑いで肩を叩いて労ってくださった。アイデアと卵黄を絞り出して伝統の流儀を貫いたことと若さゆえの無謀さを褒めていただき、身に余る光栄だった。さらに「年をとると固定観念に縛られて思い切ったことができなくなるから頭が柔らかい若いうちにどんどん色々なことに挑戦して、また驚かせてください」と激励してくださった。余韻冷めやらぬうちに同期で昆虫界のマドンナ的な存在のカリバチの斉藤歩希先生（立正大学・助教）からは「前野君はふだん変態だけど色々工夫して研究してる姿はかっこいいからがんばってね」、と告白された。「自分、バッタしか興味ないから」と言ってしまったが、バラ色の研究者も悪くないな。

それにしても卵の中は、なんてドラマチックなのだろうか。殻の中に隠されたドラマを一つ知れば、さらにまた一つ知りたくなる。孵化幼虫の体色を決定するのに重要なのは卵黄の質と量のどちらなのか、これは未解決の問題だ。小さい卵同士を飲み薬のカプセルのようにドッキングさせて大型の卵にしたらどんな幼虫が孵化してくるのか？　小さい卵と大きい卵の卵黄をトレードしたらどうなるか？　これらの実験が成功したら何らかの答えが得られると考えているが、現在もまだ技術的にこれらの処理に成功しておらず、悔しい思いをしている。いずれ卵の中に秘められた謎をこの手で解明したい。

コラム　真実を追い求める研究者

論文を読んでいると、先人の誤った結果を鵜呑みにして、最新のテクノロジーを使ってさらに深く解明したかのような論調の論文を見かけることがある。前提が正しくないのにどうやってそんな予想どおりの結果がでたのか不思議でならないのだが。「絶対にそうだ、そうに決まっている」という先入観はとても危険で、誤解を招くことがある。私の身近で実際にあった騒動を紹介したい。

ことのおこりは雪国からはじまる。その年、どのくらい雪が積もるかを予想する超能力をもつ昆虫がいるというのだ。それを成し遂げるのは、オオカマキリ。彼女らは草や木の枝などに産卵するが、秋に産みつける卵鞘の高さがその年の積雪量を物語っているというのだ。雪国で伝統的に知られている話だが、この「カマキリの積雪量予想」を民間の方が初めて実証し、その研究で学位を取得し、その研究内容を紹介した本が出版され、一時話題となった。私もその本を購入して読んでみたのだが、あまりにおもしろい話で感動した。

この話の前提には、「カマキリの卵鞘は雪に埋もれると死んでしまう。だからといって高い所に卵鞘を産み付けるとこんどは鳥に喰われてしまう。そこでオオカマキリは、少し雪から出るくらいのギリギリのラインを狙って卵鞘を産む」というものだった。つまり、「卵鞘の高さ＝未来の積雪量」というのだ。こんな芸当、いったい他に誰ができるというのだろうか？　気象予報士顔負けの偉業である。カマキリはなんてすごい超能力をもっているのだろう。私を含めた多くの人々が感心していたはずだ。ただ一人、私の恩師を除いて。

私の恩師　安藤先生は定年退職後も自宅にプレハブの飼育室を建てて、オオカマキリの研究を始めていた。今まで研究していたコバネイナゴはカマキリのエサになっていた。先生に「こんなおもしろいカマキリの本があるので、ぜひ読んでみてください」と学会でお会いしたときに本を差しあげた。「いやぁ　おもしろいねぇ」という感想を当然頂戴するものだとばかり思っていたのだが、予想外の展開になった。

「いやぁ　前野君、こんな訳ないぞ」

安藤先生は雪深い弘前市で研究されているので雪とカマキリとの関係は経験的に知っていたのだ。冬の間、雪に埋もれていた卵鞘からも、翌年には何事もなかったように幼虫が孵化してくるし、丈の短い枯草にもたくさん卵鞘が産みつけられているのを観察されていて、カマキリが積雪量を予想しているとはとても思えなかったのだ。安藤先生は昆虫学のプロフェッショナルである。「研究者には真実を伝える義務がある」と、弟子たちへの教えに嘘偽りなく先生は立ちあがった。

安藤先生は実際に野外で卵鞘がどこに産みつけられているのかフィールド調査を始め、カマキリの積雪量予想の真相に迫った。とはいえカマキリの卵鞘を見つけるのは容易なことではない。探そうと思っても探せる代物ではないのだから。

安藤先生は、(一)カマキリの卵鞘を雪に四ヵ月間埋めても卵は死なずに孵化してくること、(二)カマキリ

図　弘前城を舞台にした安藤忍者とカマキリ（画：北原志乃）.

の卵鞘が産みつけられている場所はほとんど雪に埋もれることを実証した。方法はいたってシンプルで、野外でカマキリの卵鞘を見つけだしデータを収集したのだが、その数は一千個をゆうに超えていた。先生はきわめて学術的に、また論理的にカマキリの積雪量の予想がいかに夢物語であるのかを証明された。「カマキリの積雪量予想」が論じられた本のなかで、科学的にやってはいけないことが行われていた点にも気づかれた。それは本来のカマキリの生息場所ではない人工の杉林でのサンプリングに、データの補正という都合の良いメスが入れられていた。

写真　羽化中のトノサマバッタを見て喜ぶ安藤先生.

もはや誰がどうみてもカマキリの積雪量予想はありえない話だ。安藤先生は学会や、新聞、本などをとおしてこの話題を紹介して、真実を伝えようとした。しかし、メディアをとおして広まった「カマキリの積雪量予想」はすでに根強く人々の心の中に浸透していた。無理もない。だっておもしろいのだから。人々の夢を壊すようで申し訳ないが、もしあなたの周りで「カマキリの積雪量予想」の話題がでたら、それは真実ではないことを教えてあげて欲しい。それは、誰のためでもない。気象予報士の濡れ衣を着せられたカマキリのためだ。安藤先生も好きで批判したわけではない。人の批判をするのは勇気がいるし、何よりやりたくない。そこまでして行動したのは、先生が真実を追い求める根っからの研究者だったからだ。カマキリの積雪量予想をした方も、好んで話をつくりあげたわけではなく、豪雪地帯に住む人々の暮らしの支えになることを祈ってしたのではないかと思う。誤った解釈をしてしまったのは、独学で研究を進められたため科学的な指導を受けられなかったからだろう。

たとえ、どんなに長い間言い伝えられてきたことであったとしても、どんなに偉い先生の言葉だったとしても、それを鵜呑みにすることがいかに危険なことか。安藤先生は退官された後も体を張って研究とは何ぞやと、私たちに背中で語ってくれる。

学会の全国大会は毎年もち回りで色々な県で開催されるのだが、安藤先生にとって学会とは研究成果を発表する場だけではなく、カマキリの卵鞘の採集旅行にもなっている。毎回学会ではスーパーストアーのビニール袋にいっぱいになった戦利品を笑顔で誇らしげに見せてくれるのが恒例であった。短期間のうちにどこでそんなに見つけてくるのかと、いつも驚かされる。「いやぁ、虫がどこに卵を産みたいのか、虫の気持ちになればわかるよ」と教えてくれるのだが、どこに産まれているか手がかりもないカマキリの卵鞘を一シーズンに一千個以上も採集できる安藤先生の方がカマキリよりも超能力者だと思う。

第5章
バッタ de 遺伝学

紅のミュータント

ある日の昼下がり、頬杖をつき、目の前にある群生相の孵化幼虫がいっぱい入った飼育容器を指でこづきながら、物思いにふけっていた。どうもおかしい。黒い幼虫の中に、赤茶色の幼虫が混ざっているのだ。この赤茶色の幼虫は全身着色しているし、大きさも変わらないのだが、黒色ではなく赤茶色なのだ（口絵9）。このことは今に始まったことではなく、少し前から気がついていた。最初は卵を保温する温度の影響でこのような違いが生じているのだろうと勝手な理由を作りあげて誤魔化そうとしていた。しかし、もうそんな自分に耐えられなくなっていた。自分のサバクトビバッタに対する疑問に素直になって、調査に乗り出すことにした。

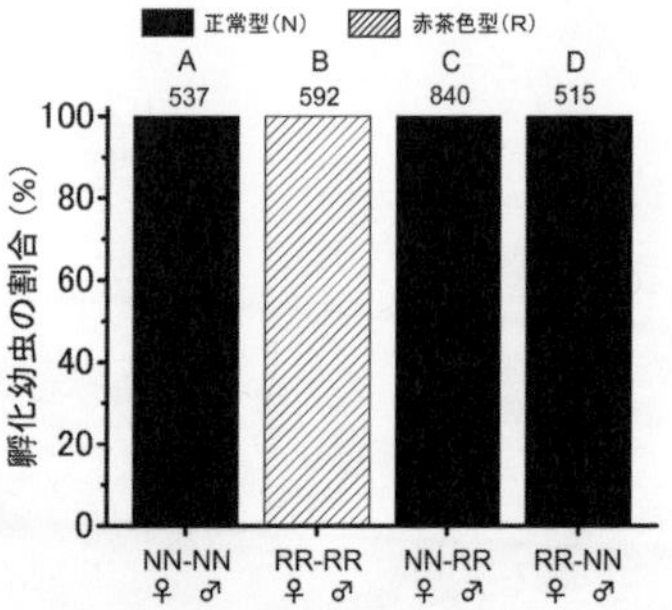

図5・1　交配実験による正常型（N）と赤茶色型（R）の孵化幼虫の割合．同じ体色同士のメスとオスを交配（AとB），異なる体色のメスとオスを交配した（CとD）．棒グラフ上の数字はサンプル数（Maeno & Tanaka, 2008c を改変）．

手始めに、色々な卵塊から出てきた群生相の赤茶色の孵化幼虫だけをかき集め、一つのケージに入れて飼育してみることにした。幼虫はすくすくと育ち、やがて成虫となり、そして卵を産んだ。その卵から孵化してきた幼虫はすべて赤茶色だった。赤茶色のバッタは、突然変異体（Mutant）だった（図5・1B）。同様に黒色の孵化幼虫だけを集めたものからは、黒色の幼虫だけが孵化してきた（図5・1A）。

バッタでメンデル

「え〜　皆様すでにご存じのように…」

学会等でこのセリフを聞くたびに、高頻度で存じあげていない私は常識のなさを痛感して、哀しい想いで講演を聞くことになる。哀しむのは自分一人でたくさんだ。読者の方の涙は見たくない。そこで、この本では、遺伝の仕組みをサバクトビバッタを用いてゆっくりと説明していこうと思う。

古来、子が親に似るという現象は長年の謎だったのだが、その仕組みを初めて実証したのは研究者ではなく、祭司だった。祭司の名はメンデル。メンデル祭司はエンドウマメの丸い豆としわの豆を交配させると、次世代では丸い豆だけ得られ、その豆同士をさらに交配させると次世代で採れる豆は、丸い豆としわの豆の比率が三対一になる現象を発見した。ある特徴が次世代に伝わる仕組みを明らかにした研究で、後に「遺伝」と呼ばれることになる。この現象は、丸いという特徴を発現する遺伝子がしわという特徴をもつ遺伝子に対して優性で、しわの遺伝子の働きが抑えられていることを意味している。専門用語で、丸としわの決定に関する遺伝子は対立遺伝子と呼ばれ、丸は優性、しわは劣性という。

多くの昆虫でも行動や形態、体色などに異常が生じた突然変異体が数多く報告されている。突然変異体が得られた場合、その遺伝様式を調査するのは王道だ。今回見つかった赤茶色型バッタでも調べない手はない。

優劣の法則

今回の場合は、黒色（正常型N ※ Normal の頭文字）と赤茶色（突然変異体R ※ Reddish-brown の頭文字）とをメス（N）×オス（R）またはオス（N）×メス（R）の組み合わせで交配させ（正逆交配という技）、孵化した幼虫の体色を調査すれば遺伝様式がどうなっているのか推察できる。さっそく交配実験を開始したところ、第一世代では、すべての孵化幼虫は正常型になった（図5・1C、D）。これは、黒色の遺伝子が赤茶色の遺伝子に対して優性で、赤茶色の遺伝子の働きが抑えられていることを意味しており、優劣の法則と呼ばれる。通常、優性の対立遺伝子は英字の大文字で、劣性の対立遺伝子は英字の小文字で表記され、黒化は英語で Melanization なので、正常型はMM、赤茶色型はmmという組み合わせの対立遺伝子をもつことになる。子は両親から一つずつ対立遺伝子を受け継ぐので第一世代はMmと記される。

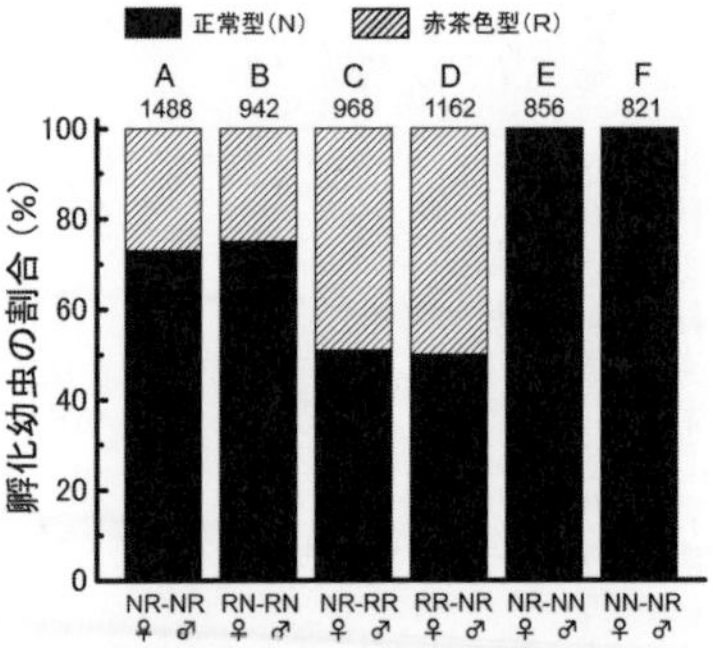

図5・2　交配実験による正常型（N）と赤茶色型（R）の孵化幼虫の割合．1世代目同士（AとB），1世代目と赤茶色型（CとD），1世代目と正常型（EとF）の組合せで交配した．棒グラフ上の数字はサンプル数（Maeno & Tanaka, 2008b を改変）．

分離の法則

Mmの遺伝子をもつ子（F_1：第一世代）同士を掛け合

わせると、MM、Mm、Mm、mmという組み合わせの対立遺伝子をもつ子（F_2：第二世代）が作られる。mmの遺伝子をもつ個体は、優性遺伝子のMによってその働きが抑えられないため、劣性の赤茶色の体色を発現するようになる。メンデルの「分離の法則」に従うと正常型と赤茶色型が三対一の割合で分離してくるはずである。実際に得られた孵化幼虫の割合を解析してみると、統計的に正常型と赤茶色型は三対一であることが裏付けられた（図5・2A、B）。さらにメンデル遺伝であることを確認するためにMmの対立遺伝子をもつ子とmmの対立遺伝子をもつ子とを掛け合わせたところ、正常型と赤茶色型が統計的に一対一の割合で分離した（図5・2C、D）。さらに、Mmの対立遺伝子をもつ子とMMの対立遺伝子をもつ子とを掛け合わせたところ、得られた子のすべてが正常型になった（図5・2E、F）。これらの結果から、赤茶色型の突然変異体の体色は、一対立遺伝子による劣性メンデルで説明できることがわかった。今回の結果をメンデルの豆になぞらえると、黒色が丸い豆で、赤茶色がしわ豆ということになる。

教科書どおりのメンデルの遺伝をバッタで実演できたことに満足したのだが、田中先生からは注文がついた。「突然変異がバッタの体色に起こったことは珍しい現象だけど初めてのことでないでしょ。昆虫で遺伝様式もごまんと報告されているから、何かこのミュータントならではのものがなければ単なるanother example（多くの事例の一つ）にすぎないよ」と。確かに似たような研究が数多くある中でいかに個性を見出していくかは研究の価値を上げるために重要な問題だった。そこで、この突然変異体ならではの何かオリジナリティがないものか模索することにした。

隠された紅の証

考えを巡らせていたところ、ふとメス成虫を単独飼育したらどんな体色の孵化幼虫が産まれるのかとひらめいた。孵化幼虫はいつもどおり緑色なのか？　それとも赤茶色なのか？　これを確かめるために、赤茶色型のメス成虫を単独飼育して採卵したところ、卵からは緑色の幼虫が孵化してきた。この緑色の孵化幼虫は正常型のものとまったく区別がつかない。見た目だけではなく、実際に孵化幼虫の頭部の明るさの程度を輝度として数値化して測定してみると、子が群生相のときは正常型と赤茶色型との間では違いがあるが、孤独相のときは輝度の値は両者で似ていた（図5・3）。つまり、赤茶色型の突然変異体は群生相のときにだけ突然変異体だとわかる特徴をもつことが明らかになった。もし、単独飼育を続けていたら赤茶色は隠れていたために突然変異体の存在に気がつくことはできなかっただろう。相変異と関係した突然変異の話はこれまで聞いたことがないので、これなら初めての知見になりそうだ。先生も「それなら悪くないね」と納得してくださった。

「こんな突然変異体がでました」という単発の

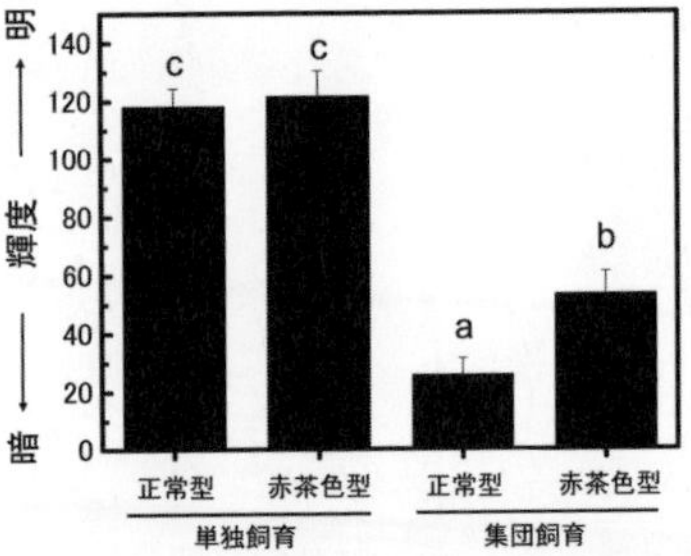

図5・3　単独または集団飼育条件下で，正常型と赤茶色型のメス成虫が生産した孵化幼虫の頭部の輝度を測定し，体色を比較した．単独飼育すると孵化幼虫の体色は緑色になるため輝度は高くなり，集団飼育すると黒くなるため輝度は低くなる．集団飼育した場合にのみ正常型と赤茶色型の違いが孵化幼虫の体色に現れる．異なるアルファベットは各区間で統計的に有意な差があることを示す（Scheffé's test；$P < 0.05$）（サンプル数はそれぞれ30）（Maeno & Tanaka, 2008b を改変）．

仕事ではあるが、遺伝に関する研究も経験できて、実験は楽だったし、無事に論文発表でき（Maeno & Tanaka, 2008c）、めでたしめでたしと、一段落するかと思いきや、話はこれで終わらなかった。

消えたミュータント

研究室では、アルビノ（Albino）のサバクトビバッタも飼育していた（口絵9）。コラゾニンの実験の際に田中先生が入手していたものだ。姿形はふつうの黒いサバクトビバッタとまるで瓜二つなのだが、体色だけが異なっている。このアルビノも正常型に対して遺伝的に劣性であることが知られていた。よくもまぁ色々な体色のバッタがでてくるもんだと、飼育室でしみじみと赤茶色バッタとアルビノバッタを凝視していたら、イタズラ心が囁いてきた。

「赤茶色バッタとアルビノバッタを交配させたら何色のバッタが産まれてくるのか？」

バッタ研究では、突然変異体は正常型と掛け合わすのが王道となっており、異なる体色の突然変異体同士の掛け合わせはいまだかつて試みられていなかった。もしかしたらピンクになるのでは？　いやいや絵具みたいに単純にはいかないだろう。それともどちらかの色の幼虫だけが孵化してくるのでは？　と思い立ったが交配実験。さっそく未交尾の成虫を準備して、赤茶色型のメス成虫とアルビノのオス成虫、そしてその逆の組み合わせで交配実験を行った。成虫は無事に交配し、卵が得られた。そして半月後、待望の幼虫が孵化してきた。

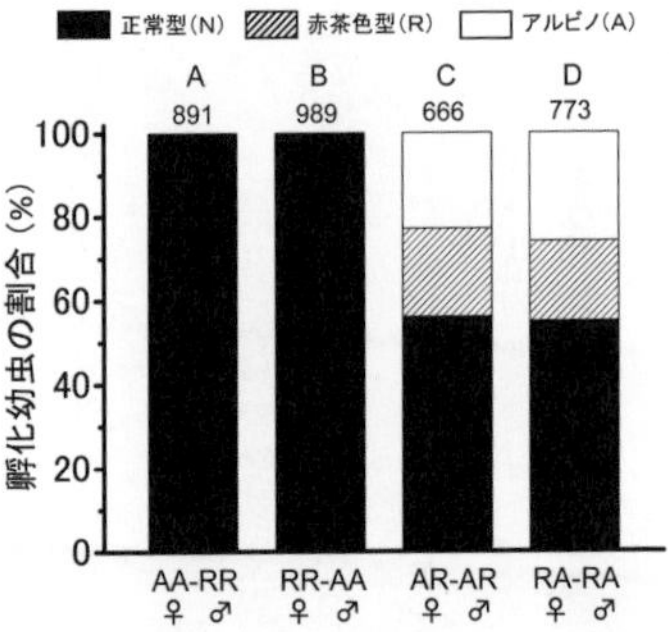

図5・4　交配実験によって生じた正常型（N），赤茶色型（R）とアルビノ（A）の孵化幼虫の割合．赤茶色型とアルビノを交配させて得られた1世代目（AとB），その1世代目同士を交際させて得られた2世代目（CとD）．赤茶色型とアルビノを交配するとすべての孵化幼虫が正常型になった．1世代目同士を交配させるとすべてのタイプの孵化幼虫が出現した．棒グラフ上の数字はサンプル数（Maeno & Tanaka, 2010aを改変）．

孵化してきた幼虫を見て我が目を疑った。幼虫は赤茶色型でも、アルビノでもなかった。すべて正常型の黒色なのだ（図5・4A、B）。どこかで卵を入れた容器をすり違えてしまったかとも思ったが、その後採卵したものからも黒い幼虫が次々と孵化してきた。これは自分の手違いではなさそうだ。なぜ突然変異体同士を掛け合わせると正常な体色の幼虫が出現したのか。学校の教科書で、こんな遺伝を勉強した覚えはない。予想外の結果に、何が起きているのか事態を呑み込めずに困惑した。

現時点の限られた情報では推論することすらできず、さらなる情報を求めて、メンデルの実験と同様に得られた子同士（F_1：第一世代）を交配させた。そうすると今度は、正常型、赤茶色型、アルビノの孵化幼虫が同じ卵塊から混ざって孵化してきたではないか。いったいこの実験室では何が起きているのか、もはや見当もつかなかった。ますます混乱してきたが、目の前の不可思議な現象を解明するためにはそれぞれの体色の幼虫が何匹孵化してきたのか丹念に記録するしかなかった。

独立の法則

正常型、赤茶色型、アルビノの幼虫は同じ数だけ孵化していなかった。たとえば、一つの組み合わせの交配の結果、合計で、正常型と赤茶色型とアルビノの幼虫がそれぞれ三七一対一四〇対一五五匹得られていた。どうも偏りがある。この数字にいったいどのような秘密が隠されているというのか？

いくら数字を眺めていても頭には何も浮かんでこなかった。やむを得ない。腕まくりをして現代っ子の得意技「インターネット検索」を繰りだして得られた数値をそのまま入力して検索してみたが、うまくはいかなかった。ぬぅ。やはりいつもの最終奥義の師匠を頼るしかなさそうだ。

まずは相談する前に異なる体色の孵化幼虫がどれくらいの割合（一〇〇パーセント）で孵化してきたのかを示す図を準備することにした。見やすい方がいいだろうと思い、バッタの体色と同じ色を使いカラフルな棒グラフを作って印刷した。作業が一段落したのでやれやれとトイレに行き、戻ってきて机の上に置かれた先ほどの図を遠目に眺めてハッとした。着色した部分（正常型と赤茶色型）と白（アルビノ）い部分の分かれ方がつい最近自分で作成した三対一（正常型対赤茶色型＝七五パーセント対二五パーセント）の棒グラフにそっくりではないか（図5・4C、D）。慌てて用紙をたぐり寄せ、さらに目を細めて着色した部分だけを眺めていると、ここにも三対一があるように見えた。着色（正常型＋赤茶色型）と無着色（白色）も三対一、黒色の程度が強い（正常型）と弱い（赤茶色型）も三対一。二つの異なる特徴がそれぞれ独立して遺伝しているので、これは教科書にも書かれていた「独立の法則」に従っているようだ。何が起きているのかみえてきた。おそらく着色の有無を決める対立遺伝子と、黒化の程度の強弱を決める対立遺伝子の二つに突然変異が起こっていると推察された。データを視覚化し、カラフルな図を作ったことが功を奏した。

遺伝学のルールに従って想定した遺伝様式をここに記す。説明のために、まず「着色」を表すPigmentationの頭文字のPを遺伝子型に使うことにする。優性を大文字のP、劣性を小文字のpで示す。次に「黒化」を表すMelanizationのMを遺伝子型に使い、同様にMとmを使う。この想定した二つの対立遺伝子を使って今回の現象の説明を試みたい（図5・5）。まず、一段階目は、着色の有無。着色するかどうかはPの優劣で決まり、PP、Ppのように優性のPが一つでもあると着色し、ppだと着色しない。そして、二段階目は黒化の強弱。黒くなるかどうかはMの優劣で決まり、優生のMを少なくとも一つもつMM、Mmだと強く黒化するが、mmだと黒化は弱く赤茶色型になる。第一段階の着色がppの劣性同士だと着色できないためMの優劣に関わらずアルビノになる。

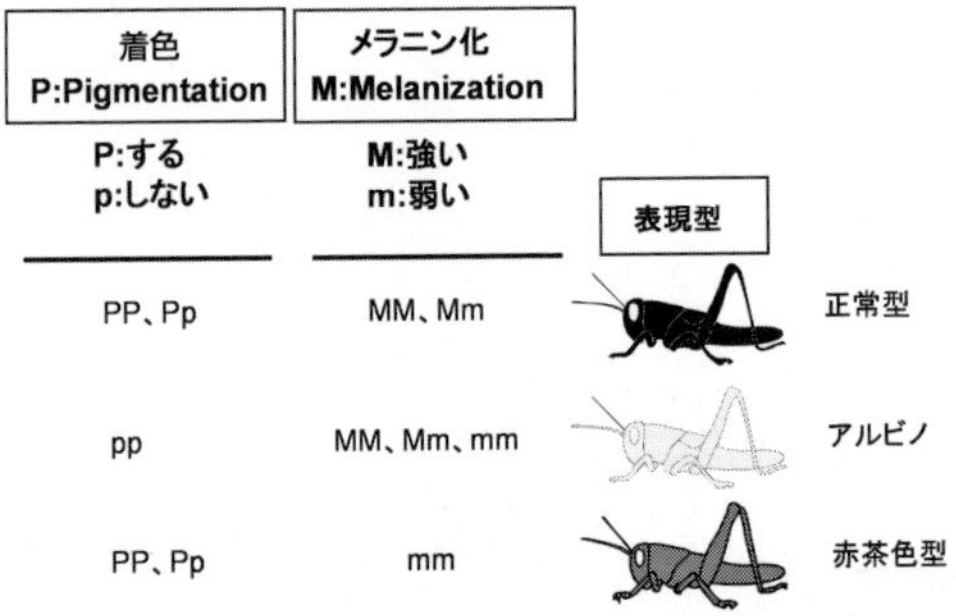

着色 P:Pigmentation	メラニン化 M:Melanization	
P:する p:しない	M:強い m:弱い	表現型
PP、Pp	MM、Mm	正常型
pp	MM、Mm、mm	アルビノ
PP、Pp	mm	赤茶色型

図5・5　体色発現の遺伝様式を説明するモデル．着色遺伝子（Pigmentation: P/p）は着色の有無，黒化遺伝子（Melanization: M/m）は黒化（メラニン化）の強弱を制御すると想定した（Maeno & Tanaka, 2010a を改変）．

このように考えれば今回の結果を矛盾なく説明できた。最初に実験に使用した赤茶色型はPPmmでアルビノがppMMだったので、一世代目はPpMmとなり、着色し、且つ強く黒化したので正常型の黒色の体色が発現されたと考えられた。二世代目では、組み合わせは十六通りになる（図5・6）、全体的には、黒色と赤茶色とアルビノが九対三対四の割合で分離することが予測され、実際に得られた孵化幼虫の割合はこの予測値と一致することが統計的に裏付けられた（図5・4C、D）。

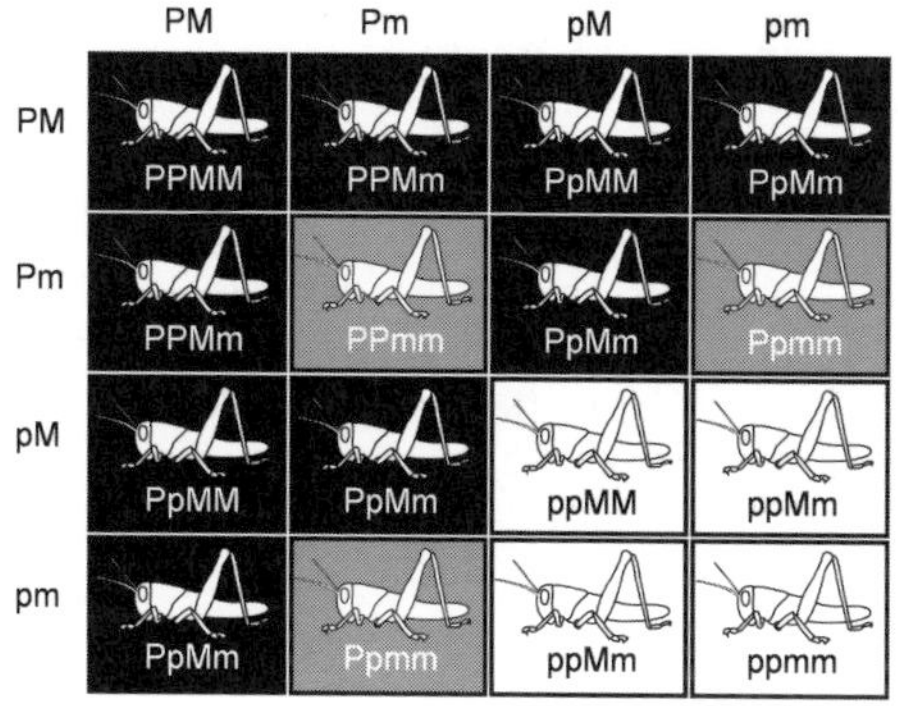

図5・6　図5・5の体色発現モデルに基づいて推測された遺伝様式．背景の色が黒色が正常型，灰色が赤茶色型，白色がアルビノ（画：前野拓郎）．

記号が出てきていささかゴチャゴチャしたかと思うが、正常な黒色の体色は少なくとも二ステップで発現されていると考えられた。ここで「少なくとも」と断ったのは、まだ隠されたステップがあるかもしれないからだ。バッタが体色を発現するために段階を踏む仕掛けをもっているという話は聞いたことがなかった。目には見えない遺伝子を体色から想定するという何とも手探りの研究だったが、遺伝学が築き上げた情報と義務教育のおかげで複雑なカラクリを突き止めることができた。

今回、黒化の程度を制御する対立遺伝子として想定したMelanizationは、田中先生がその機能を発見した黒化誘導ホルモンのコラゾニンと何らかの関わりがあるのではないかという疑惑が浮上した。コラゾニンに関係する異常によって赤茶色がもたらされたのではないかと考えられたのだ。今度は、赤茶色型の原因を生理的な側面から追究してみることにした。

バイオアッセイ

トノサマバッタとサバクトビバッタの両種にアルビノがいるのだが、アルビノの原因は異なっている（口絵10）。トノサマバッタの方はコラゾニンを生産できないためアルビノになっており、コラゾニンを注射すると正常な体色が発現される。しかし、サバクトビバッタのアルビノは、コラゾニンをもっているにもかかわらず、アルビノなのだ。コラゾニンを注射しても正常な体色は発現されない。これは、コラゾニンを感受するシステム、または体色を発現する経路に異常があることを田中先生らが突き止めていた（Schoofs et al., 2000）。サバクトビバッタのアルビノにはコラゾニンがあることを証明するために、脳や側心体にあるコラゾニンを生産・分泌する細胞だけを薬品で染める免疫染色と呼ばれる手法が使われていた。この方法を使えば赤茶色バッタでもコラゾニンがあるかどうかを調べることはできたが、それよりも、お手軽簡単に確かめる手段をすでに田中先生が確立していた。

それは、アルビノ・バイオアッセイと名付けられていた。バイオアッセイ（生物検定法）とは生物の反応をそのまま利用した検定方法で、生物に何か刺激となる物質を与え、その生物の反応の強弱でその与えた刺激物質の存在や量を評価する手法だ。アルビノのトノサマバッタにコラゾニンを注射すると濃い濃度ほど黒くなる。そこで、コラゾニンの生産・分泌器官である脳や側心体と呼ばれる一～二ミリメートル程度の器官をアルビノに移植し、そのアルビノが黒くなる程度で移植した器官のコラゾニンの有無や量を判定するというのがアルビノ・バイオアッセイだ。移植といってもただ腹部にメスで切り込みを入れてその中に器官を押し込むだけだ。移植された器官はすぐに活動を停止するわけではなく、そのままコラゾニンを生産・分泌する。ただし、一つ気をつけなければならないのはいつでもアルビノ幼虫に器官を移植していいわけではなく、特定の齢期の決められた日にちに限られていた。それは器官移植する時期に応じてコラゾニンの影響が異なっているためだ。田中先生はこのアルビノ・バイオアッセイを駆使して、コラゾニンをどの昆虫がもっているのかを幅広く証明していた(Tanaka, 2000c; 2006)。こういった独自のシステムを工夫して作れるところからも先生の研究センスの良さがうかがえる。

写真5・1　冷温麻酔されて微動だにしないアルビノのトノサマバッタたち.

まずはこのアルビノ・バイオアッセイを使って赤茶色型バッタがコラゾニンをもっているかどうかを確かめることにした。今回の実験方法としてまず赤茶色型バッタの頭部を解剖し、ちょうど脳の後ろに位置する側心体を摘出し、それをアルビノのトノサマバッタに移植する(写真5・1)。そして器官移植されたアルビノが脱皮後にどの程度黒くなったかどうかを調査した。また、比較のためにサバクトビバッタの正常型とアルビノの側心体もトノサマバッタのアルビノに移植した。移植されたトノサマバッタのアルビノの体色を白いものから真っ黒いものまで田中先生の基準に倣って四つのレベルに分けて判定した(Tanaka, 1996)。実験の結果、赤茶色

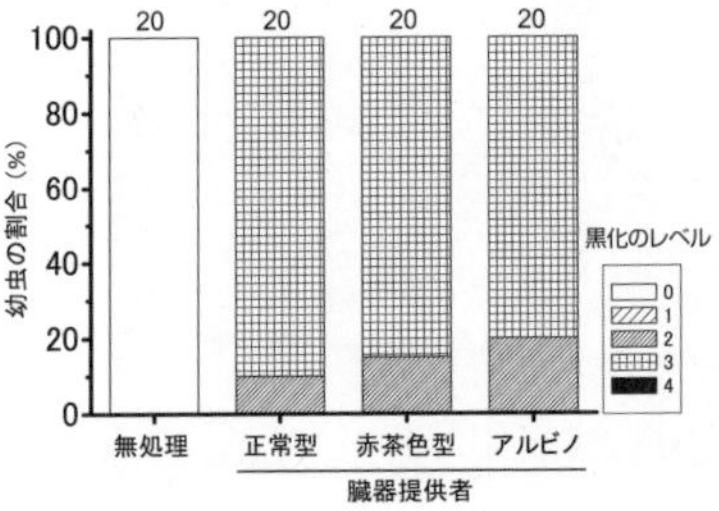

図5・8　サバクトビバッタの正常型，赤茶色型およびアルビノから摘出した側心体をトノサマバッタのアルビノに移植し，黒化の程度でコラゾニン活性の程度を判断した．黒化レベルはTanaka（1996）に基づいて4つに分けた（0：黒化なし，1～3：黒化増加，4：全身黒化）．コントロールは何も移植しなかった無処理．棒グラフ上の数字はサンプル数（Maeno & Tanaka, 2010a を改変）．

型の側心体を移植されたトノサマバッタのアルビノの体色は、正常型やアルビノの側心体を移植された場合と同程度黒化していた（図5・8）。これは赤茶色型の側心体が正常型と同じように働いてコラゾニンを分泌していることを意味していた。この結果から、別の可能性として、赤茶色型バッタはコラゾニンに対する反応が鈍くなっているので正常に黒化できないことが考えられた。この可能性を調べるために今度はさまざまな濃度のコラゾニンを赤茶色型バッタに注射してみることにした。

黒さの程度は見た目のレベルで分ける方法もあったが、微妙な違いだとどうしても主観がはいってしまう。そこで市販の画像を加工するソフトウェア（Photoshop）とスキャナーを利用した。冷温麻酔したバッタをスキャナーの台座に体の側面が下になるように並べてスキャンするのだが、カメラを使って写真を撮るのと違い毎回同じ角度、距離で、しかも複数匹まとめてスピーディに撮影できるメリットがある（写真5・2）。記録した画像はPhotoshopを用いてバッタの顔や前胸などの輝度を測定して黒さの程度を定量化した。気の毒な読者が生まれないように念のため一言添えておくが、バッタを台座に並べたその上に脱脂綿をクッション代わりに乗せて置く必要がある。これをせずにフタをしめてスキャナーが潰れたバッタの体液まみれになってもいいというのなら構わないが。もちろんこの方法も田中先生が開発したものだ。

赤茶色型の二齢幼虫にさまざまな濃度のコラゾニンを注射して、三齢になってからコラゾニンの黒化に及ぼす影響を調査した。その結果、高濃度のコラゾニン処理した赤茶色型バッタは、正常型のものと見分けがつかないほど黒くなった(図5・9)。頭部の輝度を測定したところ、高濃度のコラゾニンを処理するほど輝度は低くなっており、見た目だけではなく数値的にも裏付けられた(図5・10)。どうやら赤茶色型バッタはコラゾニンの濃度の違いにも反応できるようだ。しかし、この注射したコラゾニンは人工的に合成したものなので、実際にバッタの体内で作られている自分たちのコラゾニンに対してどう反応しているか確認しておく必要がある。

写真5・2　スキャナーに並べたバッタ．まさかバッタがスキャニングされているとは製造元も思うまい．

図5・9　(A)赤茶色型に油のみ注射したコントロール．(B)赤茶色型に高濃度のコラゾニンを注射した．(C)無処理の正常型．高濃度のコラゾニンを注射した赤茶色型幼虫は強く黒化し，正常型との区別はつかなくなる．

そこで、さらに赤茶色型の二齢幼虫に、五齢幼虫の正常型、赤茶色型、アルビノから摘出した側心体を移植し、コラゾニン注射の場合と同様に黒化に及ぼす影響を調査した。その結果、どの側心体を移植された場合も赤茶色型のバッタは同様に黒化した(図5・11)。これら

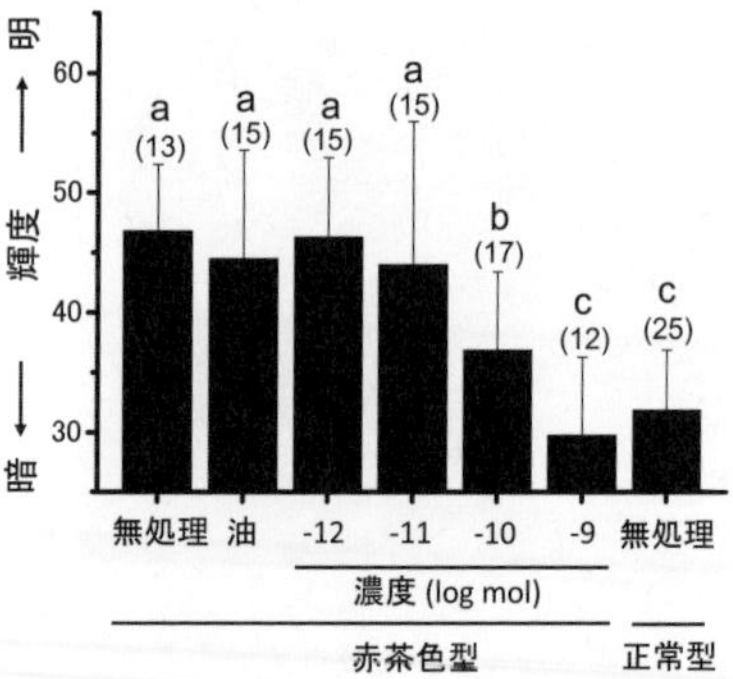

図5・10　さまざまな濃度のコラゾニンを赤茶色型の2齢幼虫に注射し，3齢時における黒化に及ぼす影響を調査した．黒化の程度は頭部の輝度を測定した．高濃度のコラゾニンを処理するほど輝度は低下した．無処理と油のみ注射したものをコントロールとした．正常型は無処理．図中の異なるアルファベットは各区間で統計的に有意な差があることを示す（Fisher's PLSD test; $P < 0.05$）．図中の括弧内の数字はサンプル数（Maeno & Tanaka, 2010a を改変）．

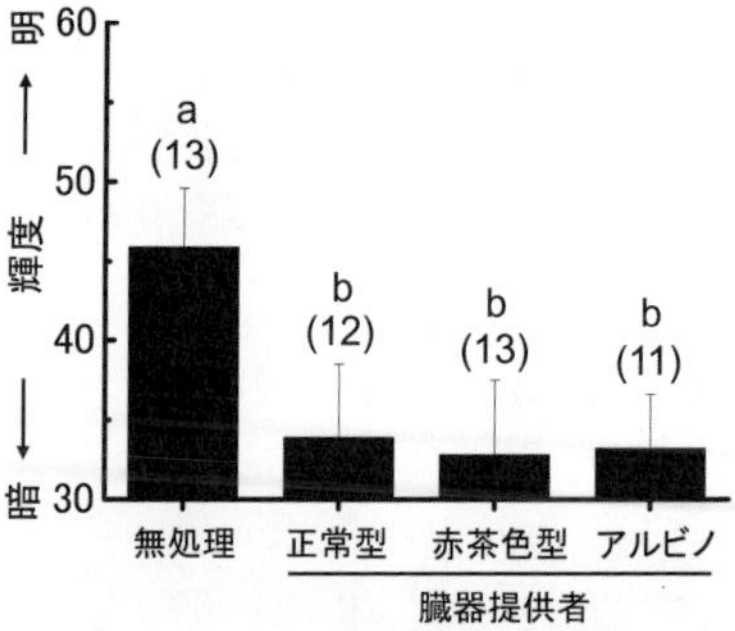

図5・11　正常型，赤茶色型およびアルビノ5齢幼虫から摘出した側心体を2齢の赤茶色型幼虫に移植し，3齢幼虫の黒化に及ぼす影響を調査した．黒化の程度は頭部の輝度を測定した．臓器提供者に関わらず赤茶色型幼虫は側心体移植により黒化が誘導された．コントロールは無処理．図中の異なるアルファベットは各区間で統計的に有意な差があることを示す（Fisher's PLSD test; $P < 0.05$）．図中の括弧内の数字はサンプル数（Maeno & Tanaka, 2010a を改変）．

の結果からいくつかの可能性が考えられた。(一)赤茶色型の側心体は正常型と同量のコラゾニンをもっているが体内にあるときには少量しか分泌しない、(二)赤茶色型の側心体は正常型と同量のコラゾニンをもち、正常に分泌しているがコラゾニンに対する感受性が低いため強く黒化できない、(三)色素発現の経路に異常がある、といったものだ。他にも可能性があり、原因の特定には至ってないが、この赤茶色型突然変異体を駆使することでさらにサバクトビバッタの体色発現のメカニズムが解明できる可能性がある。長年に渡って田中先生が体色のホルモン制御の金字塔を打ち建てていたおかげでこのようなアプローチが可能になった。遺伝様式とホルモン制御の研究成果を一つにまとめて論文発表することになった(Maeno & Tanaka, 2010a)。

「前野君、これは良い仕事をしたね。今まで誰も想像がつかなかったバッタの体色発現の仕組みを初めて解明した研究だよ。きっとどこかの教科書で紹介されるよ」と、田中先生からお褒めの言葉を頂戴した。先生の予言は的中し、投稿した英国の昆虫学会誌『Physiological Entomology』の二〇一〇年度のもっとも数多くダウンロードされた論文のトップ三に選ばれた。私たちの研究を世界中の昆虫学者たちが読んでくれたかと思うと嬉しさもひとしおだった。これでまた一つ、孵化幼虫の形質決定に関する知見が得られた。たまたま見つけた突然変異体を使い、イタズラで偶然生まれた結果なのでラッキーな研究成果なのだが、日々の注意深い観察と遊び心は新発見を産むために重要だということを実感した。

成長という名の試練

研究は順調そうに見えたが、その裏で私は悩んでいた。研究成果は論文となり、着実に業績を重ねているのだが、今回のような仕事を続けるようではこれ以上研究者として成長できないのではないかと不安を感じていた。体色や成虫形態の仕事は田中先生の専売特許で、何かやろうとしても、すでにそこには答えに辿り着くまでのレールが敷かれてあり、自分自身で考え、工夫する機会が少なく、一言で言えば楽なのだ。いつまでも師匠の恩恵に預かり、勝てる勝負ばかりしていて、果たしてそれでいいのだろうか？　そして、研究内容とは別の重圧がのしかかってきていた。「田中誠二の弟子だから、さぞかし研究できるんでしょ？」「業績があるんだから相当研究できるんでしょ？」偉大な師匠をもったことと、実力以上の業績をもった代償は、周囲からの過度の期待だった。

レールや道しるべがなくとも自力でゴールに辿り着く技を身につけておかなければ、独り立ちした後苦労するのは目に見えていた。刻一刻と迫る巣立ちのときまでに自力で知りたいことを知るための実力をつけておくことが世界で闘う研究者としてやっていくための絶対条件だった。そのためにも、先生をはじめとする歴代のバッタ研究者たちが今まで誰も手をつけていない問題と格闘しなければ、真の実力は得られないと危惧していた。

研究業績を残さなければ、研究者への道は容赦なく閉ざされてしまう。未知の領域に手をだすと研究がドロ沼に陥ってしまう恐れがあるが、その反面、底知れぬ可能性を秘めている。「無難にいくか、危険を冒すか」この頭を痛める選択を迫られるのは研究者を志す者の宿命なのだろうか。これまでも大勢の若き研究者たちが、成長という名の試練に直面し、戸惑い、苦悩し、挫折してきたはずだ。色々な考えがあると思うが、たとえ危険とわかっていても、勝負を挑むのが若きサイエンティストとしての使命なのではないか。幼き日の黒帯（補）から逃げてしまった雪辱を、今こそ晴らすときなのではないか。静かに拳を握りしめ、進むべき道を定めた。

第6章

悪魔の卵

悪魔を生む刺激

バッタは混み合いに応じて行動や体色、体型などを変化させる。その混み合いとは他の個体との相互刺激のことだが、そもそも混み合いとは何なのか。まずは私たちにとって身近な朝の通勤ラッシュの電車を想像して欲しい。お疲れぎみのサラリーマンに、携帯にくぎ付けの学生と電車には人がたくさん乗っていてとても混み合っている。このとき、乗客は何をもって満員電車の中が混み合っていると認識しているのか。

混み合いは大きく三つの刺激情報に分けられる。一つ目は視覚的な情報、つまり見た目である。二つ目は匂いの情報、乗客たちが発する香りである。そして三つ目は接触による情報、つまりぶつかり合いだ。身動きとれずに隣の乗客に抑え込まれているというイメージよりは少しだけ隣の客と距離が空いていて電車が揺れるたびに隣の客とぶつかりあうのをイメージしていただきたい。どうだろう、この三つの中でどれが一番混み合いを知る情報として信頼度が高いだろうか？　私としては研ぎ澄まされた嗅覚を持ち合わせていないので、匂いだけで混み合い具合を知るのは自信がないが、視覚と接触情報からならその日の混みっぷりを知ることができそうだ。

では、バッタはどの情報を使って混み合いを認識し、相変異を発現しているのか。バッタ研究の長い歴史の中で、バッタの混み合い情報の認識・感受システムに関する議論は後を絶えなかった。ある者は、視覚が重要だといい、またある者は匂いだといい、そしてある者は接触こそが重要だといい、それぞれ主張張が食い違っていた。この混乱の最大の原因は、研究者たちがそれぞれ見ている相変異関連形質も違えば、たとえ同じ形質を見ていても定量法が違っていたりと、共通のものさしを使っていなかったからだろう。言い換えれば、相変異を定量化する手法が確立されていなかったのだ。これがないことにはバッタがどの情報に反応したのか、どれだけ反応したのかを安定して正確に判断することができない。

もちろんバッタ研究者たちはバッタの相の程度を定量化するための「ものさし」をこぞって開発してきた。先の章で述べた成虫形態は世界基準のものさしとして利用されているが、幼虫期に経験した混み合いの時間と程度が総合して影響するため、労力も時間もかかりすぎるので混み合いの情報を特定するための定量法には向いていなかったのだろう、この手の研究にはほとんど使われていない。幼虫の体色は、各齢期に経験した混み合いの影響は脱皮した次の齢期に現れるので比較的早く知ることができるのだが、体色はバラつきが大きいためなのか採用されてこなかった。そのようなことから色々な相変異関連の形質の中でも、混み合いに反応してわずか数時間で変化する行動を定量化する方法がもっとも多く採用されてきた。

幼虫の行動を最初に精力的に研究したパイオニア的存在は対バッタ研究所のエリス女史だ。彼女はバッタ研究者の中でも群を抜いてセンスが良く、トノサマバッタとサバクトビバッタの二種を使い、バッタを鏡で囲んだ筒に入れて、バッタが自分の姿を見て群生相化するかどうか視覚の影響を調べたり、容器の中に吊るした針金がモーターで機械的に動くようにしてバッタを触り続けて接触刺激の影響を調べたり、床にバッタを縛りつけ、他の個体がそのバッタに刺激を受けるかを調べたりと、あれこれと創意工夫を凝らして手間のかかる仕事をやってのけ、優れた業績をあげている(Ellis, 1956, 1959; Ellis & Pearce, 1962)。

エリス女史の結論は、接触刺激と視覚刺激が混み合いの情報としておもに使われているというものだった。彼女が使ったアッセイ方法はいくつかあり、そのうちの一つは、ドーナッツ状のアリーナを三十に区画分けして、その中に複数の幼虫を放ち、一つの区画にどれだけ個体がいるかで群生相バッタに特有の集合性の強さを定量したものがある。また別の方法では、マーチングと呼ばれる同じ方向に向かって集団で歩く群生相に特有の行進行動に注目したものがあり、マーチングを示す個体数で群生相の程度を定量化していた。彼女が確立したアッセイ法はその後採用されておらず、私が知っているだけでも八つの定量法が各研究室で使われており、いまだに世界的に共通のものさしが得られていないのが現状だった。行動を測定するのには特殊な技術や装置が必要だったりと他の研究者が追試できない状況が多々あった。行動の定量法を学びに海を渡ったフランス人のバッタ研究者に話を聞いたことがあるが、「あれは使いこなせないわ」と他の研究室が採用している定量法を否定していた。これまでこの本でも、「群生相的な行動」と一言で済ませてきたが、雑多な意味が含まれており、それが何を意味しているのか正確には私自身は把握できていない。もっと迅速、正確、簡単に相を定量化する方法を時代が待ち望んでいた。

Going my way　己の道へ

博士号取得を目前に控え、以前発見した「単独飼育しているメス成虫が混み合うと卵のサイズを大きくする反応」を利用すれば、サバクトビバッタがどの混み合い情報を感受しているのかを特定することができるのではと企んでいた。たとえば、単独飼育のメス成虫に何か処理を施して産卵させ、処理前の卵塊の卵サイズと比べて変化がなかったらはずれ、大きくなっていたら当たりという具合だ。まだメス成虫がどうやって卵サイズを変化させているのかも詳しくはわかっていなかったが、卵を測定することなど誰にでもできるので、このうえなく簡単な定量法だ。しかも大きな卵が産みだされるときは黒い悪魔が誕生するときで大発生を理解するうえでも重要な知見が得られる。これこそが、相変異研究の歴史を変える一手になるのではと熱い期待を寄せていた。

その日は休日で研究所の食堂も営業していないので、近くのコンビニに昼飯を買いに行く道すがら田中先生にこのアイデアを提案したところ、

「そんなめんどうなこと誰もやらないよ」と一蹴されてしまった。

「いや、処理してから四日後に結果がわかるんですよ」と主張したのだが、

「その処理をするまでの準備に二ヵ月かかるでしょ。実験するのにそんなに時間がかかるアッセイ法を使う研究者はいないよ。ま、前野君だったらやれるかもね」

と、さらりと流された。そうなのだ。簡単と言ったものの大量のバッタを手間のかかる単独飼育をして成虫にしなければならないのだが、これには一ヵ月かかる。さらに羽化してから産卵するようになるまで半月ほど単独飼育しなければならないし、いちいち砂の中から卵をほじくりかえさなければ定量化できない。孵化してから実験に使えるまで最短で四十五日ほどかかる計算だ。これまで試されてきた定量法の中

でもっとも準備に時間がかかってしまう。飼育、準備、実験にかかる労力と時間を冷静に考えると確かに現実離れした構想であった。ただ、今一度深く考えてみると、先生が完全に否定しなかったのはわざとだったのかもしれない。師匠ですら難しいと思っていることを弟子がやり遂げられたら、そこで得る自信の大きさは計り知れない。先生自身が、弟子の成長を待ち望んでおり、背中を押さずとも自力で動き始める弟子の姿を見たかったのかもしれない。この思惑とも思える一言に反骨精神を大いに刺激された。この頃の私のキャッチフレーズは、「誰にでもできることを、誰にもできないくらいやろう」だった。

メス成虫が混み合いに反応してどうやって卵のサイズを変えているのか。たとえ時間がかかろうとも、これこそが、自分がぶつかるべきテーマだと考えていた。

博士誕生

勝負を目前に、実験のデザインに追われる日々が続いた。この実験をするために鬼門となるのは孤独相のバッタを大量に準備することだった。しかし、この問題はちょっとしたアイデアでクリアできた。ハンター・ジョーンズ博士（Hunter - Jones,1958）は、孵化幼虫の形質を決定するのは母親が経験した幼虫期の混み合いではなく、成虫期の混み合いが重要であることを証明していた。つまり、幼虫期間は集団飼育をして、羽化してから単独飼育すればよいのだ。予備実験でこの現象を私たちの系統でも確認し、これによって多大な労力を削減することができ、実験が現実味を帯びてきた。

この頃、博士号を取得した後もサバクトビバッタの研究を続けていきたいと考えており、これまでの業績とこれからやっていこうとする研究内容を申請書にまとめ、田中先生の協力の下「バッタ類の相変異：密度依存的産卵能力の制御メカニズムの解明」という研究テーマで、日本学術振興会の特別研究員制度に応募したところ、幸いにも受理された。三年間月給三十六万円と年間八十万円の研究費を保証され、自分の好きな研究ができるとてもありがたい制度だ。奨学金で借金まみれになっていた身にとても優しかった。博士号をとってから、さらに三年間、田中先生の研究室でお世話になることになった。

ちなみに博士論文は、「サバクトビバッタの相変異：混み合いに対する生理的適応と子に及ぼす母親の影響」というタイトルで、農学博士号を取得した。博士だ。憧れの博士になれたのだ。これでまた一歩、昆虫学者への夢に近づいた。

混み合いの感受期

まずは単独飼育のメス成虫がどのように混み合いに反応して卵のサイズを変化させていたのかを振り返りたい。卵数についての説明は後回しにする。まず単独飼育のメス成虫は三十一度の飼育条件下では約四日間隔で小型の卵を産むが、産卵直後から混み合いにさらすと、次の産卵のときにはもう大きな卵を産む（図6・1）。ただし、まだ中型のサイズで、さらに次の産卵以降、七ミリメートルを超える大型の卵を産むことがわかっていた。中型の卵からは中途半端な黒さの幼虫が孵化してくるが、大型卵からは黒い孵化幼虫しかでてこない。

この実験結果は、疑問の塊だった。そのとき私たちが抱いた疑問を並べてみる。

（一）短期的な混み合いに対する反応

これまでの実験では、メス成虫を単独飼育から集団飼育に切り替えた後はそのままずっと集団飼育を続けたが、もし集団飼育が二日間や四日間のような短期間だった場合、バッタはどんな卵を産むのだろうか？　大きな卵を産んだ後、再び小さな卵を産むようになるのか？　それとも一度スイッチが入ってしまうと大きな卵を産み続けてしまうのか？

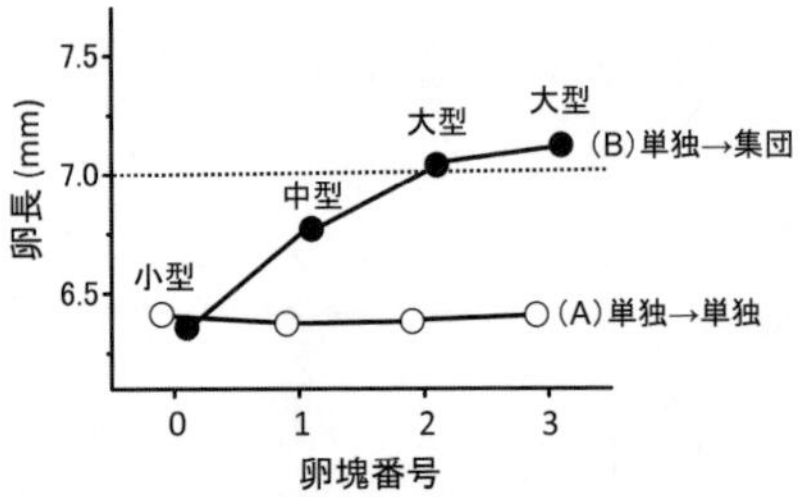

図6・1　単独飼育のメス成虫を引き続き単独飼育したもの (A) と集団飼育に移した後の卵サイズの変化 (B)．集団飼育に移すと，1卵塊目では中型の卵を産み，2卵塊目以降は大型の卵を産む．便宜上，7mm を超えた卵を大型卵と呼ぶ．産卵間隔は約4日間 (Maeno & Tanaka, 2008a を改変)．

（二）混み合いの感受期

単独飼育から集団飼育に切り替えてから次の産卵までの四日間のうちいったいいつ混み合えば次の産卵で大きな卵を産むのか。前半、後半のいずれか混み合っていれば十分なのか？　それとも四日間通して混み合わなければならないのか？　卵を大きくするために混み合っていなければいけない時期、つまり混み合いの感受期はいつか？

(三)異なる大きさの卵を生産する仕組み

単独飼育から集団飼育に切り替えてから一卵塊目では中型の卵が、二卵塊目以降では大型の卵が生産された。中型と大型の卵を産むためには、メス成虫はいつ、どれくらいの期間混み合えばいいのだろうか？

ここで掲げた疑問に答えることは、卵サイズが決定する仕組みを理解するばかりではなく、これから行おうとしている混み合い情報として使われている視覚、匂い、接触刺激を特定するためのバイオアッセイ法を確立するためにはどうしても必要だった。

これらの疑問にいっきに答えるために、さまざまな長さの混み合い処理を産卵後のさまざまな時期に単独飼育メス成虫に処理して、どんな卵を産むのかを調査することにした（図6・2）。具体的には、三十一度のもとでは、単独飼育メスの産卵間隔は約四日間なので産卵直後の二日間（前半）、その後の産卵直前の二日間（後半）に分けて色々な組み合わせで高密度にさらし、再び単独条件に戻してその後四卵塊産卵させて、卵塊ごとの卵サイズの

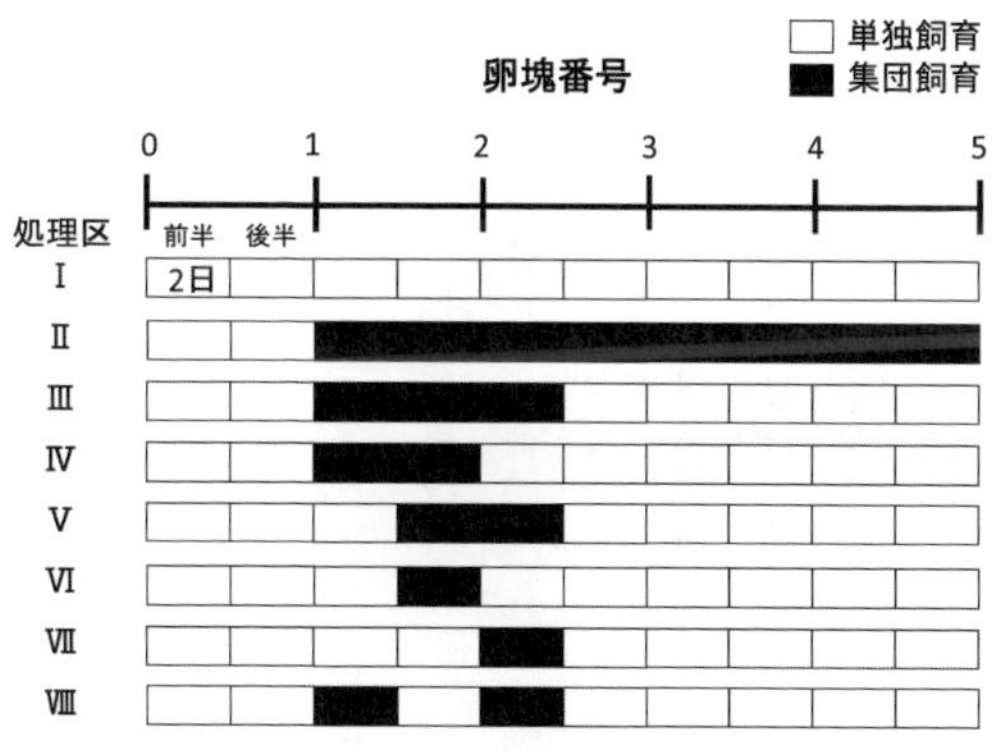

図6・2　混み合いに反応して大きい卵を生む仕組みを解明するための実験スケジュール．単独飼育メス成虫を産卵後さまざまな時期にさまざまな長さの混み合いにさらし，その後単独飼育に戻し再び採卵した．便宜上，産卵後の2日間を前半，産卵直前の2日間を後半と呼ぶ（Maeno & Tanaka, 2010c を改変）．

変化を追った。

感受期特定実験 ①長期間の混み合いの影響

続々とバッタは卵を産み始め、測定に追われた。数十万個の卵を数えあげ、一〇センチメートル近くまで積み重ねられたデータ用紙を集計して、すべての結果が出揃った。得られた結果はきわめて複雑なもので解析に頭を悩ませたが、バッタの体内で卵のサイズが決まる仕組みが見えてきた。これから図6・2の実験スケジュールと照らし合わせながら、結果を読み進めていただきたい。

まずは基本となるコントロールの反応から説明したい。単独飼育し続けたメスはコンスタントに小さな卵を産んだ（図6・3A、処理Ⅰ／単独飼育のコントロール）。単独飼育から集団飼育に移したものでは、次の産卵では中型の卵を産み、さらに次の産卵では七ミリメートルを超す大型の卵を産み、その後安定して大型の卵を産み続けた（図6・3B、処理Ⅱ／混み合い処理のコントロール）。

次に産卵直後に四または六日間の混み合いにさらした結果を述べる。メスを六日間混み合いにさらす実験区では、処理Ⅱと同じパターンで二卵塊続けて産んだが、その後小型の卵を再び産み始めた（図6・3C、処理Ⅲ）。四日間混み合わせたときは、処理Ⅲと同じように次の産卵では中型の卵を産んだが、三卵塊目の卵は七ミリメートルを超えず、再び中型の卵を産み、その後小型の卵を産み始めた（図6・3D、処理Ⅳ）。同じく四日間の混み合いを産卵二日前から処理すると、次の産卵では卵のサイズは小型のまま

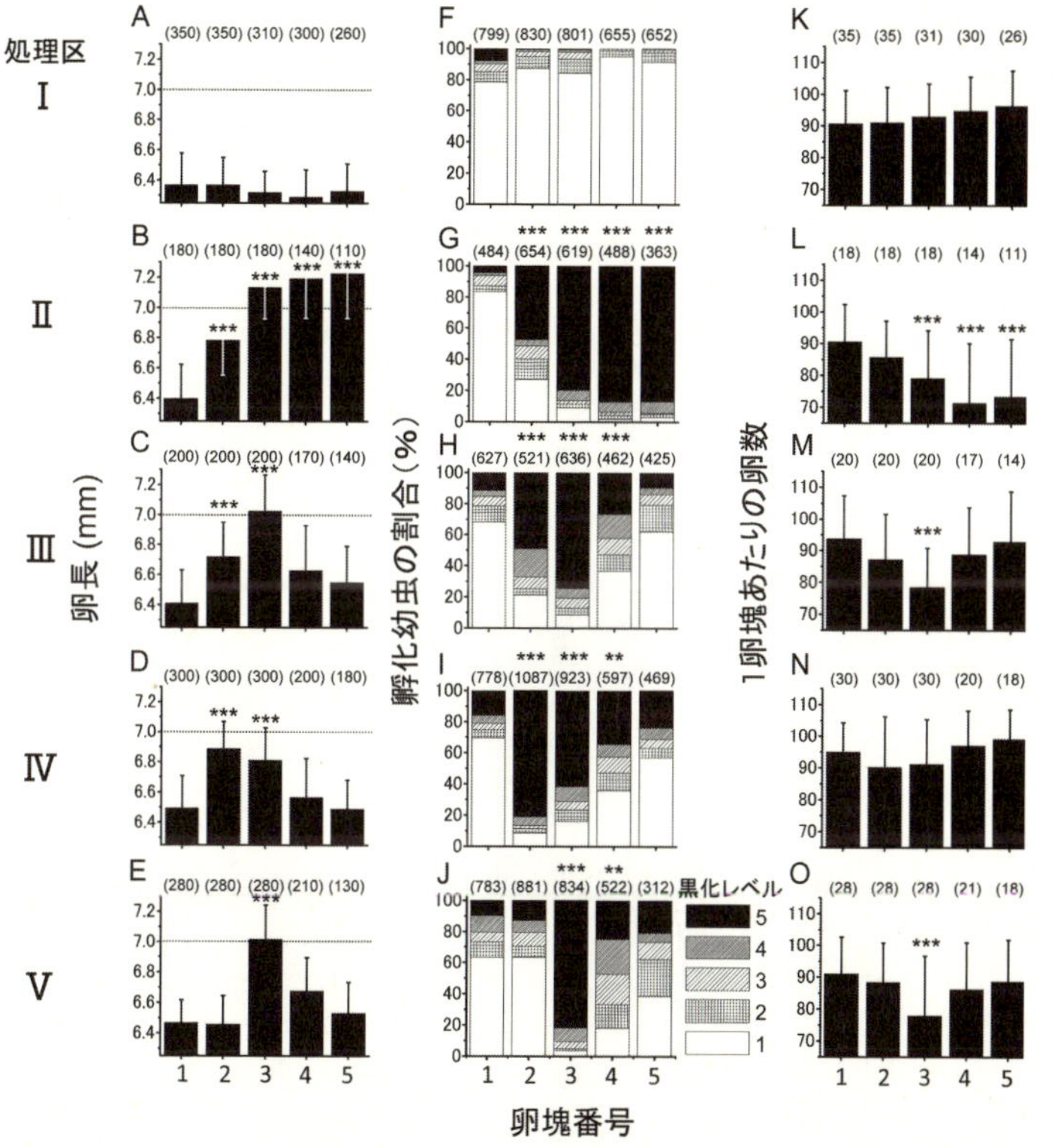

図6・3　処理IからVまでの卵サイズ（A～E），孵化幼虫の割合（F～J），1卵塊あたりの卵数（K～O）の結果．アスタリスクは1卵塊目との比較で統計的に有意な差があることを示す（*t*-test; **, $P < 0.01$:***, $P < 0.001$）．孵化幼虫の体色のデータは，1卵塊あたりの緑色の幼虫の割合をアークサイン変換後解析に用いた．図中の括弧内の数字はサンプル数（Maeno & Tanaka, 2010c を改変）．

だったが、その次の産卵でいきなり七ミリメートルを超える大型の卵を産んだ（図6・3E、処理Ⅴ）。そして、その後、卵サイズは再び小型化した。これらの結果をまとめると、（一）短期的な混み合いは一時的に卵サイズに影響する、（二）産卵直後の前半二日間の混み合いの影響はすぐ次の産卵に影響し、後半二日間はその次の産卵に影響する、（三）産卵を挟んだ四日間（後半二日間と前半二日間）混み合うと大型の卵を産みだすことが示唆された。

感受期特定実験 ②短期間の混み合いの影響

次はさらに混み合う期間を短くして二日間という短期間の混み合いの影響を調査した。感受期二日間のうち、前半（処理Ⅵ）と後半（処理Ⅶ）で感受性が変わっているかどうか調査した。その結果、卵のサイズは同じように大きくなったことから、感受性は前後半で差がないと考えられる（図6・4A、B）。

長期間の混み合いの影響を調査した際に、特定の時期に四日間連続して混み合うと大型の卵を産んだ。では、二日間の混み合いが単独飼育を挟んで合計で四日間になったときでも大型の卵が生みだされるのか調査したところ、処理後一、二卵塊目は七ミリメートルを超えることはなく中型の卵のままだった（図6・4C、処理Ⅷ）。このことから、二日間の混み合いは累積せずに、大型の卵を産むためには四日間連続して混み合わなければならないことがわかった。

確認のために孵化幼虫の体色も調査したところ、卵のサイズの変化に伴って変化し、卵が大きくなると黒化し

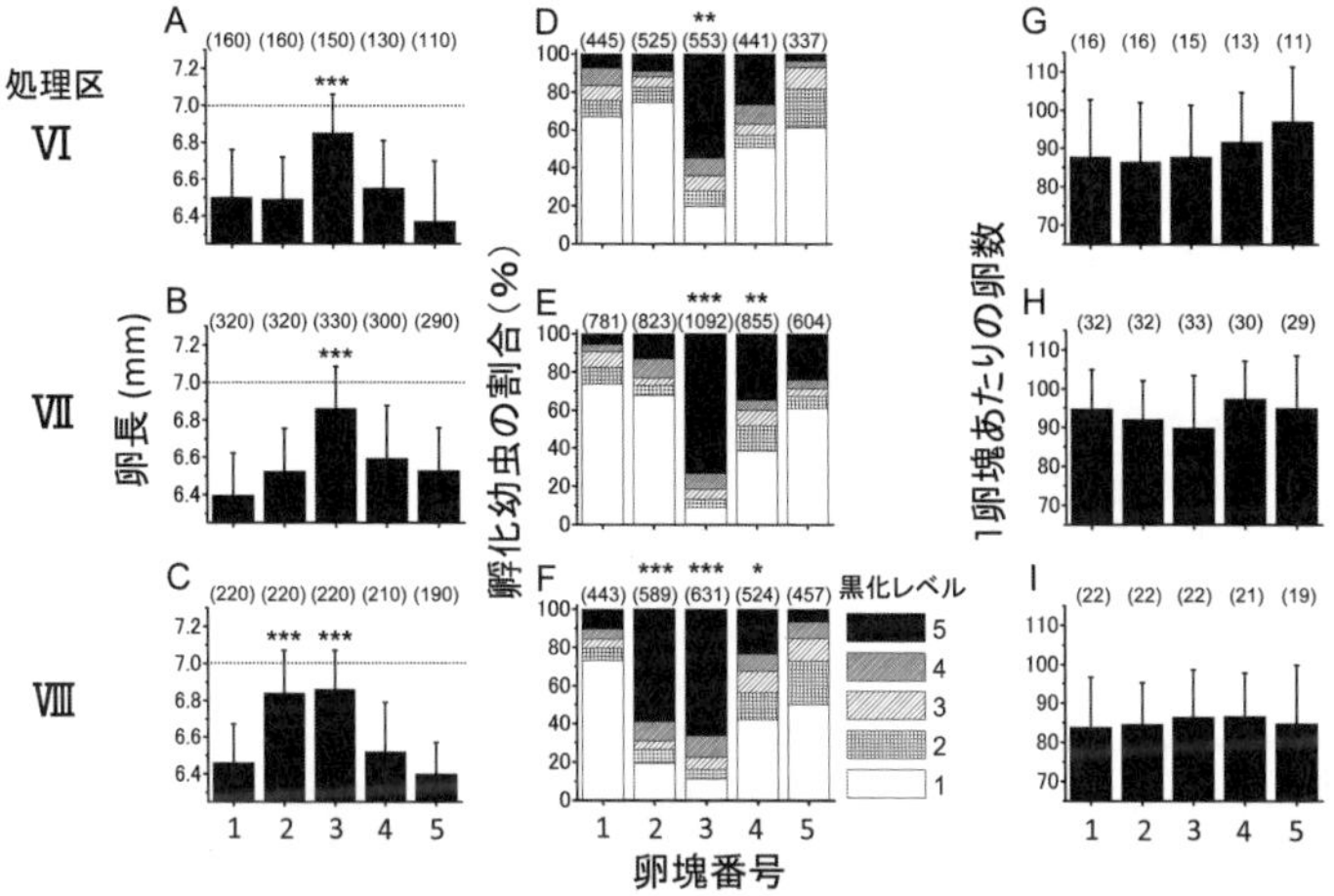

図6・4　処理ⅥからⅧまでの卵サイズ（A～C），孵化幼虫の割合（D～F），1卵塊あたりの卵数（G～I）の結果．アスタリスクは1卵塊目との比較で統計的に有意な差があることを示す（*t*-test; *, $P < 0.05$:　**, $P < 0.01$: ***, $P < 0.001$）．孵化幼虫の体色のデータは，1卵塊あたりの緑色の幼虫の割合をアークサイン変換後解析に用いた．図中の括弧内の数字はサンプル数（Maeno & Tanaka, 2010C を改変）．

た孵化幼虫の割合が増加した（図6・3、6・4）。卵の数に関しては、一言で言うと卵が七ミリメートル越えるときに同調して、一卵塊あたりの卵数が有意に減少する傾向がみられた（図6・3、6・4）。

混み合いの感受期のモデル

産卵後色々な時期の単独飼育メス成虫を解剖すれば、卵巣小管内で卵がどのように発育していくのか、その過程がわかる。いったいいつ混み合うと卵サイズに変化が現れるのか今回の実験で得られた結果と卵巣小管内の卵サイズを対応させて、混み合いの感受期のモデルを準備した（図6・5）。まず卵Aについてだが、産卵二日前の混み合いは次の産卵には影響しないため、卵サイズは変化しない。これは、卵巣小管内の卵が四ミリメートルを超えるともはや混み合いの影響は受けないことを意味している。次に卵Bについてだが、産卵の二〜六日前の四日間を通して混み合うと大型の卵になる。これは、卵巣小管内の卵一・五〜四・〇ミリメートルに対応している。一・五ミリメートル以下のときの混み合いには影響されない。この四日間の前後半の二日間のどちらが混み合っても同じような中型の卵が産まれるため、この前後半の混み合いの感受性に違いはないと考えられる。次に卵Cについてだが、感受期よりも前の二日間の混み合いの影響は累積して産卵に影響することはなく、大型の卵を産むためには感受期の四日間を通して混み合わなければならない。後半の混み合い処理の影響が処理後一卵塊目ではなく、二卵塊目で現れるのは、卵は連続して作られているので、卵巣小管内の次の卵の感受期に混み合い処理が重なったためと考えればうまく説明する

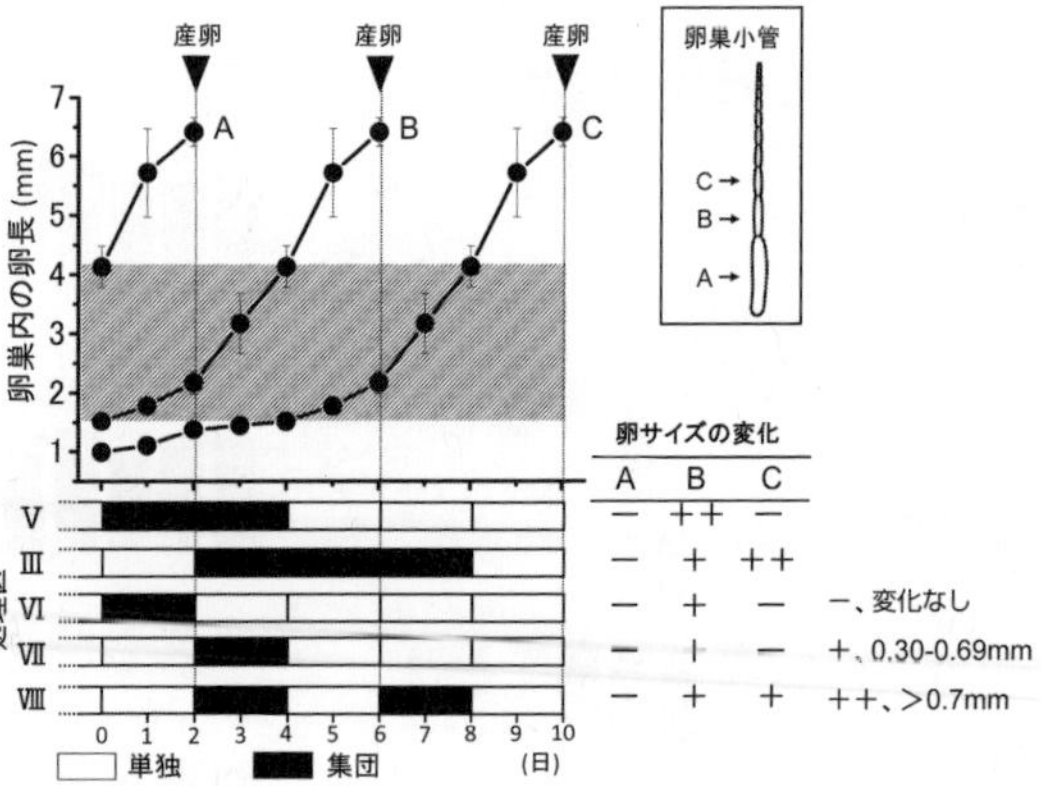

図6・5　図6・2の実験から得られた結果を基に想定した卵サイズを決定する混み合いの感受期のモデル．卵巣内の発育中の卵と混み合いにさらした時期との関係を示す．卵巣小管内の異なる発育ステージの卵をA，B，Cと呼ぶ．卵Aの場合：産卵前の2日間は卵サイズに影響しないため混み合いの有無に関わらず卵サイズは変化しない．卵BとCの場合：産卵2〜6日前（卵が1.5〜4mmのとき：図中の塗りつぶし）に混み合うと卵サイズは増加する．この4日間を通して混み合うと大型の卵になり，一部だけだと中型の卵が生産される．短期的な混み合いの影響は蓄積せず，速やかに消失する．卵サイズの変化は，3つ（−：変化なし，+：0.30-0.69 mm，++：0.7 mm）に分けた（Maeno & Tanaka, 2010C を改変）．

ことができる。何という複雑なシステム！

一見するとまるでメス成虫が混み合った時期や期間を記憶し異なるサイズの卵を作り出しているように見えるが、実際には感受期に経験した混み合いに従って卵サイズを制御しているようだ。あらかじめプログラムされている本能に基づき精巧に卵サイズを決定している姿はさながら精密機械だ。

泡説のシンプソン教授たちは以前、単独飼育メス成虫を〇、七、十四、二十一、二十八日に集団飼育に四十八時間さらし孵化幼虫に及ぼす混み合いの影響を調査していた（Bouaïch et al., 1995）。その論文によると二十八日に近ければ近いほどより子の群生相化が誘導されていると報告しており、産卵直前の混み合いが子の群生相化に有効であると結論づけられていた。しかし、重要なのはメス成虫の日齢ではなく、卵を産み始める時期は個体ごとに異なっているので産卵日を揃えることで、そして処理後何卵塊目に産卵されたものかをきちんと揃える必要がある。このことを考慮せずにいくら実験しようとも、曖昧な答えしか得られないはずなのだが。実際に、今回得られた私たちの感受期の結果では、産卵直前の二日間の混み合いは次の産卵時の子の形質に無関係であることを示しており、彼らの泡説の主張の根底とまったく異なっている。

バイオアッセイの確立

単独飼育しているメス成虫は混み合うと大きな卵を産むがその大きくなる程度にはバラつきがあった。卵がどれだけ大きくなっていれば混み合いにメス成虫が反応したと判断していいのか基準を設ける必要が

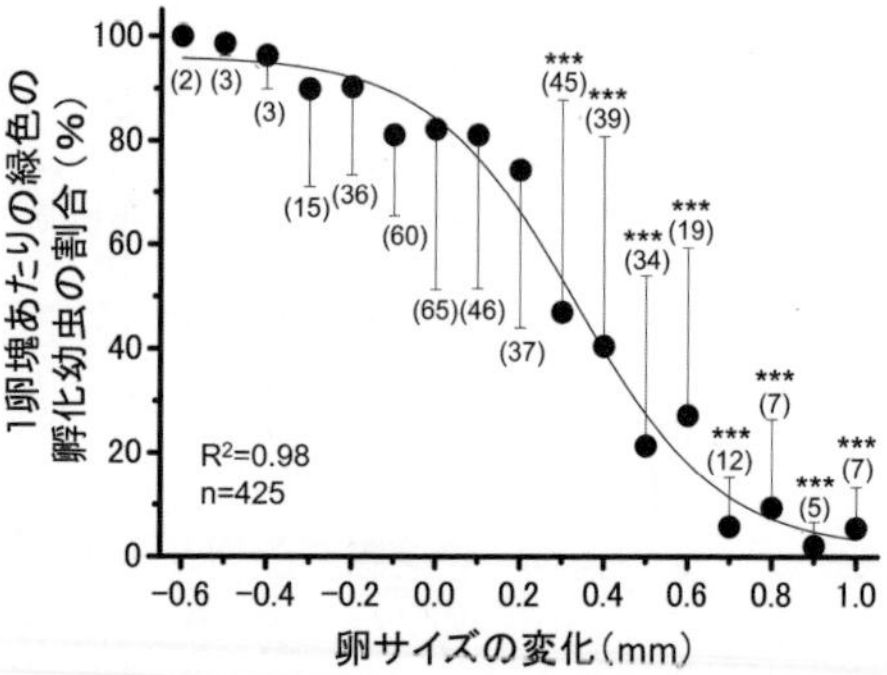

図6・6　図6．2の実験から得られた卵塊を用いて卵サイズの変化（卵塊番号1の卵サイズをその後採卵した卵塊の卵サイズから引いた差）に対する1卵塊あたりの緑色の孵化幼虫の割合を示した．卵が大きくなるにつれ緑色の孵化幼虫の割合は減少した．卵サイズが変化しなかったもの（0mm）に比べて卵が0.3mm以上大きくなると1卵塊あたりの緑色の孵化幼虫の割合は有意に減少する．アスタリスクは卵サイズが変化しなかったもの（0mm）との比較で統計的に有意な差があることを示す（*t*-test; ***, $P < 0.001$）．解析には90%以上緑色の幼虫が孵化した卵塊番号1を産んだメス成虫を用いた．孵化幼虫の体色のデータは，1卵塊あたりの緑色の幼虫の割合をアークサイン変換後解析に用いた（Maeno & Tanaka, 2010C を改変）．

あった。そこで、卵のサイズがどれだけ変化したのか、その変化量と一卵塊あたりの緑色の孵化幼虫の割合を調査し、卵のサイズが変化しなかったものに比べてどれだけ卵サイズが大きくなれば統計的に緑色の孵化幼虫の割合が有意に減少したのかを見極めてみた。その結果、〇・三ミリメートル以上卵が大きくなると緑色の孵化幼虫の割合が統計的に有意に減少することがわかった（図6・6）。この結果から、処理前の卵に比べて〇・三ミリメートル以上大きな卵を産んだメス成虫を混み合いに反応したとみなすことにした。そして、生理状態を揃えて実験を行うために基本的に産卵後二日間だけ混み合わせることにした。この方法なら、次の産卵時には処理の結果がすぐにわかる。

　そして、確認しておかなければならないことがあった。幼虫期も成虫期も単独飼育した典型的な孤独相のメス成虫と幼虫期は集団飼育して羽化後単独飼育に移した群生相の形態をしたメス成虫で二日間の混み合いに対する反応が異なっていると問題である。ここに違いがあると、私たちの実験結果は異常なバッタを使用したからだとつっこまれてしまう恐れがあった。そこで幼虫期に異なる密度で飼育し羽化後両者を単独飼育した個体を用いて二日間の混み合いにどう反応するのか調べた。その結果、両者ともに同じように大きな卵を産むことがわかった(Maeno et al., 2011)。この方法をバイオアッセイとして利用すれば、念願の混み合い情報の特定が可能になるはずだ。

壁の向こう側

混み合いの感受期特定の仕事は昆虫生理学雑誌『Journal of Insect Physiology』に投稿して、受理された。このとき、通常は事務的なやりとりしか交わされないが、編集長を務める昆虫生理学の大家デンリンガー教授に「これは良い仕事だ」と一言添えていただいたのだが、とても嬉しかった(Maeno & Tanaka, 2010c)。

地味で複雑な研究でどこにおもしろみがあるのか理解しにくいかもしれないが、ずっとこんな研究を待ち望んでいた。実験中、不可思議なデータがとれ続け、先が見えなかったが、自分の進んでいる道を信じた。一筋縄ではいかないその難しさともどかしさに、逆に探究心を発憤させられ、きわめてエキサイティングな日々をおくれた。こんな研究がしたかった。

研究では、立ちはだかる壁を乗り越えると、興味深いデータが入れ食い状態になることがある。今回の「混み合いの感受期の特定」という壁は、ある意味今まで難攻不落であったため、これを攻略できたことにより、暗闇の中に、まだ誰も通ったことのない相変異の本質に切り込んでいく一本の道筋が浮かびあがってきた。この道、進まない手はない。

混み合いがもつ三つの刺激

視覚、匂い、接触のどれをメス成虫は混み合いの情報として認識しているのか？　複数の情報が同時に必要なのかもしれないので、さまざまな組み合わせで処理して、メス成虫の反応を調査することにした。実験としては、視覚の有無はバッタの複眼を黒く塗り潰すことにした。バッタの体表は防水加工になっており、マジックではうまく複眼を塗り潰すことができない。別の材料を探そうとしたところ田中先生がアドバイスをくれた。「黒いマニキュアがいいんじゃないかな」マニキュアといえば女性の化粧品だ。そんなものまでも研究に使おうとするなんて常日頃研究のことを考えていなければならないはずだ。私は、決意し、恥を忍んで百円均一のお店に実験材料の調達に向かった。すべては研究のためだ。頬を赤らめながらも化粧品をレジのおばさんに差し出す。「おばさん違うんです。私には女装する趣味はありません。これはすべて研究のためなんです。信じてもらえないと思いますが、まさかのバッタの複眼を塗り潰すためなんです。」心の中で弁解をし、目を合わせずに会計を済ませ、レジ袋ごとズボンのポケットにつっこみ足早にその場を去った。よし、これで目潰しができる。

匂い情報を与えるために集団飼育している性成熟した成虫一〇〇匹ほどが入った飼育ケージをビニール袋で囲い、その中にエアーポンプを置いて中の空気をホースを通して外に送り出すことにした。ホースの先は大きめのビニール袋の中に差し込みバッタの匂いを充満させた。これを使えば匂いの情報の効果を確かめられる。

そして、透明な容器の中にバッタを入れれば、接触させずに他のバッタを見せることができる。ちょうど手頃な透明な容器がないか探してみた。こんなときは業者さんに頼むのがてっとり早いのだが、何か身近なもので代用品はないか探していたところ、清涼飲料水の一・五リットル入りのペットボトルが透明でちょうどいい大きさだった(図6・7、写真6・1)。それからというもの、私たちは十分な数の実験容器を揃えるために、来る日も、来る日もひたすら清涼飲料水を飲み続けた。そして、手元には二〇〇本を超える空のペットボトルが積みあげられていた。己の健康を犠牲にしてまで真実に立ち向かわんとする研究者魂が芽生え始めていた(中身を捨てるという選択肢は私たちにはなかった)。

刺激を色々な組み合わせで単独飼育メス成虫に処理して、処理前と比べて大きな卵を産んだメス成虫の割合を調査した。その結果、視覚や匂いは混み合い情報として認識されず、接触刺激がないとメス成虫は混み合いに反応できないことがわかった(図6・8)。

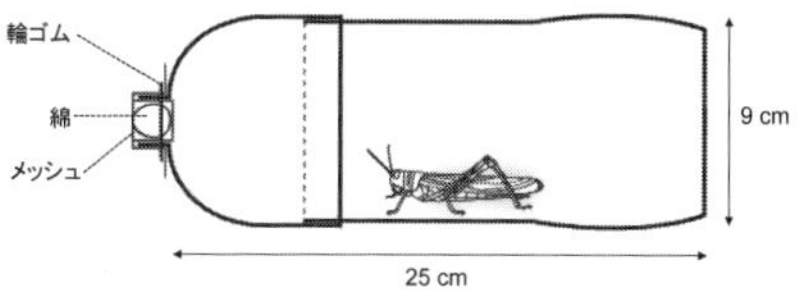

図6・7　1.5ℓ入りのペットボトルを用いた飼育容器(Maeno et al., 2011を改変). 容器の中と外のバッタが接触できないようにフタの部分をナイロンメッシュでカバーした.

写真6・1　ペットボトルを用いた実験風景.

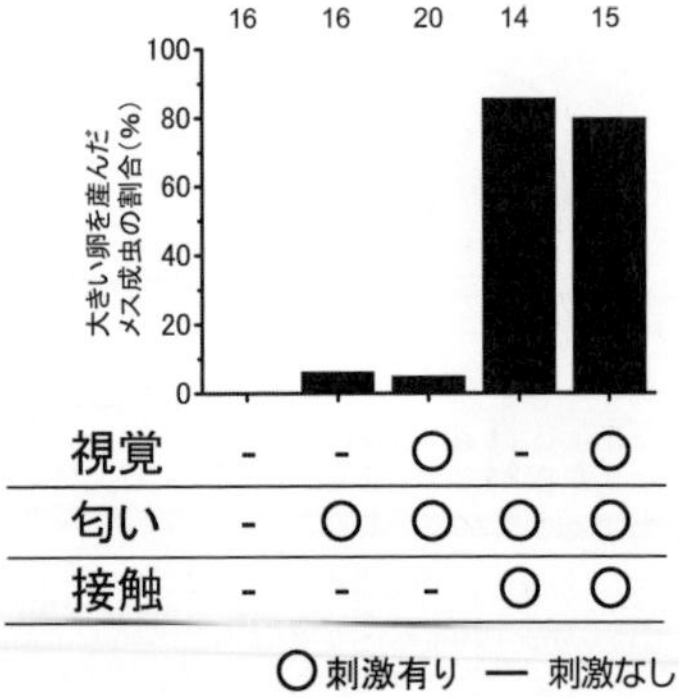

図6・8　混み合い刺激の特定実験．混み合いの視覚，匂い，接触刺激をさまざまな組み合わせで単独飼育メス成虫に処理し，大きい卵を産むかどうかを調査した．処理前の卵に比べて0.3mm以上大きい卵を産んだメスの割合を示した．接触刺激に反応してメス成虫は大きい卵を産む．棒グラフ上の数字はサンプル数（Maeno et al., 2011を改変）．

接触と匂いとを分離できなかったが、匂いだけや、匂いと視覚の組み合わせにメス成虫は反応しなかったことから、匂いは重要ではないと考えられた。メス成虫は接触、つまり他個体と直接ぶつかり合うことで混み合いを認識していることがわかった。確かに野外では強風のときには匂いを正確に嗅げないだろうし、視覚に頼っていたら風にそよぐ草花をバッタと見間違えてしまうかもしれない。それに比べて直接バッタ同士で触れ合うことはより信頼のできる情報だと考えられる。

それではバッタは体のどこで接触刺激を感じているのだろうか？　人間の場合、接触刺激に対する感受性は体の部位によって異なっており、そっと触られただけでもビクッと感じてしまう敏感な部位もある。はたしてバッタは…。体表のどこでも同じように接触刺激を感じている可能性もあるし、どこか特定の部分だけの可能性もある。過去の知見を調べあげたうえで攻めることにした。

バッタのGスポット

群生相化を英語で「Gregarization」と言うのだが、群生相化を誘導する接触刺激を感受する部位は通称「Gスポット」と呼ばれている。バッタ研究者たちの手によってバッタのGスポットが探られていたが、意見は割れていた。

モードュ博士は、サバクトビバッタの群生相幼虫の触角や脚の先端（ふ節）を切除する実験を行い、集団飼育条件下にもかかわらず触角を切除すると体色が緑色になり孤独相化することを発見していた(Mordue（Luntz), 1977)。脚の先端を切除しても体色は群生相のままであったため、体色が孤独相化したのは傷の影響ではなく、触角がGスポットだと結論づけた。これよりも前にエリス女史も触角を切除すると集合性が低下し、孤独相化することを確認していた(Ellis, 1959)。これに対して、泡説でお馴染みのシンプソン教授たちは、網状の箱に孤独相幼虫を入れて、筆で体のいくつかの部位をピンポイントで四時間こすり続けて、どこをこすったときに群生相的な行動が誘導されるかを調査した。その結果、後脚の腿節（いわゆる太もも）をこすった場合が一番群生相的な行動をしたと報告している(Simpson et al., 2001)。後脚の腿節をバッタは自分では触ることはできず、他の個体にしか触れられないため信頼度の高いGスポットであるという説明をしていた。

どうやら触角と後脚が候補らしい。先人たちは幼虫で調査しているが、はたして成虫ではどうなっているのか。そして、ここで一つ注意しなければならないのは、私たちは成虫の卵サイズに着目しているが、彼らは幼虫の行動と体色に着目している。昆虫では発育ステージが進むと器官が発達してくるため、幼虫のときにできなかったことが成虫になってからできるようになったりする。幼虫と成虫とでは、異なるGスポットを使用していることも十分に考えられる。そして、着目している相変異関連形質によってGスポットが変わっている可能性もある。触角からの刺激は体色用に、後脚からの刺激は行動用に使われている可能性も捨てきれない。先人の知見はあくまで参考とし、やはり私たちは独自に緻密な計画を組んでアプローチすることにした。メス成虫の接触刺激の感受部位を探る実験はペットボトルの中で行うことにした。これだといつも使っている単独飼育用のケージよりも狭いので、個体同士の遭遇率が高まると考えたからだ。

塗り潰し実験

サバクトビバッタの体表をじっくり眺めてみると、意外に全身にくまなく毛（感覚子）が生えていることに気づく。どこでも接触刺激を感じていそうな予感が漂ってきた。単独飼育しているメス成虫の体表の特定の部位を塗料でカバーして、バッタ同士の接触刺激をブロックし、混み合いにさらしても大きい卵を産まなかったら、その部位が接触刺激を感受していると考えられる。メス成虫の体表を塗り潰そうと修正液を使ってみたのだが、乾くとはがれてしまうためよろしくない。そこで、はがれずに、すぐ乾くマニキュアに再び登場していただいた。体表の部位として狙いをつけたのは触角、頭部、前胸背板、翅、脚（図6・9）だ。産卵後、単独飼育メス成虫の各部位を塗り潰して、混み合いに三日間さらして処理前後の卵の大きさを比較した。そもそも塗り潰すと体表とマニキュアがずっとくっついている状態になるので、それを混み合い刺激としてバッタに認識される可能性もあった。まずは単独飼育しているメス成虫の体表のすべての部位をカバーして確かめてみた。その結果、全身が塗り潰されていると、混み合いを経験したにもかかわらず大きな卵を産まないことが発覚した（図6・10）。これはしめた。後は、カバーする部位を徐々に減らしていけば、どこで接触刺激を感受しているか特定できそうだ。さっそく、一つずつ塗り潰す部分を減らす実験を繰り返していくのだが、いっこうにメス成虫たちは混み合いに反応しない。とうとう触角だけが塗り潰されている状態になったが、これでもメス成虫はまだ混み合いに反応しなかった。触角が怪しい。触角だけが接触刺激の感受部位ならば、触角だけ何もせず他の部位全部を塗り潰して混み合わせてみても大きい卵を産むはずだ。さっそくやってみたところ、処理したメス成虫は

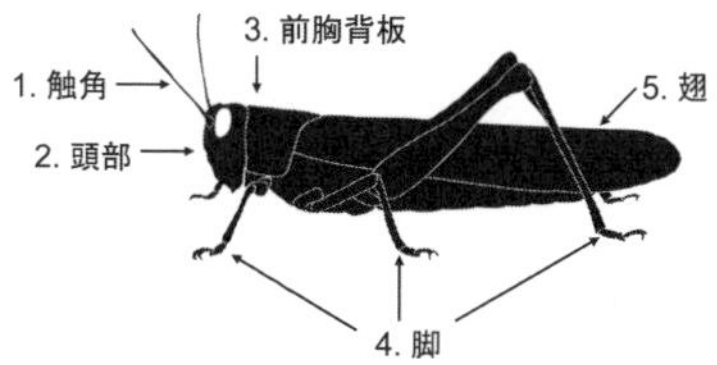

図6・9　接触刺激を感受する部位の5つの候補.

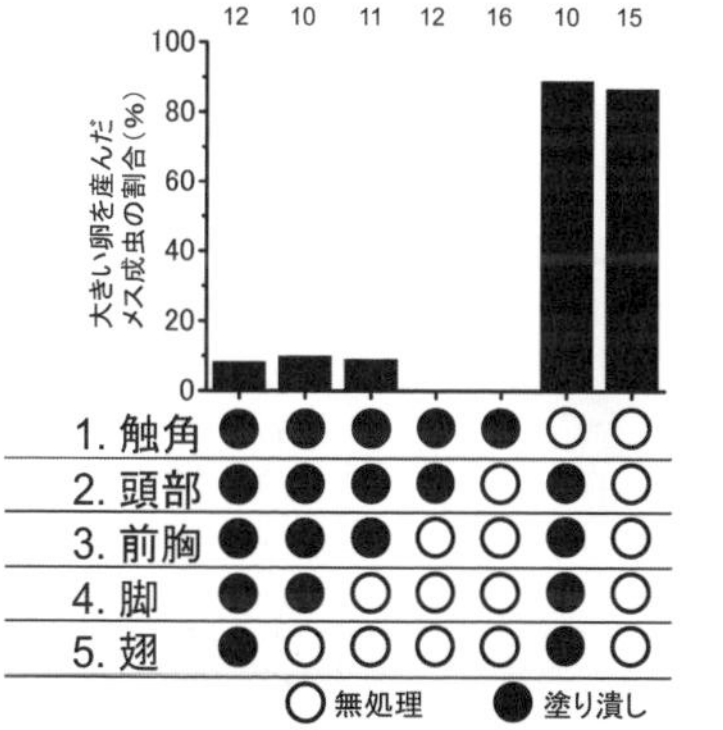

図6・10　接触刺激を感受する部位を特定するための塗り潰し実験. 体表の色々な部位をさまざまな組み合わせでマニキュアでカバーし, 単独飼育メス成虫を混み合いにさらし, 大きい卵を産むかどうかを調査した. 処理前の卵に比べて0.3mm以上大きい卵を産んだメスの割合を示した. メス成虫は触角が塗り潰されていると接触刺激を感受できなくなる. 棒グラフ上の数字はサンプル数（Maeno et al., 2011を改変）.

大きな卵を産んだ。この結果は、触角が接触刺激の感受部位であることを示していた。

最初の修行のときに触角を観察していた経験が繋がっていた。色々なタイプの毛が生えているのだから、接触刺激を感受するのも納得できる。今度は、過去の研究と比較するためにモードュ博士（Mordue (Luntz), 1977）のやった触角の切除実験を行うことにした。

切除実験

単独飼育しているメス成虫の触角を二本とも根元から切除して、混み合いにさらして接触刺激を感受できるかどうかを調査した。ついでにシンプソン教授たちが報告していた後脚も根元から切除してその役割についても確認してみた。その結果、触角を切除したバッタは混み合いに反応しなくなったが、後脚を切除してもバッタは反応した（図6・11）。やはり触角だと結論づけたいところなのだが、この切除実験には手法上の問題が指摘されていた。じつは、体の一部を失うとホルモンバランスが崩れ、予期せ

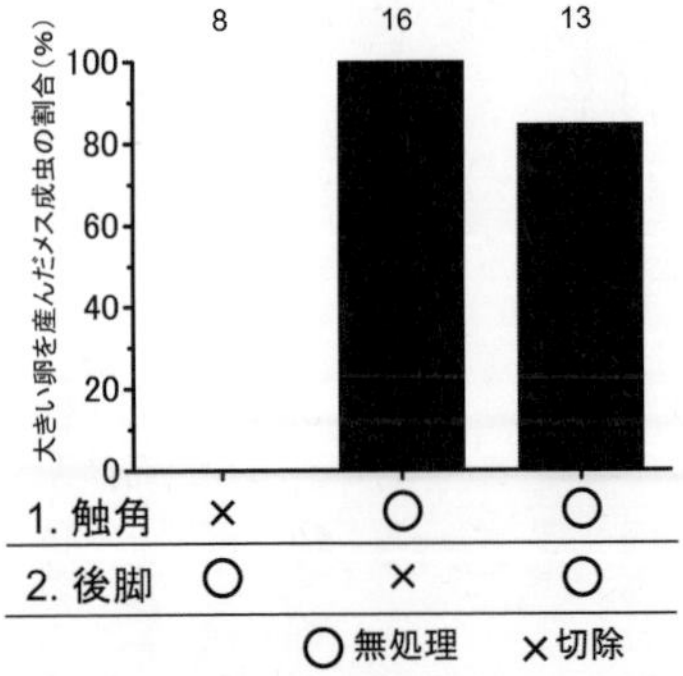

図6・11　触角が接触刺激の感受部位であることを確かめるための切除実験．触角または後脚をつけ根から切除した単独飼育メス成虫を混み合いにさらし，大きい卵を産むかどうかを調査した．処理前の卵に比べて0.3mm以上大きい卵を産んだメスの割合を示した．接触刺激の感受には触角が重要で，後脚は関係がない．棒グラフ上の数字はサンプル数（Maeno et al., 2011を改変）．

ぬ副作用がでる場合があるため、一部の研究者からは受け入れてもらえない可能性があった。そして、切除実験は別の誤った解釈を導く恐れもある。当時研究所の先輩でよく私に食事をごちそうしてくれた昆虫培養細胞の中原雄一博士からうってつけの昔話を聞いたことがあるので紹介したい。

昔話「バッタの耳はどこにある?」

あるところにおばあさんと男の子がいました。おばあさんは男の子にバッタは体のどこで音を聞いているか尋ねました。男の子は答えました。「ボクは耳を塞ぐと音が聞こえなくなるから、音を聞くのは耳さ。バッタさんも耳で音を聞いているんだよ」。おばあさんはさらに男の子にバッタの耳はどこにあるのか尋ねました。「そんなの簡単だよ」男の子はそう言ってバッタさんの体を舐めまわすように眺めて探してみましたが、自分と同じような耳はありません。「あれ? 耳がないや。おかしいな」

男の子は考え込みました。大声をだすとバッタは跳んで逃げるので確かに耳はあるはずです。「きっと耳をもぎとって音を聞こえなくして、逃げなくなったらそこが耳だよ」。純粋さはときに残酷です。いたいけな男の子はバッタの触角をもぎとってから、大声をだしました。すると、バッタは大慌てで跳ねて逃げだしました。「うん。触角は耳ではないみたいだな」。次に男の子は後ろ脚をもぎとって、バッタに向かって大声をだしました。するとどうでしょう。バッタは跳ねずにその場に留まっているではありませんか。「おばぁーさーん、バッタの耳は脚だったよ」

なぜこの話をここでしたかというと、男の子はもっとバッタの形態学について勉強する必要があるということを言いたかったのではなく、切除実験をすると、色々と間違った解釈をしてしまう恐れがあることを伝えたかったからです。もちろんバッタの耳は脚ではなく、胸部の後方にありました。せっかく切除実験をしたというのに論文を投稿して、査読者にへりくつをつけられてはたまりません。私たちは、他に何かもっと説得力のある方法がないかさらに考えました。

カバー実験

「同一個体で触角がカバーされていると混み合いに反応できないが、触角が露出していると反応できることを証明できれば、触角の接触刺激の感受部位としての重要性は確固たるものになる」と、田中先生が一歩進んだ証明方法を提案してくださった。この実験ではカバーしたり露出させたりする処理をしなければならないのだが、マニキュアだと一度塗りつけると無傷ではがすことはできないのでこの実験に向いていなかった。取りはずし可能な帽子のようなもので触角をカバーすることができたらよいのだがそんな都合の良いアイテムなどないだろうと諦めかけたそのとき、ここで先生がまたしても秘密のアイテムを推薦してくださった。それはデンタルワックスと呼ばれる青色のお餅みたいな感触で、歯医者さんが使っているもので、低温だと固く、高温だと柔らかくなる物質だ。直接触角につけるとベタベタになってしまい

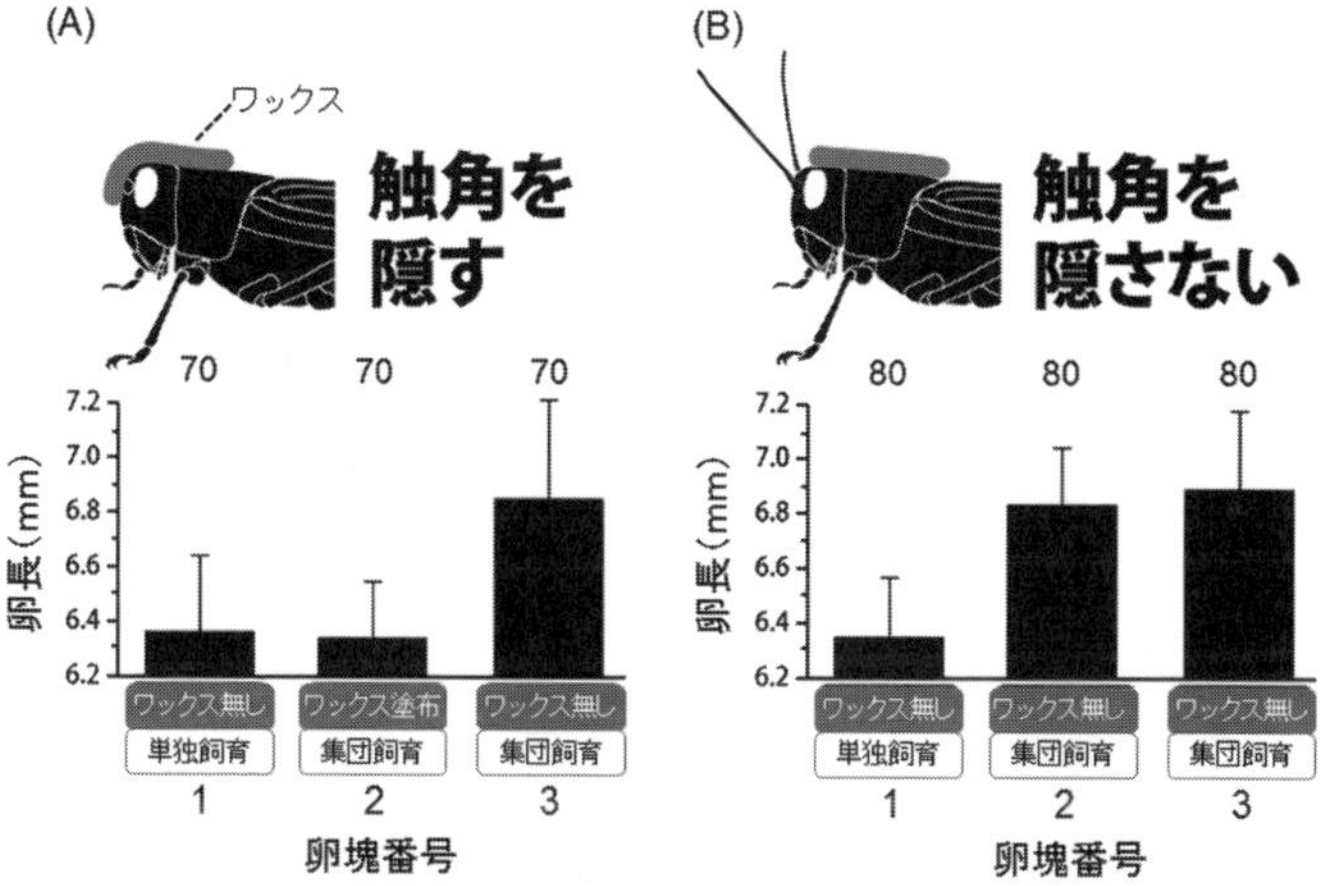

図6・12　触角が接触刺激の感受部位であることを確かめるためのカバー実験.（A）小型卵を産んだ（卵塊番号1）単独飼育メス成虫の触角をワックスで隠し，混み合いに3日間さらしてから単独飼育に再び戻して採卵する（卵塊番号2）．産卵後，ワックスを外して触角を露出して再び同様に混み合いにさらしてから単独飼育に移し採卵する（卵塊番号3）．（B）Aと同じ処理を施すが，触角は隠さずにワックスは前胸背板に乗せた．これらの処理を施し，卵サイズの変化を調査した．この図では卵長（mm）を示した．触角が露出しているときにのみ混み合いに反応するが，ワックスの有無は混み合いの反応性に影響しない．棒グラフ上の数字はサンプル数（Maeno et al., 2011を改変）（画：前野拓郎）．

よろしくない。そこで、小さくちぎったワックスを薄く平らに延ばしてその下にナイロンメッシュを敷いて触角をカバーするというやり方を採用した（図6・12）。これならいくらでも脱着が可能だ。

同一個体を用いて行う実験の流れはやや複雑だ。小型の卵（卵塊番号一）を産んだ単独飼育のメス成虫の触角をワックスでカバーして、混み合いに三日間さらしてから単独飼育に再び戻して採卵する（卵塊番号二）。産卵後、今度はワックスをはずして触角を露出させて再び混み合いにさらしてから単独飼育に戻し採卵する（卵塊番号三）。本当に触角が接触刺激を感受するのに必要ならば、卵のサイズは卵塊番号二では変わらず、卵塊番号三で大型化するはずだ。

「ワックスが体についているとバッタは混み合いに反応しなくなる」というワックスそのものの影響を排除するために、コントロールのメス成虫には同等量のワックスを前胸背板の上に貼りつけた。結果は明らかで、触角がカバーされていると大きい卵を産まないが、それをはがすと混み合いに反応して大きな卵を産んだ（図6・12A）。コントロールでは、どちらの混み合いに対しても反応した（図6・12B）。図6・12には示していないが、処理Iと同じようにワックスを施し、ずっと単独飼育下の場合には、卵塊番号三で卵のサイズは大きくならなかった。これらの結果は、触角が接触刺激を感受するのに重要であることを物語っている。新しく開発したバイオアッセイ法を駆使することで触角で感受された接触刺激が混み合いの情報として認識され、メスは群生相の子を生産することがわかり、論文発表した（Maeno et al., 2011）。

それにしてもサバクトビバッタの卵のサイズを決める仕組みは巧妙かつ精密で見事だ。数ある情報にも惑わされず、もっとも信頼のおける接触情報を触角で読みとり、その情報に応じて卵の大きさを迅速かつ柔軟に変化させる一連のシステムは優雅でさえある。思わずうっとりしてしまうのだが、話しはこれで終わりではない。

Physical or Chemical factor 物理的もしくは化学的な要因

接触刺激についてよくよく考えてみると、さらに二つの刺激に分けることができる。一つは単なる物理的な刺激で、もう一つはバッタの体表にあるバッタアレルギーを引き起こすような化学的な刺激だ。このいずれかを特定するためには、バッタの触角をどちらかの刺激物でこすって人工的に混み合いを再現する必要がある。しかし、いったい何時間、どのくらいの頻度でバッタの触角をこすり続けたらいいものなのか。手元のデータによると、最低二日間混み合みあえば単独飼育のメス成虫は大きな卵を産み始めることがわかっていたのだが、さらに短い時間でもメス成虫が混み合いに反応してくれるとありがたい。なにせ、三十一度の部屋に二日間こもってバッタの触角をこすり続けるのは、苦行もいいとこなので、危うく悟りをひらいてしまう恐れがある。二日間でことが済めばいいが、実験は長期に渡ってさまざまな処理を施さなければいけないので、そうはいかない。田中先生はご自身の研究があるので代打をお願いできない。交代要員が不在の中、どうやって自分一人ですべての実験をやり遂げようか。自分には夢がある。まだ不本意なかたちで人生を終わるわけにはいかない。まずは、この殺人的なバイオアッセイをさらに改良する必要があった。

最短の混み合い期間特定実験

最初に確立する定量法がその後のデータの採集効率、精度、信頼度を握っているといっても過言ではない。今知りたいのは、単独飼育しているメス成虫が大きな卵を産むのに必要な最短の混み合いの期間だ。これまでは二日間混み合わせていたが、もしかしたら、たった一時間だけでも十分なのかもしれない。まったく想像がつかなかったので、一、三、六、十二、十六時間の混み合いを産卵直後一日目だけ、または二日目も同じ処理をして、卵サイズの変化を調べた。その結果、メス成虫が混み合いに反応した最短時間は三時間の混み合いを二日間処理したときだった（図6・13）。卵のサイズの変化に対応して、黒い孵化幼虫の割合も有意に増加していた。不思議なことに合計の混み合い時間は六時間を一回処理するのと同じなのだが、これでは卵サイズに変化が見られなかった。興味深い問題だがとりあえず目先の問題に取り組むことにした。これで、こすり実験のための最短時間が決まった。三時間こするのを二日間なら、許容範囲だ。安堵したのも束の間、次の問題が立ちはだかっていた。どれくらいの頻度でバッタをこすったらいいのだろうか？

こする回数

まずはペットボトルにメス成虫一匹とオス成虫四匹を入れ、どれくらいの頻度でメス成虫の触角がオス成虫と触れ合うのか観察してみた。メスの触角がバスケットボールをドリブルするかのごとくオスの体とビシビシとぶつかっていることもあれば、壁を向いていてまったくぶつからないこともあり、位置によっ

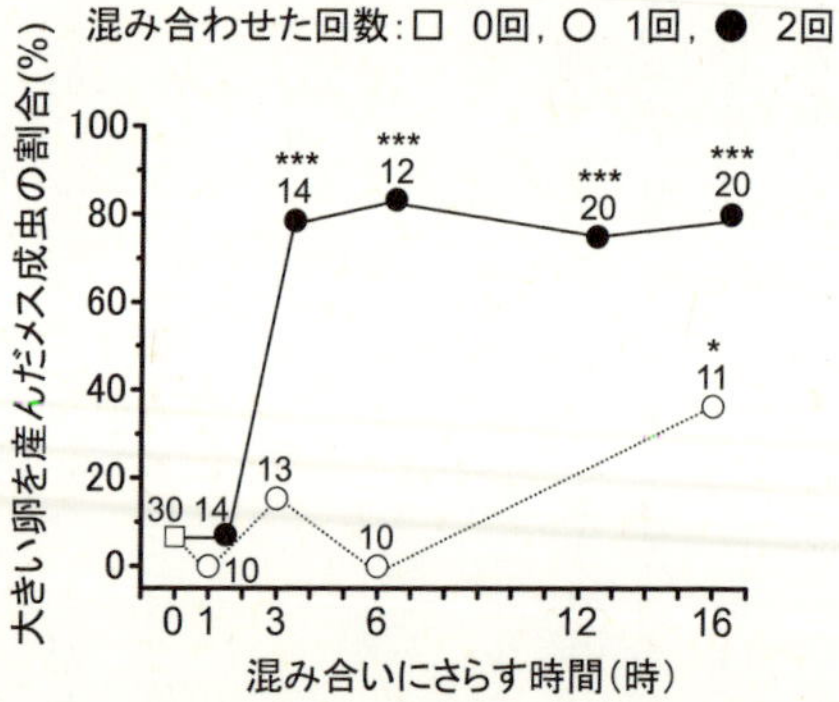

図6・13　最短の混み合い期間の特定実験．単独飼育メス成虫を産卵後さまざまな長さの混み合いに1回または2回さらしたときに大きな卵を産むかを調査した．3時間の混み合いを2回経験するのが最短の処理．各処理区は無処理（0時間：□）のコントロールと大きい卵を産んだメス成虫の割合を比較した（χ^2-test; *, $P < 0.05$; ***, $P < 0.001$）．図中の数字はサンプル数（Maeno & Tanaka, 2012を改変）．

て随分とぶつかる頻度はバラついていた。悩んだときは極端な処理から行うに限る。とりあえず、頻繁にぶつかり合うことを想定して、左右の触角を五回ずつ、合わせて一〇回、性成熟したオス成虫で五分置きに三時間こする方法を試すことにした。よし、と意気込んだのだが、またしても新たな壁が。メス成虫の触角をこすろうとすると、メス成虫が怖がってケージの中で逃げ回ってしまい、こするのに手間どってしまう。このままでは、時間はかかるし、こする頻度にムラがでてしまうので均一にすることができない。「バッタを自由に動き回らせながら、こするときにはおとなしくさせる」、こんな無茶な要求にどう応えたらいいものか。さすがの一休さんでもいくらトンチを効かせても解決できないだろう。私は困り果てようとしていた。

目隠しを君に

問題を抱えて浮かない顔で研究室に戻ると、田中先生が心配してくださったようで、どうしたものかと相談したところ、「目隠ししてみてはどうか」と秒殺でアドバイスをいただいた。これなら視覚的な要因を排除できるし、これで迫りくる実験者の手にバッタが驚いて逃げなければ、こすり放題だ。この先生の瞬時の状況判断と最善の方法を導く能力は憧れだった。さっそく冷温麻酔したバッタの複眼を修正液で塗り、さらにその上を黒いマニキュアで塗り潰した。本当は恋人同士のように自分の指で目隠ししてあげたかったのだがやむをえなかった。ケージに戻し、冷温麻酔の呪縛から覚めて動き出したので、試しにこすってみたら今度は逃げ回らない。その場にとどまり、こすられる度にビクッと反応するだけだ。期は熟した。

あの娘にタッチ

刺激源となるオスが暴れるのを防ぐためにティッシュペーパーでグルグルにくるんで顔だけ出すように簀巻きにした。初めてのこすり実験はもちろん半信半疑。こんなので大きい卵を産むかどうか疑わしかったが、このこすり実験に辿り着くまでに私たちは三年の歳月をかけ、理詰めで攻めてきたのだ。

写真6・2　目隠ししたメス成虫の触角をティッシュペーパーでグルグル巻きにしたオス成虫でこする実験風景．修正液の下地のおかげでマニキュアを実験終了後にはがすことができる工夫が私なりの愛のしるし．

想像してみて欲しい。いい年したおとながバッタをバッタでこすっている姿を。さぞかし滑稽だろう。だが、あなたの抱いた私が笑顔でバッタをこするほがらかなイメージとは裏腹に、笑っていたのは足腰だけだった。この頃、大量に飼育中だったので、普段ならエサ換えが終った後は精気を失い椅子にもたれこんでグッタリとデスクワークしているところを、すぐに実験の仕込みをして、再び三時間、常夏の飼育室に立っての不屈の作業。疲労困憊のあまり鬼の形相でバッタをこすっていた。こんな弱い姿を誰にも見られたくなかったので、彼女らを目隠ししていて良かった。

まずは三匹のメス成虫をこすった結果が先にあがったのだが、この内二匹が大きい卵を産んでいた。イケる！　これはイケるぞ。これで、接触刺激の内、物理的刺激か化学的な刺激のどちらにメス成虫が反応しているのかを確かめる準備が整った。実験は、大一番を迎えようとしていた。

接触刺激の特定実験

単独飼育しているメス成虫の触角をオス成虫でこすったところ六七パーセントのメス成虫が大きい卵を産み、これはオス四匹と二日間自由に混み合わせたコントロールとほとんど変わらなかった（図6・14）。うまい具合に混み合いを再現できている。こんどはオスの体表に存在する化学物質を除去するために、体表をヘキサンという化学溶媒で洗い落とした。この洗浄したオスでメスの触角をこ

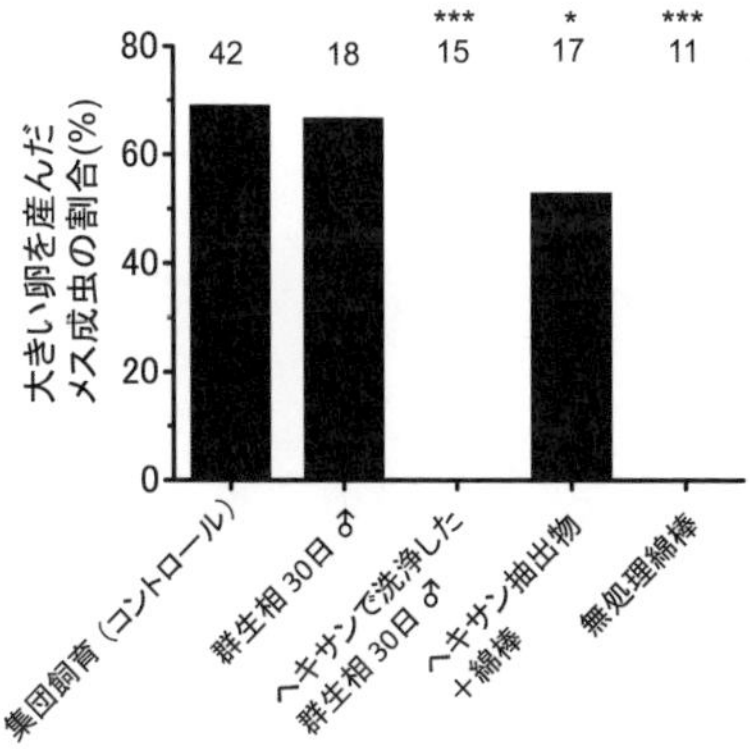

図6・14　こすり実験．単独飼育メス成虫の触角をさまざまな刺激物でこすったときに大きな卵を産むかを調査した．混み合いの感受期の2日間，それぞれ3時間性成熟した群生相のオス成虫でこすった．メス成虫は体表をヘキサンで洗浄したオス成虫には反応しないが，ヘキサンで抽出した体表の化学物質に反応し，大きな卵を産む．これは，単なる物理刺激ではなく体表の化学物質が接触刺激として認識されていることを示す．各処理区は2日間ずっと混み合わせた集団飼育のコントロールと大きい卵を産んだメスの割合を比較した．（χ^2-test; ***, $P < 0.05$; ***, $P < 0.001$）棒グラフ上の数字はサンプル数（Maeno & Tanaka, 2012を改変）．

すると、メスは洗っていないオスでこすられたときと同様に明らかにビクっと反応している。これは大きい卵を産みそうだと予測を立てたのだが、見事にはずれ、メスは大きな卵を産まなかった。バッタでちゃんとこすったというのにメスが反応しないとは。これは単なる物理的な刺激ではなく、化学物質が重要であることを匂わせていた。

鼻息が荒いままに今度は、オス成虫一〇匹分の体表物質を抽出したヘキサンを綿棒に付着させ、その綿棒でこすってメス成虫の反応を確かめた。すると五〇パーセントのメスが大きな卵を産んだではないか。集団飼育のコントロールよりは低いものの、無処理のオスでこすった処理区との間に統計的に有意な差はみられない。何も処理をしていない綿棒でこすったときには、メスは大きな卵を産まなかったのでこれらの結果は、メス成虫の触角は単なる物理的な刺激には反応せず、オス成虫の体表の化学物質に反応していることを示すものであった。念のために卵のサイズの変化に対応して孵化幼虫の体色も変化しているか観察したところ、いつものように卵が大きくなると黒化した孵化幼虫の割合が増加していることを確認した。

実験室で顕微鏡を覗いていた田中先生にこの結果を報告したところ、突然作業を放り投げ、「やったな。前野君!!」と勢いよく握手で祝福してくださったので、実験結果よりもそのリアクションに驚いた。いつもの「悪くないね」ではなく、待ち望んでいた「イイネ」をいっきに通り越しての祝福だった。初めての先生の握手による賛辞は、この発見の重要性を物語っているに他ならなかった。

育ちが違うバッタにも反応するのか？

こすり実験に使用した刺激となったバッタは群生相の性成熟したオスだったが、メス成虫でこすっても同じ効果があるのか気になるところだった。さらに孤独相のバッタにも反応するのかも気になった。気になるのならこすればいい。単独飼育メス成虫が性成熟したオス・メスや孤独相でこすられたときも同じように反応するのかどうかを調査した。その結果、大きい卵を産んだ割合は群生相のオス成虫に比べて若干低いものの、いずれも反応して大きな卵を産んだ（図6・15）。

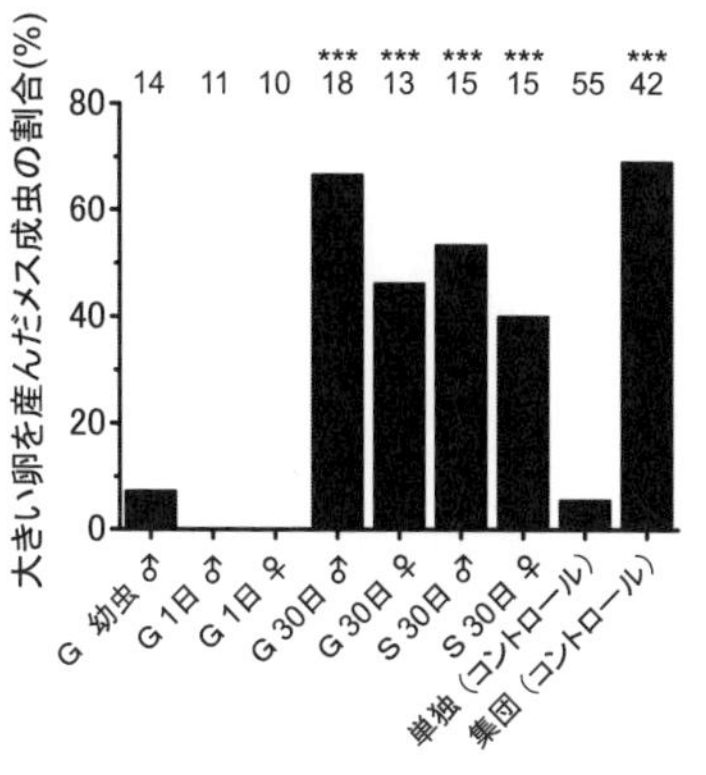

図6・15　単独飼育メス成虫の触角をさまざまな相，性，発育ステージのサバクトビバッタでこすったときに大きな卵を産むかを調査した．混み合いの感受期の2日間，それぞれ3時間こすった．G：群生相，S：孤独相．羽化後1日目か30日目の成虫を用いた．性成熟した成虫でこすった場合のみ大きな卵を産んだ．各処理区は無処理の単独飼育のコントロールと大きい卵を産んだメスの割合を比較した．棒グラフ上の数字はサンプル数（χ^2-test; ***, $P < 0.001$）（Maeno & Tanaka, 2012を改変）

続いて気になったのは、年の影響だ。性成熟したバッタには反応することがわかったが、では羽化直後の未成熟のバッタや幼虫などの異なる発育ステージのバッタにもメス成虫は反応するのだろうか？　同じサバクトビバッタなので当然反応するだろうと決めつけて、羽化直後の群生相のオス・メスで単独飼育のメス成虫の触角をこすってみた。ところが、メスは大きな卵を産まなかった（図6・15）。同じ成虫なのにこれはどうしたことか。今度は幼虫でこすってみたところ、幼虫にも反応しないではないか（図6・15）。同じ種にも関わらずメス成虫は性成熟した成虫にしか反応しないことが判明した。これには半信半疑だった。そこで、こする実験ではなく、混み合いを長期間与えて確認するために丸々二日間羽化直後の成虫または終齢幼虫と集団飼育して単独飼育メス成虫の反応を確かめたところ、やはり大きな卵を産まなかった。どうやらこの結果は正しいようだ。このことから成虫が性成熟すると接触刺激として認識される化学物質が体表に現れると考えられた。

これらの結果をもとに野外でバッタが置かれている状況を想像してみよう。もしメス成虫が単なる物理的な刺激に反応しているのなら、草むらに潜んでいる孤独相のバッタは、触角が草にぶつかっただけでその度に卵のサイズを変えることになってしまう。単なる物理的な刺激だと、混み合いの情報として信憑性に欠けている。より確かな混み合いの情報として、体表の化学物質を接触刺激として利用する方がより信頼性が高いので理にかなっている。さらに言えば、野外ではエサである草を巡るバトルもあるはずだが、そのとき他種のバッタや他の種類の昆虫たちも加わり、異種間でお互いにぶつかり合う可能性も高くなるだろう。そんなとき、サバクトビバッタはどう反応するのだろうか？

異種にも反応するのか？

じつは以前私たちはサバクトビバッタのメス成虫はトノサマバッタのオス成虫にも反応して大きな卵

を産むことを明らかにしていた（Maeno & Tanaka, 2008a）。トノサマバッタは研究室で飼育したものだが、今度は、沖縄在住の永山敦士先生（沖縄県農業研究センター）に依頼して、サトウキビ畑にいるタイワンツチイナゴを送ってもらい、サバクトビバッタが出会ったことがないであろうこのイナゴでも確かめてみることにした。さらに直翅目（バッタ目）の中から比較的近縁な、クロコオロギ、オオゴキブリ、鞘翅目（コウチュウ目）からはコガネムシ、オサムシをピックアップしてこすってみた。その結果、トノサマバタとタイワンツチイナゴ二種に対して、メス成虫は同じサバクトビバッタでこすった場合とほぼ同様に反応したが、クロコオロギとオオゴキブリには一部の個体だけが反応し、鞘翅目についてはほとんど反応しなかった（図6・16）。この結果は、近縁の虫で何か共通の体表化学物質をもっている可能性を示していた。

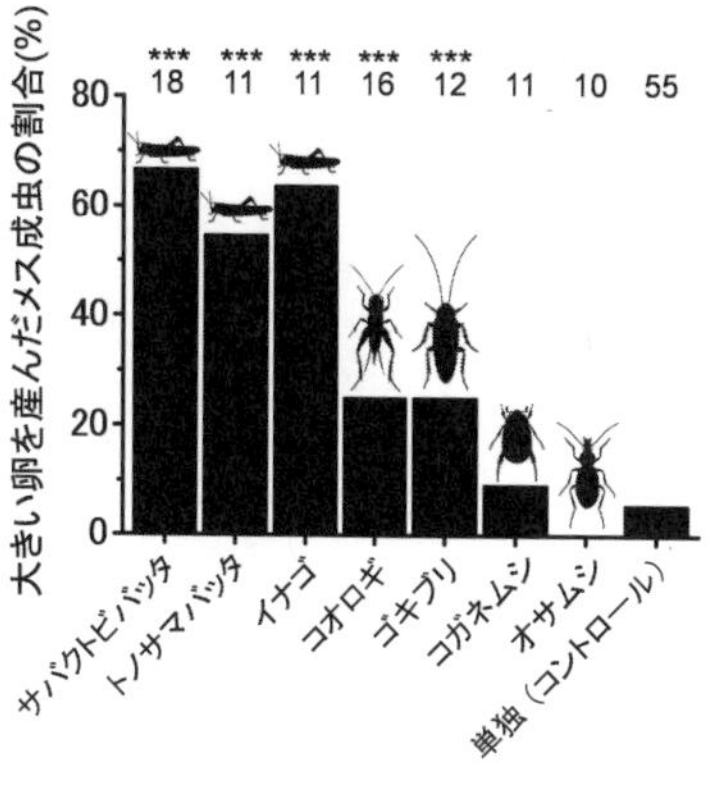

図6・16　単独飼育メス成虫の触角をさまざまな昆虫でこすったときに大きな卵を産むかを調査した．混み合いの感受期の2日間，それぞれ3時間こすった．各処理区は無処理の単独飼育のコントロールと大きい卵を産んだメスの割合を比較した（χ^2-test; ***, $P < 0.001$）．サバクトビバッタに近縁の種に反応する．棒グラフ上の数字はサンプル数（Maeno & Tanaka, 2012 を改変）．

いったいこの体表化学物質の正体は何なのか？　過去の文献によると、ヘイフェッツ博士ら（Heifetz, et al.,1996; 1998）は、サバクトビバッタの幼虫は体表にある化学物質の体表炭化水素（Hydrocarbon）に反応して群生相的な行動をすると報告していた。だが、シンプソン教授たちは体表炭化水素の関与を否定する論文を発表しており、混沌としていた（Hägele & Simpson, 2000）。両者の実験では、観察容器の中に体表炭化水素を塗った棒を置いてテストしているのだが、孤独相の幼虫がその棒に触れることを前提としており、中のバッタがどれくらいの頻度でその棒に触れたかは観察されていなかった。下手をすると、一回も触れなかった可能性も拭えない。確実に調査をするためには、定量的に接触させる必要があったはずだ。今回の実験でメス成虫が反応した体表化学物質も体表炭化水素である可能性がきわめて高い。これを確かめるためにはヘキサンで抽出した体表化学物質を細かく分画して、その抽出物でメス成虫の触角をこすって大きい卵を産むかどうかを確かめる実験をすれば化学物質の特定が可能だが、ひとまず調査はここで区切をつけることにした。なぜなら、この一連の研究中に摩訶不思議な事件に遭遇して、そちらに惹かれたからだ。

暗闇事件

事件は暗闇で起きた。以前、混み合い刺激を特定する実験中に、視覚の影響を調べようとしたとき、複眼を黒く塗り潰す方法を採用したのだが、じつはそれよりも先に別の方法で視覚をさえぎる方法を試していた。皆さんも毎日一回は経験する状況だ。そう、お察しのとおり、真っ暗な条件に置けばバッタはお互いに見えなくなるはずで複眼を塗り潰すよりも処理が楽なので、まずはこの方法を試していたのだ。あの当時、予備実験ですでに接触刺激が重要だということはわかっていたので、全暗下で混み合わせても単独飼育メス成虫は大きい卵を産むものだと思っていた。ところが、予想に反して大きい卵をまったく産まないのだ。何度も首をかしげながら実験をセットするのだが、ことごとく大きい卵を産まない（図6・17）。赤いセロファンを貼り付けた懐中電灯の赤い光[*1]で照らされたバッタたちに特別に変わったようすは見られない。相変わらずペットボトルの中でオスとぶつかりあっている。暗くなって活動量が減少して接触頻度が下がったのが原因とは到底考えられなかった。全暗下でバッタたちは周りが見えていないのにも関わらず中に入れた草もきちんと食べている。いつまでたってもうまくいかないので代わりの方法を採用することにし、複眼を黒いマニキュアで塗り潰す実験をしたのだ。こちらの実験では明暗のサイクルを再現したいつもの飼育室[*2]でしたのだが、きちんと大きな卵を産んだ。「視覚刺激は大きな卵を産むために必要ない」という結果が得られたのだが、どうにも暗闇でのことが気になった。単に実験を失敗したにしては奇妙だった。暗闇も目潰しもどちらの処理も視覚を同じように遮ったのに、暗闇ではどうして混み合いに反応できなくなったのか？　どうも臭い。新発見の匂いがプンプンしてきた。この出来事を「暗闇事件」と名づけ、メインの実験の裏で調査を開始し

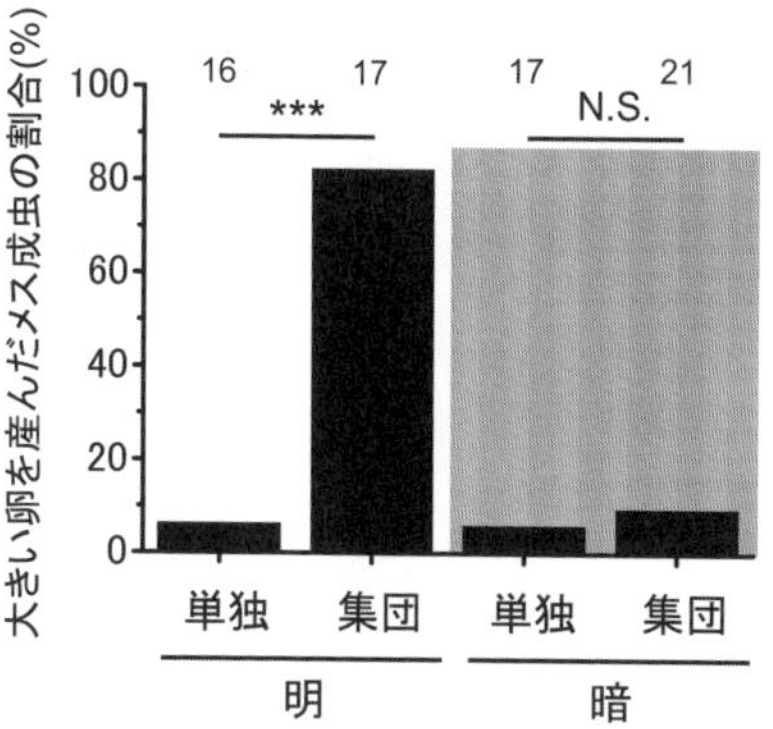

図6・17　単独飼育メス成虫を光の有無下で混み合いにさらしたときに大きな卵を産むかを調査した．メスは光がないと混み合っても，大きな卵を産まなくなる．同一光条件下の各処理区間で大きい卵を産んだメスの割合を比較した（χ^2-test; N.S., $P > 0.05$; ***, $P < 0.001$）．図中の塗り潰しは暗闇を示す．棒グラフ上の数字はサンプル数（Maeno & Tanaka, 2012を改変）．

た。

＊1 多くの昆虫は赤い光を見ることができないので、暗闇で虫をいたずらに刺激せずに観察するためには懐中電灯に赤いセロファンを貼り付けたものを使う。

＊2 昆虫の飼育室では対象とする昆虫の生息地や季節の日の長さを再現するために部屋の明かりが決まった時間に自動的に点灯・消灯するようになっている。その昔、弘前大の昆虫研では明かりの長さの影響を調査する複雑な実験をするときは手作業で行っていたそうだ。一時間おきに明かりを付けたり消したりしなければならない学生たちは「人間タイマー」と呼ばれていた。

孤独に陥る闇の中

バッタ研究の長い歴史の中で、暗闇で実験した研究者がたった一人いた。その人エリス女史は全暗下で幼虫を集団飼育して、その行動を調査していた(Ellis, 1959)。集団飼育した幼虫たちは典型的な群生相の行動をしていたと報告している。つまり、幼虫期の混み合い情報には視覚は重要ではないと結論づけられていたのだ。暗闇事件の前からこの報告を知っていたので、私たちも視覚的な要因を排除するために全暗下で実験したのだ。視覚的な刺激がなくても幼虫は群生相化したので、当然、成虫でも同じだとタカをくっていたのだが、メス成虫は群生相化しなかった。

ところで、相変異の用語は表裏一体であり、「群生相化しない」は裏を返せば「孤独相化する」ということなる。成虫の場合、暗闇で混み合っていても群生相化しないというのであれば、逆に孤独相化している可能性が考えられた。もし、暗闇で孤独相化が進むというのならば、大きな卵を産んでいる集団飼育のメス成虫を集団飼育のまま暗闇に移したら混み合っているにも関わらず小さな卵を産み始めるはずである。

この考えを確かめるために大型の卵を産むことを確認した集団飼育メス成虫を集団飼育のまま全暗(〇時間明期、二十四時間暗期)に移し、その後どんな卵を産むのかオス成虫二匹と一緒に飼育する簡易の集団飼育法を使って個体ごとに調査した。単独飼育のメス成虫を実験に使う場合には、処理前に産卵した卵に比べて処理後に大きな卵を産んだメスの割合を指標にしてきたが、今回はこの方法は使えないので、一卵塊あたりの黒化した孵化幼虫の割合を用いて説明していく。まず、コントロールから説明するが、そのまま光がある条件下(十六時間明期、八時間暗期)で引き続き集団飼育したメスが産んだ卵からは黒化した幼虫ばかり孵化してきた(図6・18A)。また、同じ光条件下で単独飼育すると黒化した幼虫の割合が減少した(図6・18B)。そして、実験区の集団飼育のまま暗闇に移したものでは、混み合っているにも関わらず光がある条件下で単独飼育した場合と同様に黒化した幼虫の生産は有意に減少した(図6・18C)。明らかに暗闇では孤独相化が進んでいた。

「サバクトビバッタのメス成虫は群生相化するために光が重要である」というこの可能性に私たちは驚愕した。昆虫は光に反応して休眠や活動、採餌行動することは知られていたが、今回の結果はそれらとは次元が異なる話だ。田中先生も、

「長年、虫の研究しているけど、こんな話は聞いたことがない」

とただただ驚いていた。そして、「いつ、どこで情報が漏れるかわからないので今回の件は論文発表するまで口外しないようにしよう」というトップシークレット体制がしかれた。世界を股にかけて活躍してきた研究者のただならぬ反応は、大発見の可能性を大いに物語っていた。先生は若かりし頃、未発表のアイデアを他人に盗られた苦い経験があったのだ。

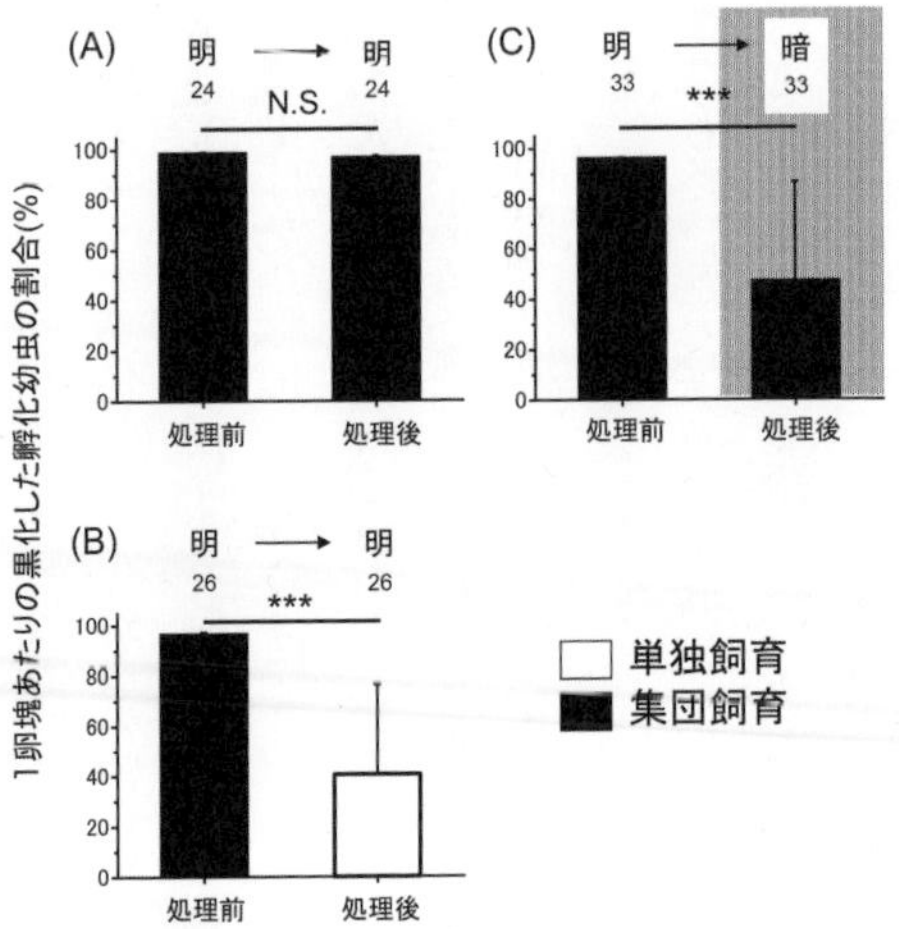

図6・18　明条件下の集団飼育メス成虫を光条件と飼育密度を変えたさまざまな条件に移して，黒化した孵化幼虫の割合がどう変化するかを調査した．(A)同じ条件のまま維持，(B)明条件のまま集団飼育から単独飼育に移した，(C)集団飼育のまま明条件から暗条件に移した．暗条件下では混み合っていても，明条件下で単独飼育に移したときのように孤独相的な子が生産される．各処理区で，処理前後の1卵塊あたりの黒化した子の割合をアークサイン変換後比較した（*t*-test; N.S., $P > 0.05$; ***, $P < 0.001$）．図中の塗り潰しは暗闇を示す．棒グラフ上の数字はサンプル数（Maeno & Tanaka, 2012を改変）．

闇に光を

光の重要性を証明する実験をどうやるか、田中先生と緊急ミーティングを行った。議題は「暗闇の中でどうやってバッタを光にさらすか」だった。この矛盾とも思える要求にどう応えたらよいのか。「前野君ならどんな実験をする？」ニヤリと笑った田中先生が解答権を譲ってくださった。何か妙案があるに違いない。

「ファイバースコープを使ってバッタの体をピンポイントで光らすのはどうでしょうか？」。じつはこの方法は、アブラムシ研究の大家リーズ教授がアブラムシが体のどこで光を感受しているのかを突き止めたときの手法だ。あたかも自分で思いついたかのように言ってみたのだが、

「バッタは動き回るからダメでしょ」と却下される。ぬぅ。えーと、他に光る物といったら…　夜釣りに使う小さな光るウキや小さいライトも想像したが、どれもこれも今一歩だ。将棋の対局だったら相手がしびれを切らして持ち駒を投げつけてきそうなほど長考したのだが力及ばす。「じゃあ、他にどんな方法があるんですか？」と音を上げたところ、

「夜光塗料だよ」と先生は不敵な笑みを浮かべた。

光り輝く夜光塗料

「夜光塗料」と言われても思い出すのにしばらくかかった。その単語は頭の引き出しの奥の奥にしまわれていた。今、この本を夜に読んでいて腕時計をしている人は部屋の電気をおもむろに消して真っ暗にして、腕時計をご覧いただきたい。その光っている文字盤に使われている物質こそ夜光塗料だ。夜光塗料とはその名の通り、暗闇でもしばらく光り続ける不思議物質なのだ。田中先生はこの夜光塗料を使って光の重要性を証明しようというのだ。そうだ、思い出した。カメムシを研究している沼田英治教授（現 京都

大学）はホソヘリカメムシの光周反応機構を調査する際に夜光塗料を使って見事に証明されていた（沼田、二〇〇〇）。今このタイミングで思いつくとはさすがだ。ただ、私は現物を見たことがなかったのでピンとこなかった。

夜光塗料は粉末状や液状のものが市販されており、次の日先生がホームセンターからさっそく買ってきてくださった。バッタに塗り易い液状タイプのもので説明書には一度光らすと五時間は光っているとある。これは頼もしい。まずは実際にどれくらい光っているかを知るために紙に夜光塗料を塗り、真っ暗な部屋に持っていきその実力をみてみた。おぉ、明るい。これでバッタを光らせれば、光の重要性を特定できるぞと皮算用した。どれくらい光っているかチェックしようと一時間後に部屋に戻ってきたときに、目をこらしてしまった。さっきまであんなに光り輝いていたのに心眼を使わないと見えないくらいにまでパワーが落ちていた。私の視力は眼鏡男子だらけの博士にあるまじき裸眼で二・〇なのだが、いったいどんな基準で五時間後も光を検出したというのか。そういえば沼田先生もそのパワーの継続時間の問題を指摘なさっていた。うーん。時代は進んでいないのかとガッカリしつつ、別の方法を求めてインターネットで夜光塗料を検索してみた。

不可能を可能にする魔法「ルミノーバ」

先ほどの判断は早すぎた。ここに非礼を謝りたい。時代は進んでいた。それも大幅に。根本特殊化学株式会社が夜光塗料界の歴史を大きく変えていることをネットで知った。その製品は「ルミノーバ（N夜光）」と呼ばれ、従来の製品とは一線を画す存在として確固たる地位を確立していた。従来の製品に比べて圧倒的に長い時間、しかも強く光ることが可能なようだ。いくつか種類があったので問い合わせたところ、サンプル用に粉末状の製品を送ってくださった。さっそくどのくらい光るのかを試したところ、一時間後、暗闇でもはっきりと光っていた。実験ではバッタの身体にルミノーバを付着させる必要があったので、ルミノーバの粉を透明なマニキュアに混ぜ、それをバッタの体表に重ね塗りして処理することにした（口絵11）。これで好きな部位を光らせることができる。夜光塗料はより強い光で照らすとより長い時間光る性質がある。徐々に光る力が弱まってくるが、再度光を照射するとその明るさは再び最大に戻る。実験では、最高光量を持続させるために念のため三〇分に一回、卓上ライトの下にペットボトルに入れたままバッタを一分間さらし、光をチャージし、ルミノーバの光り輝く力を持続させた。

光るバッタ

バッタを光らせるという黒魔術的な実験を開始した。もしメス成虫が大きな卵を産むのに混み合いと光の両方が必要だとしたら単独飼育していたメスを暗闇で光らせ、混み合いにさらすと大きな卵を産むはずである。まずは産卵直後に単独飼育のメス成虫の頭部のみを夜光塗料で覆う。そしてそのメスを卓上ライトで十分に光を照射した後、オス成虫四匹と一緒にペットボトルに入れて、全暗条件下に置いた。暗闇で

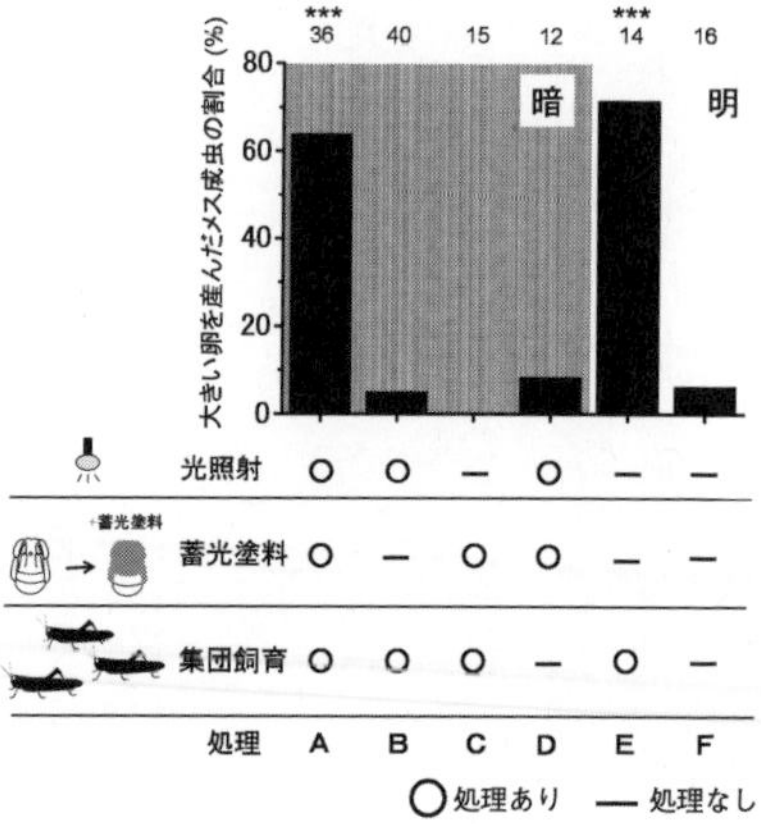

図6・19　単独飼育メス成虫が大きな卵を産むのに混み合いと光の両方が重要かを調べる実験．暗条件下で混み合いにさらす単独飼育メス成虫の頭部を夜光塗料で覆い，光照射して光らせる処理を混み合いの感受期の2日間，それぞれ3時間行った．その後単独飼育に再び戻し採卵した．処理区はA，対照区は，B，C，D．明条件下での混み合いの影響も調査した（EとF），各処理区は明条件下の無処理の単独飼育（コントロール）と大きい卵を産んだメスの割合を比較した（χ^2-test; ***, $P < 0.001$）．頭部が光っていることと集団飼育の両方が揃っているとメス成虫は大きな卵を産む．図中の塗り潰しは暗闇を示す．棒グラフ上の数字はサンプル数（Maeno & Tanaka, 2012を改変）．

写真6・3　頭部にさまざまな処理を施されるバッタたち．顔だけ氷から出してマニキュアを乾かすのがコツである．

光るバッタはなんとも幻想的だ。ロマンチックな気分に浸りながら三〇分に一回、光エネルギーをチャージする。処理する時間はこすり実験と同じ三時間を二日間行った。二日間処理したらまたいつもの単独飼育に戻して採卵した。いささか複雑な手順だったがようやく卵が採れ、処理前に測定した卵とサイズを比較した。その結果をみて、手が震えた。卵は大きくなっていた。

「光」だ。サバクトビバッタは大きな卵を産むために混み合いと光が必要なのだ（図6・19、処理区A）。自分たちですら半信半疑な結果だった。他人を納得させるにはそれ相応の結果が求められる。とくにこれまで聞いたこともない話ならばなおさらだ。そこで慎重をきしてさまざまな可能性を排除するコントロールを準備した。暗条件下で夜光塗料をコーティングせずに三〇分に一回光を照射する区（図6・19、処理区B）。同様に、夜光塗料でコーティングするが、光を照射せずに混み合いにさらす区（図6・19、処理区C）と光を照射するが混み合いにさらさずそのまま単独飼育する区（図6・19、処理区D）。どのコントロールでもメスは大きな卵を産まないことを確認した。光がある条件下では、いつものように混み合えばメス親は大きな卵を産み、混み合わなければ大きな卵は産まない（図6・19、処理区EとF）。これらの結果は、大きな卵を産むのには、混み合いと光の両方が必要であることを物語っていた。しかもその両方の刺激は、片方ずつでは効果はなく、必ずセットで同じタイミングでバッタが受けなければならないのだ。念には念を入れ、暗闇下においても確実に他の個体と接触しても大きな卵を産まないという証拠を得るために、暗闇下で、オス成虫で単独飼育メス成虫の触角をこすってみたが、やはり大きな卵を産まなかった。

光を感受する部位の特定実験

頭部が光っていると暗闇でも混み合いに反応できて大きな卵を産んだ。しかし、一言で頭部といっても複眼や触角、口器などさまざまな器官があり、光を感受する部位を特定することができれば、この謎のメカニズムを解く手がかりが得られると考えられた。

光を感じるのは目だろ、何を回りくどいことを言っているのだと思うなかれ。アブラムシでは皮膚を通して脳で直接光を感受することが報告されている(Lees, 1964)。さらにナミアゲハ *Popillo xuthus* にいたっては腹部の先端で光を感じているのだ(Arikawa et al., 1980)。バッタでは光を感じているのは単眼と呼ばれる小さな目のような器官だと言われていた(図6・20)。卵を大きくするために重要な光はいったいどこで感じているのか？ この点を明らかにするために、頭部のさまざまな部位を夜光塗料を用いてピンポイントで光らして光を感受する部位を特定する実験を計画した。感受部位の候補は、複眼、単眼、頭部上部

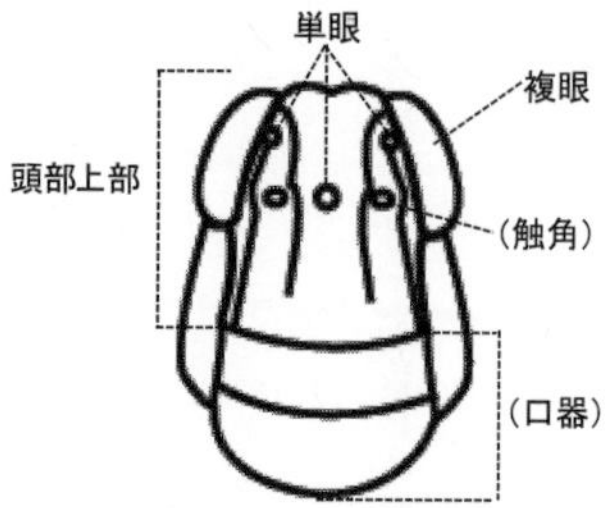

図6・20 頭部の正面図. 他の部位を黒く塗り潰した後, 特定の部位のみ夜光塗料で覆う. 口器と触角は処理しない(画：前野拓郎).

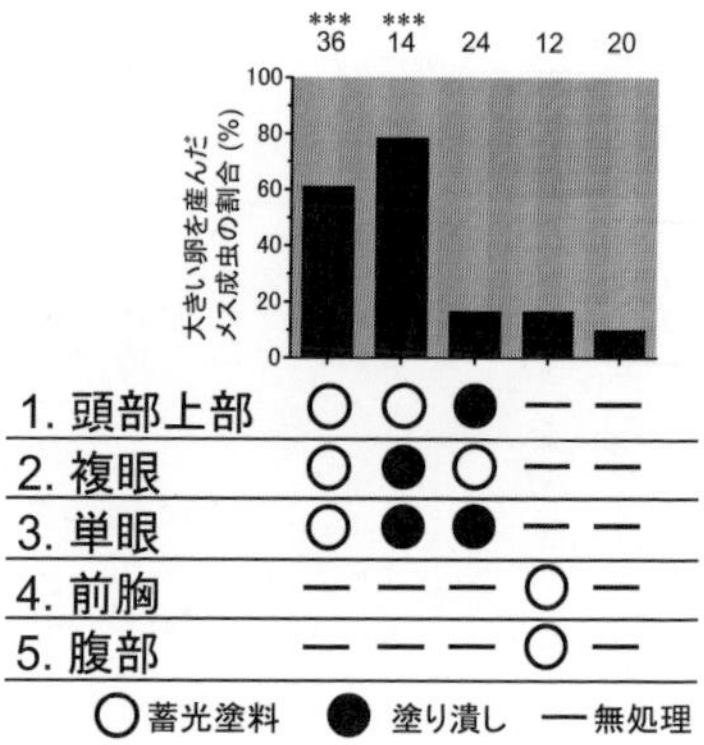

図6・21 単独飼育メス成虫が混み合いに反応して大きな卵を産むのに必要な光を頭部のどこで感受しているのかを調べる実験. 暗条件下で混み合いにさらす単独飼育メス成虫の頭部のさまざまな部位を黒く塗り潰してから特定の部位だけを夜光塗料で覆い, 光照射して光らせる処理を混み合いの感受期の2日間, それぞれ3時間行った. その後, 単独飼育に再び戻して採卵した. また, 前胸背板と腹部も夜光塗料で覆い, 同様の処理を施した. 各処理区は無処理の単独飼育(コントロール)と大きい卵を産んだメスの割合を比較した(χ^2-test; ***, $P < 0.001$). 頭上部が光っているときに混み合いに反応して大きな卵を産む. 図中の塗り潰しは暗闇を示す. 棒グラフ上の数字はサンプル数(Maeno & Tanaka, 2012を改変).

だ（図6・20）。狙った部位以外から光が感受されるのを避けるために、夜光塗料を塗る前に他の部分は修正液で塗り潰し、さらに黒いマニキュアで二重に塗り潰した（写真6・3）。ちなみにこの二重の塗り潰しをバッタの抜け殻の複眼部分に施すと光を通さなくなることを確認しておいた。念のために頭以外でも光を感じる可能性を調べるために前胸と腹部も光らせることにした。これらの処理を施して、暗闇で光らすときに採用したのと同じ手順でメス成虫の反応を調査した。

実験の結果、複眼や単眼それに胸部と腹部が光っていてもメス成虫は反応しないが、頭部上部が光っているときに混み合いに反応して大きな卵を産むという結果が得られた（図6・21）。これはおそらく、頭部上部のすぐ下には脳があるので、皮膚であるクチクラを通ってきた光を脳が直接感受していると考えられた。これらの実験より、メス成虫が悪魔の卵を産みだすのには、混み合うこととおそらく脳で感受した光が重要であることがわかった。

夢を信じて

こする実験と光の実験の結果を一報の論文にまとめ、科学雑誌の『サイエンス』にチャレンジしてみることになった。『サイエンス』とは一般科学雑誌の中でもトップクラスだ。ほとんどの論文が門前払いとなる中、査読まで回ったが、結果は専門的すぎるという理由で却下となった。せちがらい話なのだが、科学の世界にもブランド志向があり、どこの雑誌に載ったかで評価がガラリと変わる風潮がある。より多くの人たちに私たちの研究成果を披露するのには『サイエンス』はうってつけだったので残念だったが、「良い論文はどこの雑誌にだしても認めてもらえる」と田中先生に慰められ、英国の雑誌に無事に受理された（Maeno & Tanaka, 2012）。

情熱を真っ赤に燃やし、幾千もの汗を流し、億千ものバッタに包まれながら乗り越えた試練の先に待ち受けていたもの。それは幼いころに夢見た昆虫学者の姿だった。光を操り、卵を大きくしようとした姿は小学生の卒業文集に綴った将来の自分そのものだった。まさか研究内容まで叶えることになるとは…。意図的にやろうとしてやったわけではない。そこまでして小さい頃の夢を叶える義理はもちあわせていなかったのだが、何？　この偶然。

二〇年の歳月をかけ、叶えた夢。自分で知りたいことを知れたら最高だと信じていたのだけど、それだけでは物足りなかった。自分の発見を誰かに「おもしれーな」って言ってもらえた瞬間こそ最高だった。ファーブルが私を楽しませたように、私も誰かを楽しませたかったようだ。ファーブルめ。こんな楽しいことをしていたのか。まずは自分で知りたいことを知る能力を身につけ、そのうえで一人でも多くの人を喜ばせるためには、ファーブルのようにいっぱい研究して、いっぱい発見するしかなさそうだ。困ったな。今度の夢はキリがなさそうだ♪

体液の中に

昆虫の生存に関する多くのイベントはホルモンで制御されている。脱皮も、産卵もホルモンで制御されており、ホルモンはひじょうに重要な役割を演じている。昆虫は、限られた小さい体で発育と繁殖に関わるすべてのことを成し遂げなければならないのだが、ホルモンの種類をむやみやたらに増やすのではなく、一種類のホルモンを多用するように進化している。その使い回しされているホルモンの代表例が幼若ホルモン（Juvenile Hormone, 通称ＪＨ）だ。ＪＨは、脱皮、変態、発育、繁殖、行動といったさまざまなものを制御している。じつは皆さんの身近にもこのＪＨは使われている。犬や猫のノミ取り用の首輪にはこのＪＨが使われており、ＪＨに触れた成虫が産む卵は正常に発育することができず、これでノミを殺そうという狙いらしい。

サバクトビバッタでは、ＪＨ処理は卵のサイズを小型化し、卵の数を増加させることが知られていた。一卵塊に含まれる卵の数は孤独相の方が群生相よりも多い。このためＪＨは「繁殖の孤独相化を誘導する」というのが定説であった（Pener, 1991）。

私たちは、卵サイズを制御している内分泌メカニズムに関心をもっていたのでＪＨによる処理で卵がどのように小型化するのか実際に見てみようと群生相のメス成虫にＪＨを処理してその効果を観察していた。ＪＨは表皮に塗布しても体内に浸透していくため、翅の下の腹部に溶媒のアセトンに溶かしたＪＨを塗布することにした。せっせとメス成虫の翅をめくり、ＪＨを塗り付け、小さくなった卵を見るのを楽しみにしていたのだが、卵のサイズに変化はまったく起こらなかった。おかしい。こんなはずではないのだが。

ドロ沼

実験は難航した。人工的に作ったＪＨにはいくつか種類があり、田中先生が保持していたメソプレンというＪＨアナログ（類似体）を譲り受け、羽化後、集団飼育のメス成虫に塗布した。定説によれば、ＪＨ処理した個体は小型の卵を産むはずだったが、コントロールの卵のサイズと比較してもほとんど変わらず大きいままだった。

泡説のときとは異なり、これまでに複数の研究グループがＪＨによる卵の小型化を観察しているので、再現ができないのは単に自分が何らかのミスを犯しているはずだった。ＪＨには副作用があり、メス成虫や卵に処理すると、その個体が産んだ卵は孵化しなくなる。胚発生に何らかの支障をきたしているのだろう。今回もメソプレン処理区の卵からも孵化してこないので、ＪＨの副作用はあるのだが、肝心の主作用が現れないその原因がわからなかった。もう一度実験を繰り返してみたが同じ結果になってしまった。

今度は、ＪＨⅢと呼ばれる別のＪＨアナログを使ってみることにした。しかし、またしても空振りに終わった。次こそはという思いを込めてピリプロキシフェンと呼ばれる別のＪＨで試してもうまくいかなかった。

そこで今度は、手間がかかるがＪＨを分泌する器官のアラタ体を直接移植してみることにした。アラタ体のＪＨ分泌の仕方は種によって異なっており、トノサマバッタの場合はアラタ体を神経から切り離すと暴走しはじめ、ＪＨを多量に分泌するが、サバクトビバッタの場合はＪＨの分泌が抑えられることを奥田先生たちが明らかにしていた(Okuda et al., 1996)。アラタ体の活性を制御する仕組みが二種のバッタで異なるのだ。アラタ体にはＪＨを分泌してもらわなければならないので、性成熟しているトノサマバッタのアラタ体をサバクトビバッタに移植する実験を行ったところ、卵は確かに小さくなったが、以前報告されていたＪＨにより誘導されたものほど小さくはならなかった。

実験を開始してから一年が経過していたが、いっこうに改善の兆しが見られなかった。再現実験にいつまでも手間どっているわけにはいかず焦りが募った。初心にかえり、ＪＨによる卵の小型化を報告した論文をもう一度読んでみると、ＪＨアナログはフェノキシカーブと呼ばれるものを使用していた。ＪＨのアナログならどれでも効果は同じだろうと決めつけていたのだが、この特別なＪＨアナログでなければ小型化を誘導できないのかもしれない。「マジか…」愕然とした。こんな初歩的な見落としに気づけないとはなんと情けない。しかし、こんなことになってしまった心当たりがあった。これは、私の堕落が招いた結果だった。

アゲハの誘惑

博士号取得の任からようやく解放されたその日、親友のたかふみ君と「クラブ」というものに初めて行ってみることになった。向かった先は東京の新木場にあるクラブ「アゲハ（ageHa）」。待ち受けていたのは光と音がうごめく別世界だった。

巨大なスピーカーからは五臓六腑にまで響いてくる轟音がとどろき、踊り狂う若者たち。そして、暗闇を切り裂き、せわしなく動き回るスポットライトが照らしだしたのは、美しい夜の蝶だった。私たちが購入した甘いお酒に誘われて蝶たちが舞い降りてきた。その蜜を飲み干すとせわしなくどこかへまた飛び立っていく。酒の切れ目が縁の切れ目だった。あちらこちらで色とりどりの蝶たちが乱舞していた。

「こ、これがクラブ…」ゴクリと唾を飲んだ。

田中先生からはことあるごとに、「女は研究の敵だよ」と言われており、その教えを忠実に守っていた。なによりも生活に余裕がなかったので、夜遊びなど知る由もなかった。ところが、妖美な蝶たちが手招きする夜の世界をとうとう知ってしまった。

それから一ヵ月後にポスドクになったのだが、生活が一変した。月給を三六万円ももらえたため、毎週欠かさずに食べてきたすき家の牛丼は並盛から大盛りへと変わり、ビールも発泡酒からエビスビールになり、そして床屋ではなく美容院に通うようになった。夜を知ると同時に研究に集中させていた意識がしだいに拡散し始めた。夜の蝶たちに少しでも気にいられるために東京にお洋服を買いに行くようになった。

論文を読まなければならない思いとは裏腹に、ファッション雑誌や、女子にどうやったらモテるかハウトゥー本を読む時間が増えた。さらに若者の「今」を知るためにネットを漂う時間が増えた。今まで授業やレポートなどに使っていた時間が浮いた分、あろうことかそれを研究ではなく、娯楽に費やしてしまっていた。時間があり、金がある。「バッタだって飛行するんだから、自分だって少しくらい非行したっていいだろう」小さな甘えは大きな堕落へと繋がり、研究に対する想いは次第に虫食まれていった。初歩的なJHの問題に気づけないのも当然だった。研究に身が入っていないのだ。田中先生があれほど注意してくださっていたというのに、その教えに背き、知らず知らずのうちにまんまと甘い罠にはまっていった。どんな危険が待ち受けているかも知らずに…。

とは言っても人並みには研究もしていたし、業績もでていた。「まだポスドクは三年もあるから少しくらいいいや」迫りくる無職という名の恐怖を忘れ、夜の蝶たちとの戯れにのめりこんでいった。ただ、朝になったらバッタたちにエサをあげに帰らなければならない。シンデレラ気取りで門限までは、テキーラサンライズを煽り、音の波に身をたくし、蝶々を追いかけ回した。プールサイドの屋外フロアで朝日を全身に浴び、しみじみと思った。「ああ　なんて充実した人生なんだろう」オールナイトで遊びほうけた後、ピンク色の余韻に浸りながら、バッタたちの元に戻るのを週末ごとに繰り返す。くたびれないわけがない。実験はノルマをこなすので精いっぱい。そして、みるみるうちに研究成果がでるのが遅くなった。

腹も生活態度もたるんできた自分の変化に田中先生が気づかないわけがない。朝帰りでつくばに戻り、仮眠し、そのまま研究所に出勤した日曜日に先生が「前野君、そんなペースで研究してたら研究者になれないよ。他の人と同じようにやってたら同じような結果しかだせないよ」と見かねて叱咤してくださった。研究者になるためには、通常、大学や研究所がポストの空きができると公募し、われこそはという者は履歴書や抱負を郵送し審査される。たった一つのポストに百人も応募してくるのはざらである。オンリーワンかつナンバーワンでなければそのポストを得ることはできない。狙ったポストを獲得するためには決して負けが許されない厳しい世界。研究者になれないという一言に青ざめた。この先生の一言で目が覚め、クラブ遊びはすぐに自粛した。

先生のこの愛ある喝がなかったら、さらに深みにはまってアゲハに住みついていたことだろう。ポスドクの分際で翅を伸ばすのは早すぎた。ポスドクはバッタと同じで翅を伸ばすタイミングを間違えると、翅が曲がってしまいもう二度と大空を飛ぶことはできなくなる。ポスドク一年目にこんな落とし穴があったとは。この一件で、自分がダメ人間の要素満載であることを自覚した。猛省し、伸ばしかけた翅を引っ込めて残りの二年間は挽回しようと必死になった。

異常事態

己の犯した過ちの大きさを見つめ直した後で、さっそく業者に新しいＪＨを注文し、取り寄せることにした。心を入れ替えて、フェノキシカーブを処理したところ、以前の報告どおりに群生相が小型の卵を産んだ。待ちに待った結果だった。ところが、期待の範疇を通り越して、卵が異常に小さくなりすぎていた。

すでにバッタの卵を数十万個測定していた私の目には、奇形なのは明らかだった。本来孤独相が産む卵よりもはるかに小さかった。このような結果でＪＨは卵のサイズを制御していると結論づけてもいいのだろうか。確かにＪＨ処理は卵の小型化を誘導しているが、これまでに発表された論文を詳しく読んでみると、なぜ卵が小型化したのか、その原因については誰も言及していなかった。異常事態の原因を突き止めることができれば、卵サイズを決める仕組みがわかるかもしれない。今まで見落とされてきたＪＨによる卵サイズの過剰な小型化の原因究明が、今回の研究の最大の課題となった。

先人たちと同じようにメス成虫を一つの飼育容器にまとめて集団飼育のかたちで実験しても大ざっぱな結果しか得られず、原因を突き止めることができないのではないかと直感的に睨んだ。経験的に複雑な現象に挑むときこそ徹底的に細かいところまで調査する必要があることを学んでいた。手間がかかるがメス一匹とオス二匹で飼育する簡易集団飼育法を利用することにした。いつまでも足踏みしているわけにはいかない。名誉挽回をかけて挑んだ。

集団飼育しているメス成虫を羽化後、一、四、七日目に一回ずつさまざまな濃度のＪＨアナログのフェノキシカーブを処理した。同じスケジュールで溶媒のアセトンのみを処理するコントロールを、そしてＪＨ分泌器官のアラタ体を移植する実験区と、アラタ体は移植しないが同様に手術したコントロールも準備し、産卵前期間（羽化から初産までの日数）、一卵塊あたりの卵の数および卵のサイズ、産卵日を記録した。

手始めに最初に産んだ三卵塊分のデータをまとめて解析したところ、高濃度のＪＨを処理したものほど、卵のサイズは小型化し、孤独相の卵よりも小さくなっていた（図６・22Ａ）。アラタ体を移植したものもコントロ

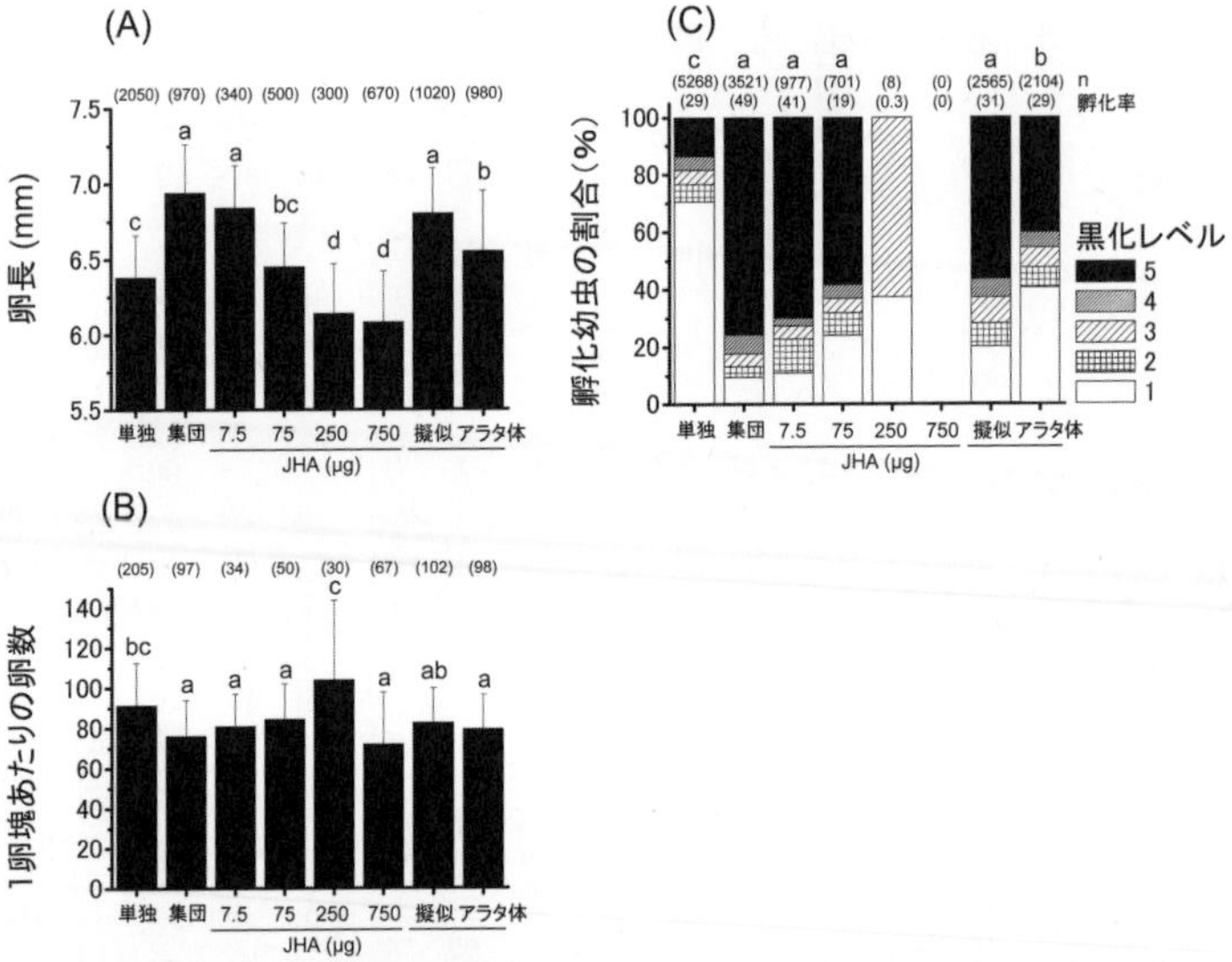

図6・22　さまざまな濃度のＪＨ処理とアラタ体移植が集団飼育メス成虫の卵サイズ(A)，１卵塊あたりの卵数(B)と孵化幼虫の体色(C)に及ぼす影響を調査した．単独：単独飼育(無処理のコントロール)，集団：集団飼育(アセトンの未処理したコントロール)．擬似：擬似手術(途中まで同じ手術を施すがアラタ体は移植しない)したアラタ体移植のコントロール，アラタ体：アラタ体を移植した．ＪＨはアセトンに溶かして処理した．図中の異なるアルファベットは処理間で統計的に有意な差があることを示す(Scheffe's test; $P < 0.05$)．孵化幼虫の体色はアークサイン変換後ANOVAを行った(Scheffe's test; $P < 0.05$)．高濃度のＪＨ処理は卵を小さくする．図中の括弧内の数字はサンプル数と孵化率(Maeno & Tanaka, 2009c を改変)．

ールに比べて卵は小型化したが、孤独相の卵よりは大きかった（図6・22A）。卵の数には明確な影響を及ぼさなかった（図6・22B）。そして、高濃度のＪＨ処理区から得られた卵塊からはほとんど孵化してこなかった（図6・22C）。ここまでは先人たちの報告とほぼ同じ結果だった。

　ここからさらに卵塊ごとに分けて詳しく解析してみた。その結果、泡説の実験のときに確認したように、集団飼育したすべての区で初産は後で産む卵塊に比べて有意に卵のサイズは小さかった。とくに、高濃度のＪＨを処理した区では著しく小さい卵が産卵されていた。ＪＨの副作用により孵化してこなかったため、孵化幼虫の体色については観察できなかった。高濃度のＪＨを処理した区では、一卵塊あたりの卵の数にも異常がみられた。通常、一卵塊あたりの卵数は決して卵巣小管数を越えることはないが、一卵塊に卵巣小管数の倍近い卵が含まれていた。これは、一度に二卵塊分の卵を産んでいると考えられた。明らかにＪＨは異常な副作用を引き起こしていた。ＪＨ処理区でも初産は小型の卵を産むのだが、初産以降では卵のサイズは大きくなっていた。アラタ体を移植した場合でも同様の傾向がみられた。初産以降で卵サイズが大きくなっていく現象は、ホルモンの効き目が切れてきたと解釈すれば納得できるのかもしれないが、このときすでにあるカラクリに気づいていた。このカラクリは個体ごとの産卵履歴を追っていなければ絶対に解けないものだった。

＊ ホルモンの影響を調査する際にはさまざまな濃度を処理するのが王道となっている。その理由として、生物現象によっては低濃度や高濃度のホルモンに反応する場合があるからだ。そのため、いくつかの濃度を試さなければ決定的なことが言えない。これは、濃度反応（Dose response）と呼ばれている技だ。この他にもホルモン処理するタイミングを変えることも重要な技である。

カラクリだらけのホルモン仕掛け

バッタの産卵履歴がもたらした初産卵日と卵サイズとの関係を示す図が、何が起きているのかを浮き彫

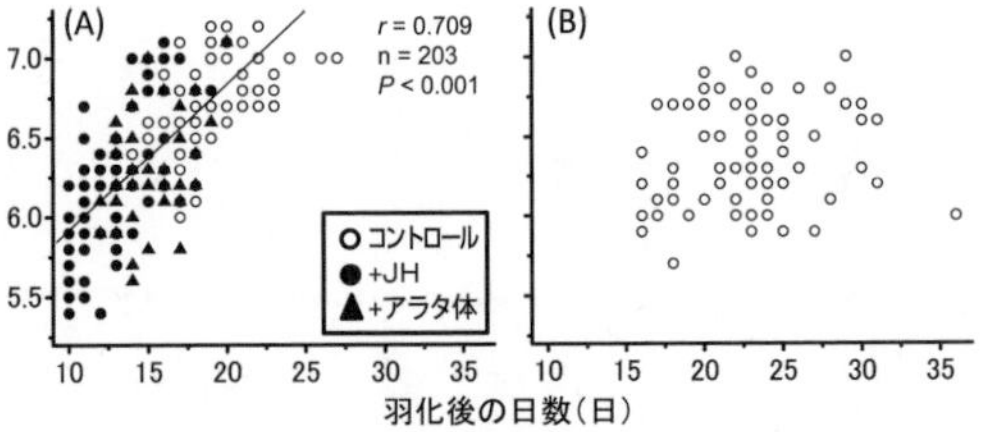

図6・23　羽化後の日数と卵サイズとの関係.（A）JH処理，アラタ体移植またはコントロール（アセトン処理と擬似手術）の集団飼育メス成虫，（B）単独飼育．集団飼育条件下では早い時期に産卵するほど，より小さい卵を産む（Maeno & Tanaka, 2009c を改変）.

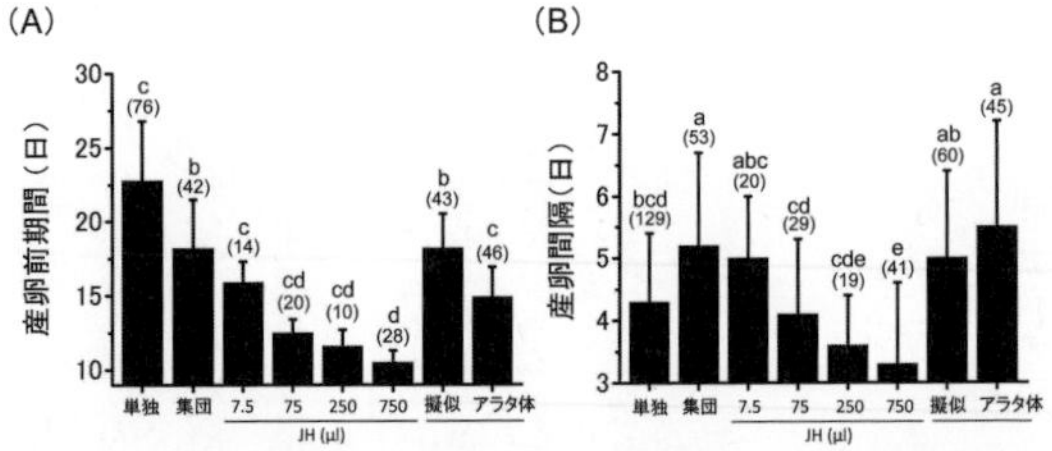

図6・24　集団飼育メス成虫の産卵前期間（A）と産卵間隔（B）に及ぼすJH処理とアラタ体移植の影響．図中の異なるアルファベットは処理間で有意な差があることを示す．高濃度のJHを処理するほど，産卵前期間と産卵間隔はより短くなる（Scheffé's test; $P < 0.05$）．図中の括弧内の数字はサンプル数（Maeno & Tanaka, 2009c を改変）.

りにした。集団飼育条件下で得られた初産卵塊をまとめて解析したところ、早い時期に産卵された卵ほど小さい傾向があった（図6・23A）。そして、処理区ごとに詳しく解析することで、高濃度のJH処理区の方がコントロールに比べて、有意に早い時期に産卵を開始していた（図6・24A）。単独飼育した場合にはこの傾向は見られなかった（図6・23B）。つまり、JH処理によって卵のサイズが小型化した原因は、産卵が異常に早められたからという解釈ができる。しかし、これだけではその後の産卵でも小型の卵を産む説明はできない。まだJH処理の副作用がどこかに隠されているはずだ。

さらに解析を進めたところ、JHは産卵間隔にも影響していることがわかった。産卵間隔、つまり卵を作るための準備期間のことだが、この期間が短いと小さい卵を産む傾向が集団飼育条件下で見られた（図6・25A）。一方で単独飼育下ではこのような傾向は見られなかった（図6・25B）。通常の群生相の産卵間隔は五日ほどだが、JH処理区では二日で産卵する個体も現れた。それぞれの産卵間隔を調べたところ、コントロールに比べて、JH処理区ではその間隔は有意に短くなっていた（図6・24B）。高濃度のJHを処理するほど産卵間隔は短くなっていた（図6・24B）生理学的に卵を作る準備期間が短いと、小さい卵しかできないのは納得できる。これらの結果から、JH処理によって卵が小型化した原因は、（一）産卵開始日を早めたこと、（二）産卵間隔を短くしたことによるものだと考えられた。どのように卵が生産されているのか、その「過程」を無視して卵のサイズという「結果」しか見ていなければJHが卵サイズを小型化していると解釈してしまうのは当然だ。個体識別できない集団飼育下で採卵するような実験では、このカラクリを見抜けなかったのも当然だ。しかも、以前の報告では卵をいつまで採卵したかが明記していなかった。もし早々に実験を打ち切っていたら、JH処理による卵の小型化はよりいっそう強調されただろう。

　私たちは、さらにJHが卵サイズの制御に関わっていないという決定的な証拠を掴んだ。以前の研究が示したように十分に大型の卵を

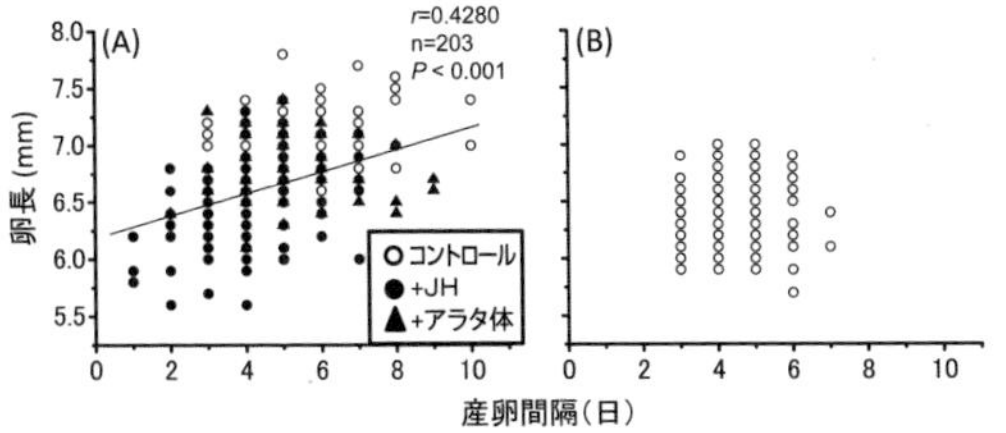

図6・25　JH処理，アラタ体移植またはコントロール（無処理，擬似手術）の集団飼育メス成虫（A）と無処理の単独飼育（B）の産卵間隔と卵サイズとの関係．集団飼育条件下では産卵間隔が短いほど，より小さい卵を産む（Maeno & Tanaka, 2009c を改変）．

産んでいる集団飼育のメス成虫を単独飼育に移すと小型の卵を産むようになる（Maeno & Tanaka, 2008a）。ＪＨ処理が同様の効果をもつかどうか、羽化後二十五日齢の集団飼育メス成虫にＪＨ処理やアラタ体移植をしたのだが、卵サイズは小さくはならなかった。同時期に集団飼育から単独飼育に切り替えたメス成虫は小型の卵を次の産卵から産み始めたため、これは明らかにＪＨだけでは説明できない現象だ。興味深いことに年をとったメス成虫ではＪＨは産卵間隔に影響しなかった。同じホルモンでも発育ステージが異なると反応が変化する事象は他の昆虫でも知られていたので、バッタでも同様のことが起こっていると考えられた。ＪＨは産卵前期間と産卵間隔に影響して卵のサイズを間接的に小型化するが、卵のサイズそのものの制御には関係していないと結論づけ、論文発表した（Maeno & Tanaka, 2009c）。

発表した論文は上質な紙に印刷され、別刷りとして請求することができる。注文していた別刷りを手渡しされるときに田中先生から、「僕の計算によると一年前にはもう論文になってたはずだったんだけどね」と苦い思い出をほじくり返された。少しばかり努力したからと言って師匠の教えに背いた罪は許されたわけではなかった。

卵のサイズを決めているのがＪＨだったら、おあとよろしく話を締めることができたのだが、どうやら他のホルモンが関与しているようだ。サバクトビバッタの他のホルモンであるコラゾニンをメス成虫に注射しても孵化幼虫の体色に影響しないことを田中先生が報告されていたので、コラゾニンは関係がなさそうだ。では、卵のサイズの決定に関わっているホルモンはいったい何物か？　ちょうどこの時期に、サバクトビバッタの群生相化を制御する物質を特定したという論文が発表された。その物質は、セロトニンと呼ばれていた。

セロトニン

セロトニンはヒトを含む動植物に一般的に含まれる化学物質で、人間の精神活動に大きく影響している。脳内セロトニンの不足がさまざまな病気の原因の一つとして知られており、不眠症、睡眠障害、冷え性、偏頭痛、うつ病、更年期障害などの病気が誘発されると考えられている。また、セロトニンは「ノルアドレナリン」や「ドーパミン」と並んで、体内で重要な役割を果たしている三大神経伝達物質の一つで、セロトニンが不足すると精神のバランスが崩れて、暴力的になったり、落ち込んだりするそうだ。このセロトニンがバッタの群生相化を引き起こしているというのだ。

アンステイ博士らによると、サバクトビバッタの孤独相の幼虫の胸部にメスで切り込みをいれて、胸部の神経節を露出し、そこにセロトニンを溶かした液体を流し込む処理を施し、傷口をふさいでからその後行動を調べると、群生相的な行動をするというのだ（Anstey et al., 2009）。さらに群生相の幼虫にセロトニンが体内でうまく働かなくなるような阻害剤を同様に処理すると、行動が孤独相化することも報告していた。その研究グループは以前に孤独相の方が群生相よりもセロトニンの濃度が高いことを報告していた（Rogers et al., 2004）。そのため、なぜ孤独相のセロトニンの濃度を人為的に上げると瞬間的に群生相的な行動を示すようになったのかいま一歩腑に落ちなかったが、もしかするとサバクトビバッタのメス成虫

			卵長 (mm)			
実験番号	飼育密度	処理	処理前	処理後	t-test	n
1	単独 → 単独	セロトニン 0.1 μg	6.1 ± 0.3 a	6.1 ± 0.3 a	NS	14
2	単独 → 単独	セロトニン 1 μg	6.1 ± 0.3 a	6.1 ± 0.4 a	NS	11
3	集団 → 集団	セロトニン 1 μg	7.3 ± 0.3 b	7.3 ± 0.3 c	NS	14
4	単独 → 単独	阻害剤 0.1 μg	6.2 ± 0.2 a	6.1 ± 0.2 a	NS	13
5	単独 → 集団	阻害剤 0.1 μg	6.2 ± 0.2 a	6.7 ± 0.2 b	***	10
6	単独 → 集団	阻害剤 1 μg	6.1 ± 0.2 a	6.6 ± 0.2 b	***	11
7	単独 → 単独	無処理	6.2 ± 0.1 a	6.3 ± 0.3 a	NS	20
8	単独 → 集団	無処理	6.3 ± 0.2 a	6.7 ± 0.2 b	***	25
9	集団 → 集団	無処理	7.3 ± 0.3 b	7.3 ± 0.3 c	NS	20

表6・1　セロトニン（5HT, 0.1と 1 μg）またはセロトニンレセプターの阻害剤（AMTP, 0.1と 1 μg）注射が卵サイズの変化に影響するかを調査した実験．産卵後2日間それぞれの処理をおこなった。飼育密度の変化に伴う卵サイズの大型化にも小型化にもセロトニンは関与していなかった（Maeno et al., 2011 を改変）．
数字の後の異なるアルファベットは各処理間で統計的に有意な差があることを示す（Scheffé' s test; $P < 0.05$）．
＊アスタリスクは処理前後で統計的に有意な差があることを示す（t-test; NS, $P > 0.05$; ***, $P < 0.001$）．

でもセロトニンが卵サイズに影響するのではと思い、さっそく業者に依頼してセロトニンとセロトニンの阻害剤を取り寄せた。

恥ずかしながら私は化学はさっぱりなので、薬品の取り扱いに詳しい小滝豊美先生（農業生物資源研究所）にセロトニンの調合を依頼して、実験の準備を整えた。幼虫の行動の群生相化を誘導した実験と同じ濃度のセロトニンを単独飼育のメス成虫の胸部に混み合いの感受期の二日間それぞれ一回ずつ注射したが、何も注射しなかったコントロールと同様に卵サイズは小さいままだった（表6・1、実験番号1）。成虫は幼虫よりも体が大きいのでもっと濃い濃度でなければだめかもしれないと考え、さらに一〇倍の濃度のものも注射したのだが変化はなかった（表6・1、実験番号2）。注射をせずにただ単独飼育から集団飼育に切り替えたコントロールではいつもどおりに卵は大きくなっていた（表

6・1、実験番号8)。どうやらセロトニンは卵サイズを大きくする群生相化を引き起こす効果はないらしい。しかし、もしかしたらセロトニンは成虫では孤独相的な特徴を誘導するかもしれない。この可能性を確かめるために集団飼育しているメス成虫に同様にセロトニンを注射したのだが、無処理のコントロールと同様に卵サイズの小型化は見られなかった(表6・1、実験番号3と9)。

他の可能性として、もしセロトニンの阻害剤が卵サイズが大きくなるのを抑制するとしたら、単独飼育から集団飼育に切り替えたメス成虫が大きな卵を産まなくなるのかもしれない。これを確かめるために単独飼育のメス成虫に阻害剤を注射して二日間混み合わせたが、いつもの反応と同じように大きな卵を産んだ(表6・1、実験番号5と6)。阻害剤は単独飼育メス成虫がいつもどおり小型の卵を産むのにも影響していなかった(表6・1、実験番号4と7)。これらの結果から、私たちはセロトニンは卵サイズの大型化(群生相化)にも小型化(孤独相化)にも関係していないと結論づけ、論文発表した(Maeno et al., 2011)。それでは、いったいどんなホルモンが卵サイズを制御しているというのだろうか。この疑問に関しては、今現在も調査中である。卵サイズを制御するホルモンを特定することが私の一つの大きな目標でもある。まったく手がかりがないわけではない。

小滝先生はカメムシ類の卵吸収の研究をされている。卵吸収とは母親が餌にありつけないような緊急事態に卵巣内の卵を栄養源として吸収して命を長らえるという現象で、いわば卵は非常食のようなものだ。小滝先生は卵のスペシャリストでしかも博学なのでいつも研究を相談させてもらっていた。これまでの一連のバッタの卵のサイズを決める話から、卵巣内で卵殻が形成されてしまうともはや卵サイズは変更できないので、卵殻が作られるタイミングが卵サイズを決めるのに重要なのではないかとアドバイスを授けてくださった。そういった未解決の問題やこれまでに行ってきた二〇〇九年までの私たちの新知見を一報の総説として田中先生がまとめあげてくださった（Tanaka & Maeno, 2010）。

コラム　虫のマネをするファーブル

アナバチの仲間は母親がタマムシやゾウムシなどの好みの獲物を狩って、地中の巣穴に蓄える。母親はその獲物に卵を産みつけ、孵化した幼虫は、母親が準備してくれた獲物を食べて育つ。幼虫のエサにはどうしても新鮮な獲物が必要なのだが、冷蔵庫も使わずにどうやって獲物を新鮮なまま卵が孵化するまで保存しておくのだろうか？　この謎を解き明かした人こそファーブルである。彼の観察によると、母親は獲物の胸部の中枢神経節を目がけて腹部の先端から毒針を刺すとその獲物は身動きしなくなる。これは死んだわけではなく運動をつかさどる中枢神経がおそらく損傷したため麻酔状態になっているだけで、新鮮なまま幼虫のエサとなる。これは子どものために新鮮なエサを準備するアナバチならではの生活の知恵だ。ファーブルはアナバチのマネをするためにアンモニアをつけた鋭いペン先をタマムシやゾウムシの胸部に突き刺して、見事に麻酔を成功させていた。そのアイデアに本気でリスペクトしてしまう。目的は違えども、私もバッタの胸部に注射針を突き刺し、ふとファーブル昆虫記のこの話しを思い出した。

ちなみに、有限会社お魚企画は魚の頭部の中枢神経を針で刺して運動機能を破壊すると鮮度を長期間保つことができるという技を開発し、魚の流通の歴史を変えている。

コラム　一寸の虫にも五分の魂

「バッタが好きなのに殺して平気なの?」と女性に問い詰められることがある。平気なわけがない。胸が痛い。私は、多くの命を奪って研究している。許してなんて言えないけれど、ごめんねと謝りながら命を奪い続けている。自分だけではない。多くの昆虫学者は命の重さと罪を背負って虫と接している。科学とは多くの犠牲の積み重ねで成り立っている。

毎年六月四日を目がけ、つくば近郊の昆虫学者たちは農業環境技術研究所の蟲塚の前に集結する(写真)。日程の都合でずれる年もあるが、「ムシの日」に虫供養をするためだ。蟲塚にはお神酒が供えられ、黙祷の後、鳩の代わりに蝶が解き放たれ供養が行

写真　農業環境技術研究所に置かれている「虫塚(蟲塚)」．その表側には，3つの「虫」からなる「蟲」の字が彫られている．虫は昆虫を示すが蟲は生物全般を意味する．虫供養のためにお神酒を蟲塚にかけている望月さん(撮影：望月 淳)．

われる。せめてもの弔いとして、彼らの命を無駄にすることなく、彼らが身を捧げて与えてくれた「知」を論文にすることが研究者としての務めだと信じている。

第７章
相変異の生態学

なぜ子の大きさが違うのか？

サバクトビバッタは孤独相が小さい孵化幼虫を、群生相は大きいものを生産する（口絵４）。なぜ孵化幼虫（子）の大きさを変えているのだろうか？　子の大きさが違うと何か良いことでもあるというのだろうか？　この疑問に応える研究報告はきわめて少ない。先人たちの報告によると、大きな幼虫は小さな幼虫よりも、乾燥や飢餓に対して強く、活発に動き回るとされている。大きな子の方が優れているのであれば、まどろっこしいことせずに大きい子だけを産めばいいじゃないかと、バッタを問い詰めたくなるのだが、何か理由があるのだろう。ここまでは、どうやって異なる形質をもった子が産みだされているかに関する仕組みの話題が中心であったが、ここからは、子の体サイズに見られる相変異が実際に自然界で生き延び、子孫を残すのにどんな役に立っているのかという生態学的（Ecological）な意義についての研究成果を紹介していきたい。

写真７・１　(A) 早朝にひなたぼっこ中のバッタ，(B) 生息地.

それでは、サバクトビバッタの実際の生息地であるサハラ砂漠の風景を頭にイメージしていただければ、より話がリアルに聞こえるかと思い、一部ですが、現地で切り撮った写真をお見せします（写真７・１）。

力の差がでるとき

学校のテストを思い出してほしい。簡単なテストだと皆が良い点をとってしまうので成績の良し悪しを区別することは難しいが、難しいテストだとその差は歴然とする。昆虫の研究にもこれと同じ理論が取り入れられており、虫Aと虫Bのどちらが優れたパフォーマンスをもっているかどうかを調べる場合はあえて厳しい環境下で両者を比較するとその差がはっきりする。では、サバクトビバッタにとって厳しい環境とはいったいどんなシチュエーションがあるだろうか。

まず思いつくのが混み合いである。混み合いは生活環境の悪化を引き起こし、ライバルたちと休息場所やエサ、交尾相手の奪い合い、と熾烈な競争が繰り広げられる。そもそもメス成虫は混み合いに反応して大きな子を生産するが、群生相のメス成虫は一ヵ所に集まって集団で産卵する習性があるために、子たちは孵化した直後から混み合うことになる。これらのことから、大きい子の方が混み合った条件下で優れているのではないかと予測される。そこで、単独飼育と集団飼育の条件下で小さな子と大きな子が育った場合に発育にどのような違いが生じるのかを調査した。実際の研究では、さまざまな大きさのオス・メスの子について調査したが、ここでは典型的な孤独相と群生相のメスの子についてのみ話を進めていく。便宜上、小さい子を孤独相、大きい子を群生相と呼ぶ。

瞳を見つめれば

昆虫の発育形質の指標の一つとしてよく使われるのが脱皮回数である。遺伝的に脱皮回数が決まっている虫もいれば、生活環境に応じて脱皮回数が増えたり減ったりする虫もいる。サバクトビバッタの場合、孵化してから羽化するまでの脱皮回数は合計五回もしくは六回（過剰脱皮）である。過剰脱皮は、孤独相にしか見られないことが知られているが、孤独相の中でも過剰脱皮するものとしないものとがいる（Hunter-Jones, 1958）（口絵12）。

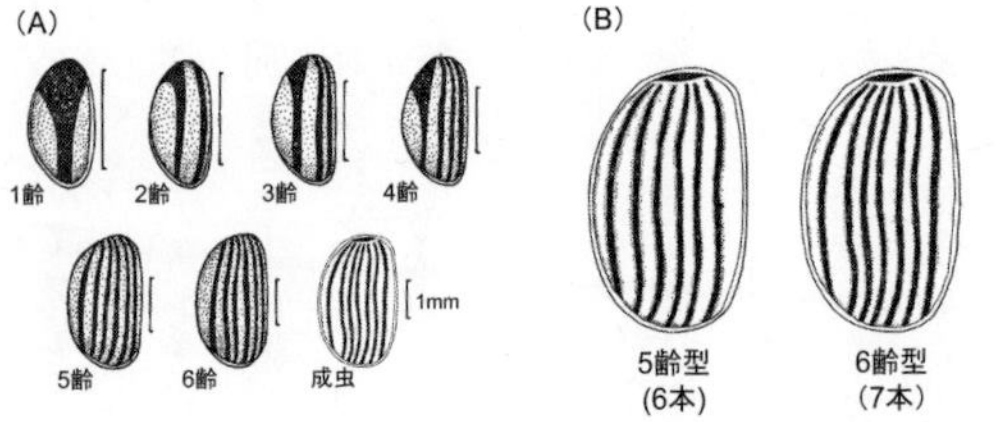

図7・1　(A) 各齢期における複眼のストライプ数の変化 (*Nomadacris septemfasciata* を例に使用した), (B) サバクトビバッタの5齢型と6齢型（過剰脱皮）成虫の複眼（Uvarov, 1966を改変）.

　幼虫でも成虫でも、私はサバクトビバッタのいたいけな瞳を見つめれば何回脱皮したのかすぐにわかってしまう。読者の方は、著者はなんてキザなのかしら、と思われるかもしれないが、まずは落ち着いて説明を聞いてほしい。タネ明かしすると、サバクトビバッタは一回脱皮すると複眼に一本のストライプが加算される（図7・1）。孵化幼虫はもともと一本もっており、脱皮する度に一本ずつ増えていくので、もし成虫が六本のストライプをもっていたらその個体は五回脱皮し、七本もっていたら六回脱皮して成虫になったことを意味する。ちなみに複眼のストライプはトノサマバッタでは見られない。

単独飼育条件下では毎日の観察により正確に脱皮回数がわかり、四齢になった時点で過剰脱皮するかどうかを判断できる。将来翅になる翅芽が反転すると五齢型になり、反転しないと六齢型になるので成虫になる前に過剰脱皮する個体の割合も算出できる。

今回の実験では、孵化幼虫の大きさと飼育密度が過剰脱皮するかどうかにどのように影響するのかを調べてみた。その結果、同じ飼育密度下では、過剰脱皮の割合は孤独相の子ほど高く、群生相の子では過剰脱皮する個体は出現しなかった（図7・2）。さらに過剰脱皮の割合は、単独飼育下で高く、集団飼育下では減少する傾向にあった。それまでの定説では、サバクトビバッタの脱皮回数は孵化した時点で決定されていると信じられてきたが、集団飼育すると脱皮回数が減少する傾向が見られたため、孵化時以降でも脱皮回数は変化する可能性が示された。

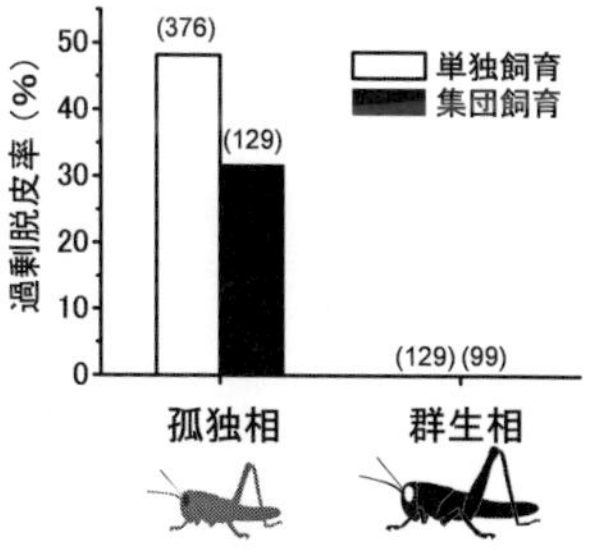

図7・2　孤独相と群生相の子を単独または集団飼育したときの過剰脱皮したメスの割合．図中の括弧内の数字はサンプル数（Maeno & Tanaka, 2008b を改変）．

ルール違反の発育能力

校則、交通ルール、社会のルールと人間の世界には無数のルールがあり、秩序と引き換えに私たちはルールに縛られて生活している。自由奔放に見える昆虫たちもじつはルールに縛られて生きているのをご存じだろうか。その一つに発育に関するルールがある。孵化したての幼虫は、「速く」そして「大きな」成虫

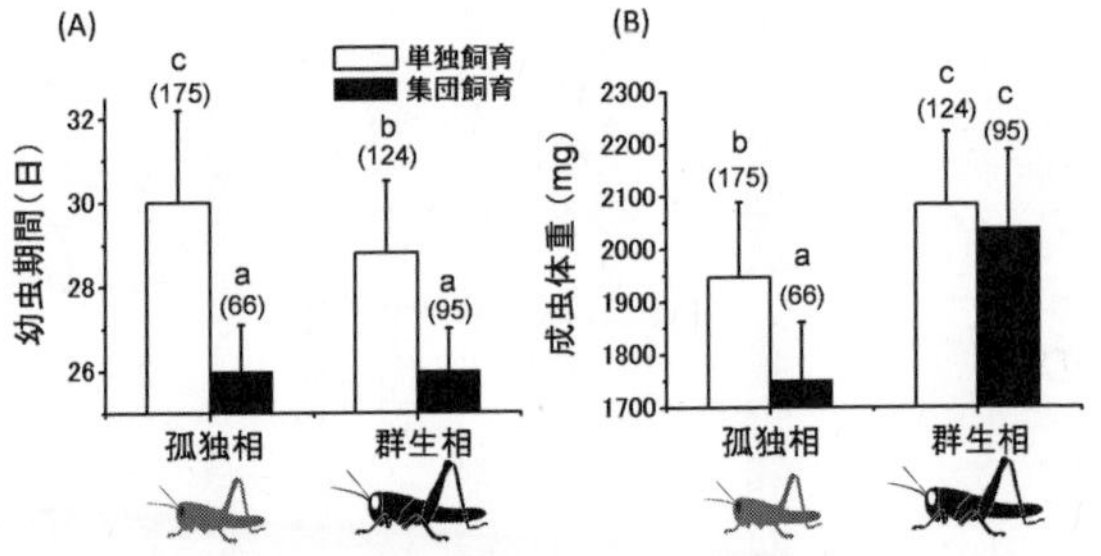

図7・3　孤独相と群生相の子を単独または集団飼育したときのメスの幼虫期間（A）と成虫体重（B）．図中の異なるアルファベットは各区間に統計的に有意な差があることを示す（Scheffe's test; $P < 0.05$）．図中の括弧内の数字はサンプル数（Maeno & Tanaka, 2008b を改変）．

になることを切望しているだろうが、そうはいかない。速く成長するということは、それだけ発育する期間が短くなる。一般的に、速く成虫になるなら小さな成虫になり、大きな成虫になるなら発育に時間がかかるという、どちらかを選べば、どちらかを選べないという神が定めしルールに縛られている。どちらを選択するかは、生存競争の勝敗に直結する重要な問題になってくるので直面した状況に応じて昆虫たちは巧みにこの束縛の中で最適な戦略を選択し、生存している。はたしてサバクトビバッタはこの問題にどう向き合い、大きさの異なる子たちはどのように発育していくのだろうか？　発育する環境が異なっているならば戦略を変える必要もあるだろう。解析から明らかになったバッタの信じがたい能力を紹介していく。

過剰脱皮すると一齢期間（約四日間）余分に増えるために、過剰脱皮しなかったものに比べ発育日数は長くなるが、その分大きな成虫になる。齢数の違いによる誤差をなくすために、ひとまずすべての区から出現した五回脱皮して成虫になった五齢型同士を比較しながら話を進める。

まずは、孵化から羽化までにかかった発育日数と、羽化時の体サイズがどうなったかを調査した。集団飼育下では、どちらの大きさの子でも発育を速めたが、それぞれの間には有意な違いは見られなかった（図7・3A）。単独条件下でもほとんど差はないが、群生相の孵化幼虫はわずかに速く成虫になる傾向があった。

羽化時の体サイズ（＝体重）に関しては複雑な結果が得られた（図7・3B）。単独飼育下でも集団飼育下でも群生相の子の方が、大きな成虫になった。集団飼育すると単独飼育したものに比べて、孤独相の子は小さい成虫になったが、群生相の子はほとんど大きさの変わらない成虫になった。

この結果をまとめて何が起こっているのか考えてみた。小さい孤独相の子は、集団飼育下では、速く発育するが小さな成虫になる。これは他の生物にも見られる発育のルールどおりだ。ところが、大きい群生相の子では、集団条件下で発育が速まっても成虫時の体サイズは小さくならず、ゆっくりと発育した単独飼育条件下の個体と同じくらい大きな成虫になる。つまり、速くそして大きくなるという生物のルールを破っていたのだ。なぜこのようなことが可能なのか決定的なことは言えないが、群生相の方が孤独相よりも代謝が高いことが報告されているので、それが一つの原因かもしれない。

成虫の一番の使命は子孫を残すために繁殖することである。今、手元にはさまざまな大きさのメス成虫がいるが、彼女らはみな同じように次世代へのバトンとなる卵を残していくのだろうか？　次は、成虫の体サイズに秘められた繁殖に関わる生態学的な意義について紹介していくことにする。

掟破りの産卵能力

「大卵少産」と「小卵多産」。いきなり四字熟語を書いてしまったが、これは昆虫たちが抱える産卵に関連した問題で、大きな卵を少しだけ産むか、それとも小さな卵を多く産むかという繁殖戦略を表したものである。一般的に卵を作るのに投じるエネルギーには制約があるため、昆虫たちはどちらかを選択していると考えられている。サバクトビバッタでもこの戦略が採られており、孤独相は小卵多産で群生相は大卵少産であることが報告されていた(Uvarov, 1966)。ただし、この話題は孤独相も群生相も卵に投じるエネルギーが同じであるということが前提であったが、それを示すデータは欠けており、机上の空論のままだった。イスラエルの研究者ペナー教授は自身の総説の中で、これまで行われてきた集団飼育下で得られた産卵能力に関する実験結果は、エサ不足や産卵場所の不足など混み合い以外の影響によって引き起こされている可能性を指摘しており、より慎重に孤独相と群生相とを比較する必要があることを指摘していた(Pener, 1991)。さらに見落とされていたのはメス成虫の体サイズである。一般的に昆虫では、体の大きいメス成虫ほどより多くの卵を産む傾向が知られていた。サバクトビバッタでは、体サイズのバラつきが顕著であるにも関わらず、誰一人として体サイズと産卵能力との関係に関して調査していなかった。この問題を前にして黙ってはいられない。先の実験で発育を調べたメス成虫を引き続き同じ密度条件下でそのまま飼育を続けて、産卵能力について調査することにした。便宜上、単独飼育したメス成虫を孤独相、集団飼育したものを群生相と呼ぶ。産卵能力として、一卵塊あたりの卵数と一〇卵あたりの平均卵重(ミリグラム）を求めた。

まずは、成虫の体サイズの変異を気にすることなく、孤独相と群生相から得られたデータをまとめて比較してみる。定説どおり、群生相は孤独相に比べ大きな卵を少なく産むことがわかった（図7・4）。

次にメス成虫の大きさと卵数との関係について解析した。なお孤独相の五齢型と六齢型成虫は別々に示しているがまとめて解析する。どのグループでも、一般的に見られるように大きなメス成虫ほどより多くの卵を産む傾向が見られた（図7・5A）。

卵サイズとメス成虫の体サイズとの関係は孤独相と群生相とで異なっていた（図7・5B）。孤独相では、大きいメス成虫ほどほんのわずか小さな卵を産む傾向が見られ、群生相では大きなメス成虫はより大きな卵を産むことがわかった。

話の前提となった一卵塊あたりに投じるエネルギーとして、一卵塊あたりの平均卵重と卵数をかけたものを総卵重量として算出して、孤独相と群生相とで比較したところ、群生相の方が大きいことがわかった（図7・6A）。そして、成虫体サイズあたりの総卵重量は群生相の方が孤独相よりも大きかった（図7・6B）。これは、群生相の方がより産卵にエネルギーを投じていることを示している。

メス成虫の体サイズとの関係を見てみると、一卵塊あたりの総卵重量は孤独相でも群生相でも大きなメスほどより高い値を示した（図7・7A）。次に、体サイズあたりの総卵重量では孤独相ではメスの体サイズに関わらずほぼ一定だが、群生相では大きなメスほどより大きくなる傾向が見られた（図7・7B）。これは大きなメス成虫ほどより産卵に投じるエネルギーが高まっていることを意味している。

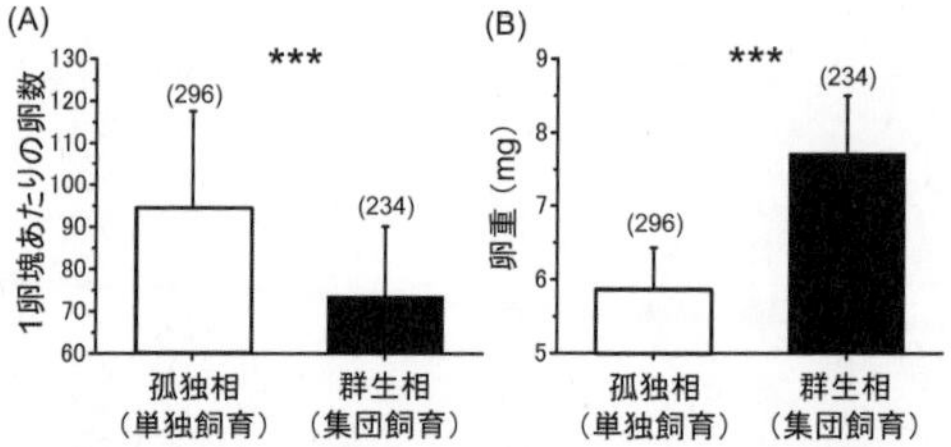

図7・4　孤独相と群生相の産卵能力の比較．(A) 1卵塊あたりの卵数，(B) 卵重 (mg)．図中のアスタリスクは異なる飼育密度間で統計的に有意な差があることを示す (ANCOVA, ***, $P < 0.001$)．成虫の体重を共変数に使用した．図中の括弧内の数字は調査した卵塊数 (Maeno & Tanaka, 2008b を改変)．

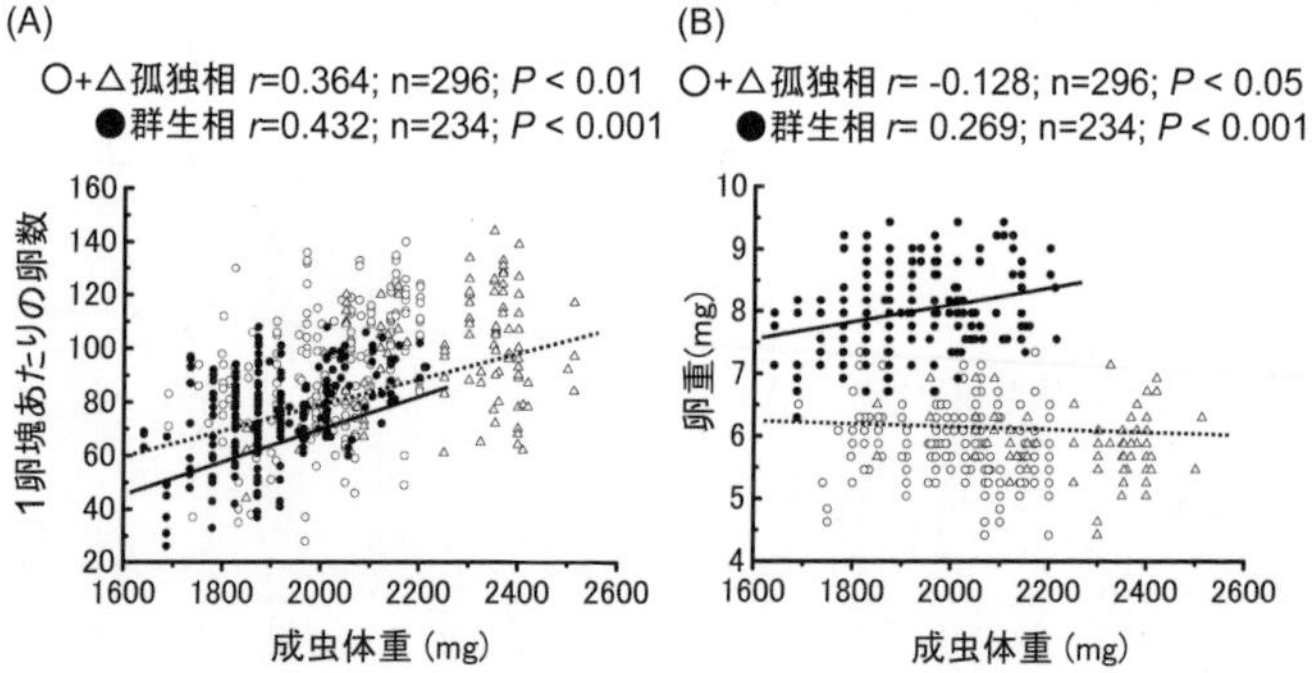

図7・5　メス成虫の体サイズと繁殖能力との関係．(A) 1卵塊あたりの卵数，(B) 卵重 (mg)．孤独相は5齢型（○：n=193）と6齢型（△：n=103）に分けた．回帰直線は群生相（●：n=234）は黒線で，孤独相 (n=296) は点線で示す (Maeno & Tanaka, 2008b を改変)．

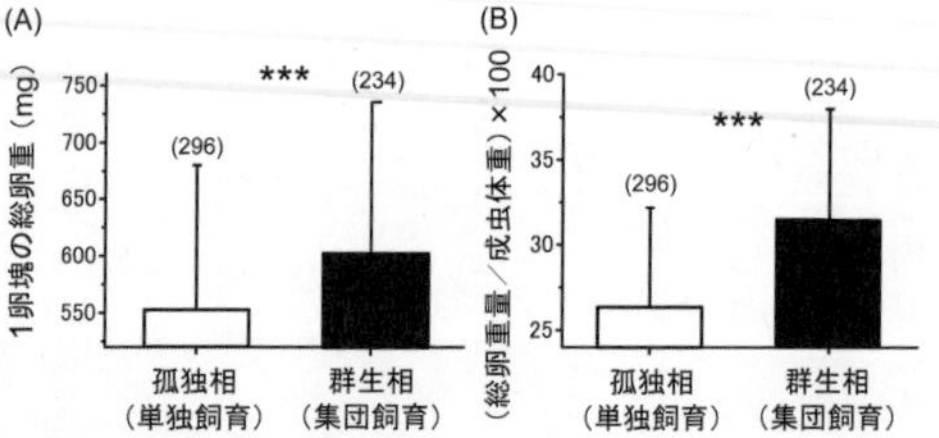

図7・6　孤独相と群生相メス成虫の産卵能力．(A) 1卵塊あたりの総卵重量 (mg)，(B) 成虫体重に対する総卵重量．図中のアスタリスクは異なる飼育密度間で統計的に有意な差があることを示す．(A; ANCOVA, ***, $P < 0.001$。成虫の体重を共変数に使用した) (B, Mann-Whiteney's *U* test, $P < 0.001$)．図中の括弧内の数字は調査した卵塊数 (Maeno & Tanaka, 2008b を改変)．

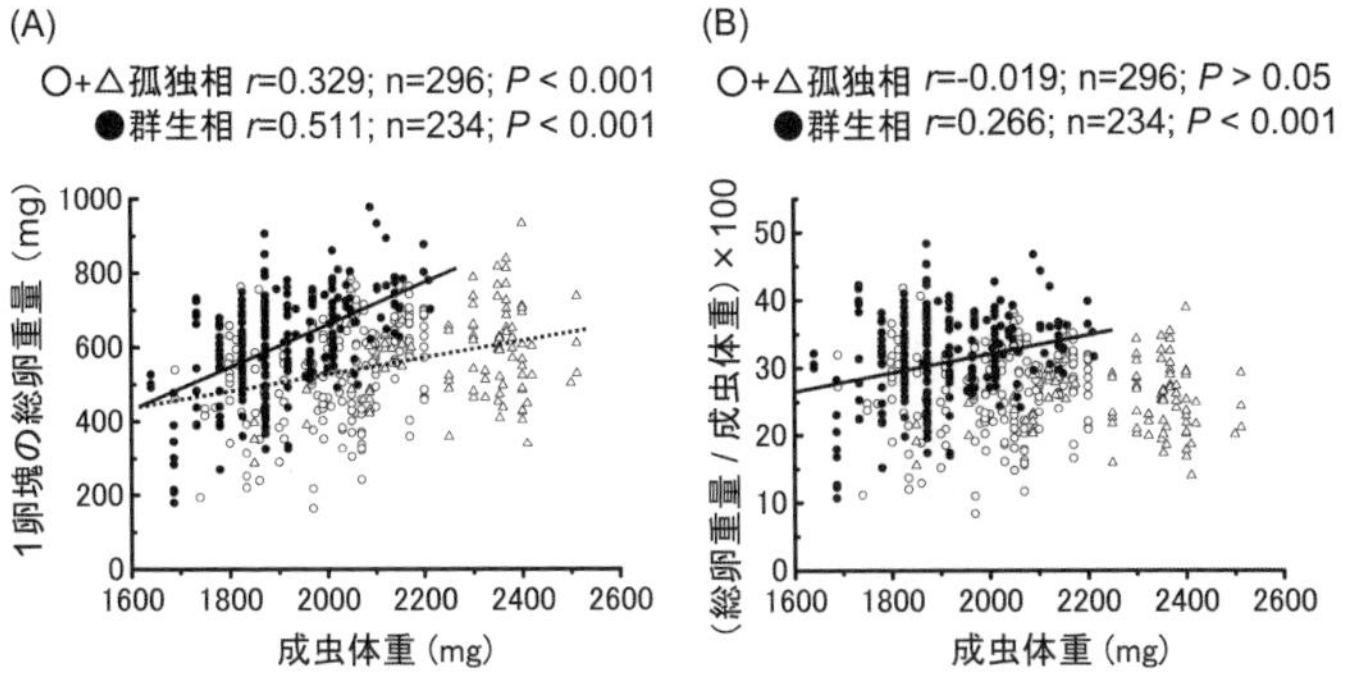

図7・7　メス成虫の体サイズと産卵能力との関係．（A）1卵塊あたりの総卵重量，（B）成虫体重に対する1卵塊あたりの総卵重量．孤独相は5齢型（○：n=193）と6齢型（△：n=103）に分けた．回帰直線は群生相（●：n=234）が黒線で，孤独相（n=296）は点線で示す（Maeno & Tanaka, 2008b を改変）．

サバクトビバッタは卵の数とサイズの問題とどう向き合っているのか。一卵塊あたりの卵数と卵重との関係を見てみよう（図7・8）。孤独相と群生相とを一つの図にまとめて見てみるとそれぞれ一般的な小卵多産と大卵少産の関係性が見られるが、それぞれのグループ内で解析してみると群生相では統計的にこの関係は見られず、大卵多産を成し遂げていることがわかった。こんな生物界のルールに従っていないのは、とくに体の大きなメス成虫だった。

混み合った環境では生育環境が悪化するので、よりたくましい子を残した方が、生き残る確率は高まる。大きな子を残して、その子が再び大きな成虫になると、より有利な繁殖能力を発揮することが可能となる。この一連の研究結果において特筆すべきは、群生相は混み合うことで特別な能力を発現し、発育し、繁殖する点だ。通常、昆虫では混み合うと発育および繁殖のパフォーマンスが低下するのがふつうなのだが、サバクトビバッタではむしろあがっている点が注目に値する。

ここまでの説明だと、群生相の方ばかりが優れていて、孤

写真7・2　英国王立昆虫学会『Bulletin of Entomological Research』の表紙を飾ったわが子の雄姿.

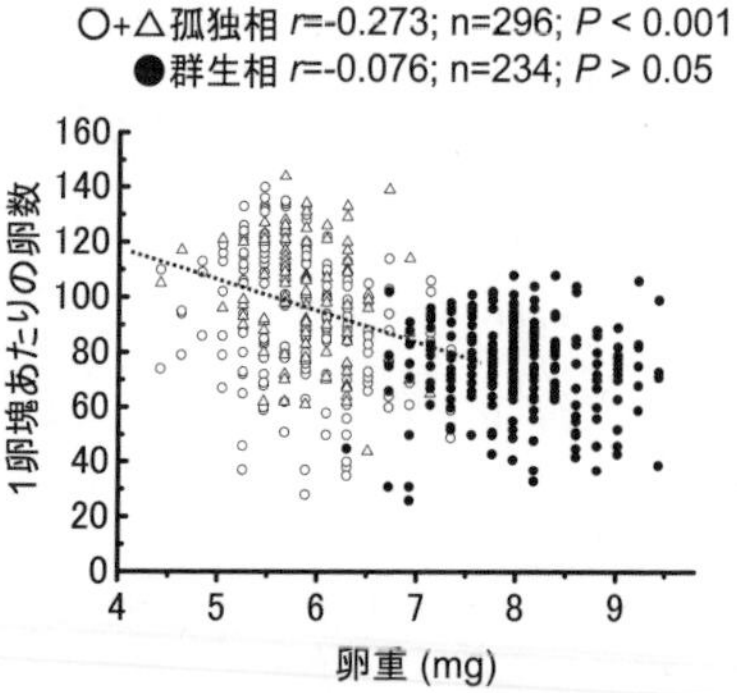

図7・8　孤独相と群生相メス成虫の1卵塊あたりの卵数と卵重との関係．孤独相は5齢型（○：n=193）と6齢型（△：n=103）に分けた．回帰直線は孤独相（n=296）のみ点線で示す．全体的に1卵塊あたりの卵サイズが大きくなると，卵数が減少する．この関係をそれぞれでみると，孤独相内でのみ見られる（Maeno & Tanaka, 2008b を改変）.

独相が劣っている印象になっていると思うが、そうではない。話は複雑だが、低密度条件下で孤独相の小さい子が過剰脱皮すると群生相の子よりも大きな成虫になれる。しかも卵巣内の卵を作る器官である卵巣小管数は孤独相の子の方が群生相よりも多いことが報告されている（Uvarov, 1966）。これは孤独相の子の方がたくさんの子孫を残すのに有利であることを示している。孤独相の子が育つ環境は群生相に比べて比較的好条件だと思われる。そういった厳しくない条件下では、たくましくない小さい子でも十分に育つことができるので、数を少なくしてまでたくましい子を残すよりは、数を多くした方がより子孫を残すことができるのではないだろうか。すなわち、小さい孤独相の子は低密度の条件に適したタイプで、大きい群生相の子は高密度の条件に適したタイプであることが考えられる。

　サバクトビバッタはふだん砂漠という過酷な環境下でも生き延びているが、このような特別な能力を秘めているからこそ、大雨によってもたらされる暮らしやすい環境が出現したときに爆発的に大発生することができるのではないだろうか。それぞれの能力は厳しい淘汰の過程の中で洗練され、もっとも優れた部分だけが残ったはずだ。洗練されたものは美しいだけではなく、無駄を省き、余力を生む。その温存された力が発揮されるときこそ、サバクトビバッタが天地を埋め尽くすときだろう。

ここまで話を進めてきた発育と繁殖に関する論文を一つにまとめ英国王立昆虫学会誌『Bulletin of Entomological Research』に投稿したところ、無事に受理され、しかも私が撮影したわが子が雑誌の表紙を飾るという嬉しいご褒美までついた(Maeno & Tanaka, 2008b)(写真7・2)。

海を越えて

この結果を引っ提げてパナマで開かれる国際無脊椎動物繁殖・発育学会に田中先生と参戦することになった。なぜわざわざ運河の国パナマと思われるかもしれないが、じつはパナマは先生が若かりし頃ポスドクをしていた思い出の地なのだ。そこには先生のような偉大な研究者になれる秘密が隠されているに違いない。先生のルーツを探る目的もこっそり携えてアメリカ経由で旅立った。

コラム　インディアンの住む森

国際学会を取り仕切った主催者たちが、遠方からの参加者の労をねぎらい慰安旅行を準備してくださった。私たちは、いくつか準備されている中の一つ、クルナインディアンという原住民が住む村へ行くツアーをチョイスした。そのツアーは学会が開催される前日にセッティングされていて、骨休めをしてから盛大に学会をしようという粋な心遣いを感じた。

学会参加者は同じホテルに泊まっており、同じツアーを選んだ参加者でバスに乗り込み目的地をめざすことになり、行き着いた先は大きな川だった。ここからボートで村をめざすそうだ。熱帯雨林を切り裂く川を木製ボートで勢いよく溯っていく（写真A）。ボートは三台。船頭はインディアン。彼らのコスチュームはどこからどうみても「ふんどし」だった。ふんどし姿と森林を眺めながら彼らの村をめざした。

雄大な自然に心奪われていると「ギャリギャリ　バリバリ」という音と同時に私たちの乗ったボートが川の真ん中で停止してしまった。どうやら浅瀬に乗りあげスクリューを破損してしまったようだ。不運にも私たちが乗り込んだボートは最後尾だったため、前の二台のボートはこの非常事態に気づかずに無情にも先に行ってしまった。私たちは中州で立ち往生。ジャングルのど真ん中に取り残され助けを待つはめに。その間、言葉もつうじないインディアンとたわむれてみる。彼らは日本人に顔がそっくりだった。親近感がわき、身振り手振りで互いのカッコいいところを褒め合った。馴れ合いから三〇分後、ようやく助けが来て、代わりのボートに乗り込み、なんとか村にたどり着いた。

写真　(A) ジャングルの川上り, (B) インディアンの女性, (C) ふんどし姿のインディアン, (D) ふんどし姿で売り子とダンスする著者（撮影：田中誠二）.

岸辺でインディアンたちが太鼓をたたき、笛を吹いてお出迎えしてくれた。男子たちは相変わらずふんどし姿なのだが、女子たちのコスチュームがこれまたなんともカワイイ。カラフルな布を腰巻し、上半身にはコインで装飾したエプロンみたいな羽織物を直接肌の上に羽織っていた（写真B）。そのエプロンの目が粗いため、目のやり場に困ったが、気にしないことにした。

ヤシの木で作った家に入ると、インディアンたちの生い立ちが紹介された。ガイドさんが原住民語（クナ語）を英語に訳して説明してくれた。彼らは手作りのお土産を売って稼いでいるそうだ。私もお土産コーナーを物色。ヤシをなめして編んだお皿に虫の絵が描かれている。ステキすぎるので即買いした。そうすると、お店の女性が無言で自分の首に木でできたネックレスをかけてくれた。基本的に女性からプレゼントをもらったことがなく、とても嬉しくなったので、虫が描かれていない皿も思わず二つ追加で購入した（営業だったのだろうか…）。他にもブレスレットやネックレスなどをなぜか購入してしまった。どうして着けないとわかっているのに買ってしまうのか。旅行はわれを忘れてしまうほど浮かれてしまうので注意が必要だ。

遭難中に仲良くなった男の人が村でやたらと態度がデカい。なんと彼は村長だった。仲良くなった記念に、マフラー代わりになるかと思い、彼の中古のオレンジ色のふんどしを五ドルで購入した。

ランチは川魚とバナナを油で揚げたものをいただいた。ご飯の後でインディアンたちがダンスを披露してくれた。男性が笛や太鼓をリズミカルに奏で、女性が踊る（写真C）。途中から男女が入り混じってチークダンスのようにペアになって踊りはじめる。同じツアーの学会参加者たちも踊りに参加させられている。なんて、エキゾチックでステキなのか。テレビでしか見たことがないところに来れたことに感動し、人よりも前に出て写真を撮っていたら、村長がオマエも踊れと誘ってきた。

「郷に入れば、郷に従え」で、さきほど購入したアイテムを家の裏に隠れて装い、さっそうとふんどし姿で登場したところ、インディアンと学会関係者がざわめき始めた。「しまった。やりすぎた。学会参加どころの話ではないぞ」と、冷や汗をかきそうになったその矢先、学会関係者から拍手喝采が、インディアンたちは大喜びして彼らが着けていた王冠やネックレスなどの装飾品を私にゴテゴテと装着させてきた。後でガイドさんに教えてもらったのだが、

「私は十六年間ガイドをやってきたが、観光客がふんどしをつけて踊ったのを初めて見た」とのこと。どおりでインディアンたちが喜ぶわけだ。

ふんどしをつけた私には一つ魂胆があった。それは、さきほどの売り子の女子とさりげなく踊るためだ。彼女の前に行き、無言で手を差し伸べてダンスに誘った。さきほどまで皆で踊り狂っていたその場が急に静

かになり、踊っているのは私たち二人だけになった。二人のためだけに太鼓や笛が鳴らされる。インディアンたちも観光客たちも二人の踊りに酔いしれているようだ。異国に来ると急に態度がでかくなるものだ。ふとカメラを構えた田中先生が視界に入り、われに返り、恥ずかしさがこみあげてきた。照れ隠しで休憩中の原住民たちにも一緒に踊るように促して、大勢でダンス。田中先生に写真を撮っていただいたのだが、後で見たら予想に反して彼女が不機嫌そうな顔で踊っていたのでショックだった(写真D)。自分が見たあの笑顔は幻だったのだろうか。

町に帰ってきてからあちこちのお土産屋に行ってみたらインディアンたちが手作りしたと豪語していたのと同じブレスレットが大量に、それも三分の一の値段で売られていた。インディアンもときには嘘をつくようだ。

国際学会

さて、学会はパナマ市にあるスミソニアン熱帯研究所で行われた。学会には世界中の研究者が参加していた。研究対象はカニからホヤ、ウニ、ヤドカリ、プラナリア、昆虫と無脊椎動物の勢ぞろいだった。日本からは私たちの他にも慶應義塾大学のプラナリア研究チームが参加していた。発表は口頭発表とポスター発表の二つでそれぞれ時間が分かれており、ほとんどの学生たちはポスター発表を行っていた。私は日本から畳一畳に匹敵するほどの大きなポスターを筒に入れていて、空港で不審に思われながらも無事に持ってこれていた。どのポスターが優秀なのかを決めるコンテストが開かれることになっていて、審査員の方が自分のポスターの前に来たのでしどろもどろになりながら説明した。

「うんうん。ほほう。え? ここは?」という感じで終始にこやかに話を聞いてくれて「Good Job!」の一言をもらいホッと一息。その後も興味をもった人が話を聞いてくれたのだが、もっとも待ちわびていたドイツ人のバッタ研究者のフェレンツ教授が来てくださった。彼は、サバクトビバッタのフェロモンに関する仕事でひじょうにおもしろいことを発見していた。彼の研究がものすごく美しいのでここで少し紹介したい(Ferenz & Seidelmann, 2003)。

人間も含めて生物界ではメスを巡って熾烈な競争が起こる。サバクトビバッタも例外ではなく、メスを巡る攻防がオスの間で繰り広げられている。とくに高密度下では、ライバルたちが近くにいるため激しい取っ組み合いが観察されているのだが、オス成虫がメス成虫の背中にマウンティングしているときは、なぜか他のオスがメスを奪いにこない不思議な現象にフェレンツ教授は気づいた。彼らは群生相のオスのニオイ成分を調べてみたところフェニルアセトニトリル(Phenylacetonitrile, 通称PAN)と呼ばれる物質が見つかり、これが一種の忌避フェロモンとして機能していることを発見した。群生相のオスがこのフェロモンを出していると、他のオスは近寄ってこないため、マウンティング中のオスはメスを守ることができる。サバクトビバッタの場合、最後に交尾したオスの精子が受精に使われるので、せっかく交尾しても産卵前に他のオスと交尾をされては台無しになってしまう。交尾したオスはパートナーが産卵するまでガードすると確実に自身の子孫を残すことに繋がる。このフェロモンをメスに塗ると、オスがそのメスに交尾を迫ろうとしないことも観察もされていた。さらに群生相のオスを単独飼育に移すと、とたんにフェロモンの生産量が低下していくことがわかった。つまり、ライバルがいるときにだけ他のオスが寄ってこないようにフェロモンを出していたのだ。そして、このフェロモンは翅と脚から分泌されることが突き止められていた。

忌避フェロモンを出しているのに、「メスを巡っての激しい取っ組み合いが観察されている」はおかしいじゃないかと思われるかもしれないが、ご安心を。彼らに抜かりはない。

しばらくして共同研究者のセイデルマン博士が研究を進めたところ、このフェロモンはじつは絶対的なオスを避ける効果をもっていないことがわかった（Seidelmann, 2006）。サバクトビバッタのオス成虫はメス成虫と一緒に飼育しているとメスにだけ交尾を迫るのだが、メスから隔離してオスだけで飼育しているとオスがオスに交尾を迫るホモセクシャルな行動をとるようになる。オスはフェロモンを放出し続けているはずなのにオスから襲われることから、欲求不満のオスにはこのフェロモンは効かないということらしい。フェレンツ教授たちの一連の研究は、フェロモン研究の中でもとくにユニークで楽しくなる研究で大好きだ。論文で知り注目していた研究者に自分の研究を紹介できたのは夢見心地だった。彼は私たちの研究に興味深く耳を傾けてくださった。

フェレンツ教授は口頭発表だったが、その内容はこの本で取りあげた泡説に関するものだった。泡栓を作るために必要な液体を分泌すると考えられていた腺を除去しても泡栓は正常に作られるとのことだった（論文としては未発表）。いくつかの候補の腺を除去して泡栓がどこ由来の分泌液なのかを特定しようとしたのだが、まだ解明には至っていなかった。

無事に学会は終了し、最終日の夜は盛大なパーティーが開かれることになっていたが、私たちはご馳走を前に、一足先に会場を後にした。

運河の孤島　バロ・コロラド島

私たちはパナマ運河を突き進む船上で全身に風を浴びていた。読者のみなさまは世界三大運河の一つパナマ運河が作られた理由はご存じだろうか。「運河」の文字を今一度じっくり眺めてみるとその理由が見えてくる。その昔、船でアメリカ大陸の東西を移動するには南アメリカ大陸をぐるりと回って行かなければならず、ものすごい時間がかかったそうだ。もっと早く移動したいという切実な思いが積もりに積もって近道を作ることになったそうだ。近道をどこに作るか、白羽の矢がたった先が南北アメリカ大陸が繋がるパナマだったわけだ。陸地を突っ切って船で移動できるように川を作る計画が立てられ、大規模な工事が行われた。工事にはものすごい時間と労力がかかったそうだ。その際、コース上にいくつか山があり、ほとんどの山は運河に沈んだが、ある山の頂上は水の底に沈むことがなかった。その山の頂上は現在、バロ・コロラド島と呼ばれている。私たちは、その島をめざして突き進んでいたのだ。直径四キロメートルほどのこの小さな島はパナマ運河の中ほどにある人造湖ガツン湖にあり、スミソニアン熱帯研究所の管理のもと、自然の状態で保護されている。世界的に有名なフィールドステーションとして知られている。この本と同じフィールドの生物学シリーズの『虫をとおして森をみる』（岸本圭子 著）に大きく紹介されてい

写真7・3　(A) バロ・コロラド島のジャングルの小道, (B) 旧友を撮影中の田中先生, (C) ステノターサスの群れ, (D) 14年ぶりの再会を喜び合う田中先生の左手.

る熱帯昆虫の季節性研究の大家ウォルダ博士のプロジェクトに田中先生はポスドクとして採用され、このバロ・コロラド島で研究をしていたそうだ。そこでメインに研究した昆虫はステノターサスというテントウムシダマシだった。島には熱帯のジャングルが広がっているが、一本の木にだけ無数のステノターサスが群がっている。時期によってステノターサスがどこかに飛んでいってしまうのだが、時期がくると再び戻ってくる。季節変動が少ない熱帯雨林でどうやってステノターサスが生活しているのかを明らかにするのが研究テーマだったそうだ。田中先生が最後にこの島を訪れたのが十四年前で、その木をめざして森の小道を突き進んだ(写真7・3A)。ステノターサスたちは十四年経っても相変わらず同じ木に群がっていた(写真7・3B、C、D)。先生は嬉しそうに旧友との再会を懐かしんでいた。島中に似たような木はいっぱいあるのだが、なぜかその木

写真7・4　(A)葉を運搬中のハキリアリ，(D)ハキリアリが切り取った後の葉．

にだけ集まってきており、その理由は現在も謎のままだ。

森の小道を突き進んで行くと緑の葉っぱが列をなして地面の上を動いていた。「いやぁ　さすがジャングルの植物ともなると自分自身で移動できるのかぁ」と異国情緒をたっぷりと味わいながらまじまじと眺めてみたら、アリが切り取られた葉っぱを口に咥えて運んでいるではないか(写真7・4)。かの有名なハキリアリだった。まるでお祭りの神輿をかついでいる行列のようだった。そもそもこのアリは、なぜ木の上に葉っぱをわざわざ採りにいって運んでいるのだろうか？　簡単に言うと、じつはこのアリは、巣穴でキノコを栽培してそれを食料にしており、大あごを使って刈り取った葉っぱを巣穴に持ち帰り、その葉っぱを細かく噛み砕き、キノコを育てるための培地として利用しているのだ。とは言ってもスーパーで見かける傘状のキノコではなく、菌糸が延びていくときにできる小さな玉がエサとなるらしい。ハキリアリはいわば家庭菜園を切り盛りして生活しているのだ。また、成虫の大きさには大きなばらつきがあり、同じ成虫でも一番小さいものと大きいものとでは乾燥体重が二〇〇倍も違っているそうだ。小さいアリは役立たずかと思うかもしれないがそうではない。小さいアリは巣穴の中で菌を管理する係を務めたり、切り取られた葉の上に乗って葉っぱを運んでいるアリに寄生しようと襲ってくる寄生バエを追い払っているそうだ。有名な昆虫を間近で観察することができ、いい思い出ができた。この他にも、巧みに背景に溶け込んでいるバッタやキリギリスたちがいたり、熱帯雨林は動植物の宝庫だった。

島に滞在中はゲストハウスに泊まったが、泥だらけで帰ってくる青年や、ずぶ濡れで大きなリュックを背負って歩く女子など、実働している生のフィールドワーカーを初めて目のあたりにした。皆、植物やら猿やら色々な研究をしており、それぞれの目的地に辿り着くにはアップダウンの激しい山道を登らなければならず、肉体的にも厳しいはずだ。私も森林を歩いている間にダニにやられたのだが、半年間も痒みが止まらなかった。孤島に留まりそこまでして研究するのかと、フィールドワーカーたちの熱い情熱を垣間見た。

スミソニアン熱帯研究所には短期的に送り込まれてくる研究者とは別に、駐在できる研究者もいるが、その数は限られており、一年間で課せられる決められた論文数の発表というノルマを達成できなければ島を去らなければならないそうだ。田中先生と同じ頃から島にいて、長年に渡って熾烈な競争を勝ち残ってきた昔の戦友と先生が握手する姿が印象的だった。苦労してまで島に残ろうとするのは納得できた。豊かな自然はそのままながら、施設の設備がものすごく良いのだ。ここが本当にジャングルの孤島なのかと疑いたくなるレベルだった。そして、食堂でいただいた食事は、レストランで食べるようなご馳走で、タッパーに詰めて持ち帰りたくなるほど美味しかった。研究に集中できる環境が完備されていた。田中先生曰く「バロ・コロラド島ですごした時間は人生でもっとも至福の時間だった」という言葉に偽りはないと思った。娯楽室に置かれた古いアルバムを見せてもらうと、そこには若かりし日々の先生が写っていた。中にはおどけた姿もあり、普段から浮かれてばかりの私は少し安心した。

熱帯雨林は、神秘に満ちていた。生物同士の繋がり、喰うか喰われるかのシビアな競争、激変する環境、小鳥のさえずり、サルの悲鳴、そよ風に、木漏れ日、忘れてはいけないものがここにはあった。それまでの私は、実験室で実験するときは、いかに一定の環境を保つかに力を注いでいたのだが、「自然」と「人工」の違いをものすごく感じた。日本でも毎日、外にでているはずなのに、なぜ外国に来てこんな当たり前なことに気づいたのだろうか。熱帯雨林が目を覚まさせてくれたのかもしれない。サバクトビバッタはどんな場所でどんな生活をおくっているんだろうか？　この疑問を解決するのが、次の目標だという気がしてきた。外国の孤島にこもってまで虫の研究をすると決意した田中先生に強い尊敬の念を抱いたと同時に、なぜ自分をこの島に連れてきてくれたのか、わかったような気がした。いつの日か、私もフィールドで野生のサバクトビバッタを研究することができたらどんなに楽しいことだろうか。人知れず、心の導火線に火がついた。

コラム　栄冠は手をすり抜けて

私たちに数日遅れて、学会に参加していた数名の研究者もバロ・コロラド島に見学に訪れ、「あっ、お前、賞もらってたぞ！」と教えてくれた。どうやら出席できなかった最後のパーティーのときにポスターコンテストの結果発表が行われ、私のポスターが二位になったそうだ。遠い所からはるばる来て手ぶらで帰すのは気の毒だと主催者の方が気をつかってくださったのだろう。国際学会ではよく聞く話だ。ところが、その主役が不在とはどうしたことか。会場が一時騒然となったらしい。副賞は、賞状とカニのぬいぐるみと学会参加費一年間無料という特権だったらしい。日本に帰ってきてから学会で仲良くなった人から、島から自分が戻る予定のホテルに景品が届けられた旨を聞いたのだが、フロントが私に渡すのを忘れていたことが発覚。おまけに、私はホテルに携帯電話を忘れてきてしまった。友達の連絡先と戦利品の両方を失ってしまった。半年後、地球の裏側からようやく一万五千円の郵送料とともに携帯電話は戻ってきたが、賞状は忘れられていた。さよなら。栄光の思い出。

エサ質実験①発育

サバクトビバッタの孤独相と群生相の子は厳しいエサ条件に直面するとどのようにその試練をくぐり抜けるのだろうか？　サバクトビバッタの生息地の一つサハラ砂漠では雨季と乾季があり、バッタのエサとなる植物は、雨季の間は青々としているが、乾季になると色が徐々にどす黒くなっていき、終いには枯れてしまうものもある。明らかに質が季節的に変化している。また、大群のバッタに襲われた植物は、弱ってしまうだろう。サバクトビバッタは植物なら何でも食べてしまうと思われがちだが、そうではない。広食性なのは確かだが、見向きもしない植物もあり、意外とグルメなのだ。食草に関する研究報告が多数ある。ある種の草では、もぎたてのフレッシュな草はバッタに食べられないが、刈ってからしばらく乾燥させて鮮度を落とすと食べられることが確認されている。これは、植物の毒成分が弱まったためだと考えられている。サバクトビバッタでは、過去にはさまざまな植物を孵化幼虫に与えて、発育を調査した報告がある。しかし、それらの実験では群生相の孵化幼虫のみを使用しており、孤独相と群生相の孵化幼虫のエサ質に対する反応の比較は行われておらず、同種の異なる草質にどう反応するのかも調査されていなかった。

私たちの研究室では、バッタのエサ用の草は研究所の圃場で業務課の方々に栽培してもらっている。テニスコート六面分以上の敷地で大々的に管理してもらっている。種まき、雑草とり、水撒き、追肥と親身に管理していただいているおかげで私たちは研究に専念できる。春先は牧草に使われているオーチャードグラスをサバクトビバッタのエサとして利用している。この時期の草は青々しており、私でも食べたい衝動に駆られる。

「料理人は自分で食べたいと思える料理をお客様に提供すること」これは、どこの駅前にもあるアフロの会長が運営する居酒屋で、私が学生時代アルバイトしていたときに東北エリアの料理長に教えて頂いた心構えだ。これをうけ、自分でも食べたいくらい美味しそうな草をバッタに提供するように心掛けていた。いつもおもしろいことを教えてくれるバッタに感謝の気持ちと奉仕の心を忘れずに。

このオーチャードグラスを利用してエサ質に関する実験をしようと企んだ。まず、低質のエサを作るために刈ってきた草をビニール袋に入れて、三十一度の部屋で一晩寝かせ、その後九度の部屋に六日ほど寝かせると草がいい具合に黄色く変色する。自分ではあまり食べたくない草になった。当時、同じ研究室でポスドクをしていた徳田 誠先生（現 佐賀大学・准教授）のつてで高橋 茂先生（中央農業総合研究センター）にエサ質の成分分析をしていただいた。黄色くなった草は刈りたての草と水分含量は変わらないが、高いほど高質とみなされる炭素／窒素（C／N比）の値が低下しており、質が低下することを確認できた。これから便宜的にフレッシュな草を高質のエサ、古くなった草を低質のエサと呼んでいく。集団飼育下でもエサ質の実験をしたかったが、断念した。じつは、サバクトビバッタは共食いするのだ（写真7・5）。エサを十分に与えないと、脱皮直後の体の柔らかいバッタは腹を空かせたバッタたちの格好のご馳走となってしまう。与えたエサだけではなく、サプリメント的にバッタまでもがエサになってしまうとエサ質の影響を正確に検出できないので、実験は単独飼育下だけで行った。今回の実験では、典型的な孤独相と群生相のメスの孵化幼虫を高質または低質のエサを与えて単独飼育して、その後の発育と成虫形態について調査した。

写真7・5　羽化中の個体を共食いする群生相の終齢幼虫．大空を飛び回れるのを目前にした惨劇に涙した．

実験をしてまず初めに気がついたことは、低質のエサを与えると孵化幼虫が死んでしまうことだった。低質のエサはバッタにとって過酷な条件のようだ。生存率は低質条件で低下したが、

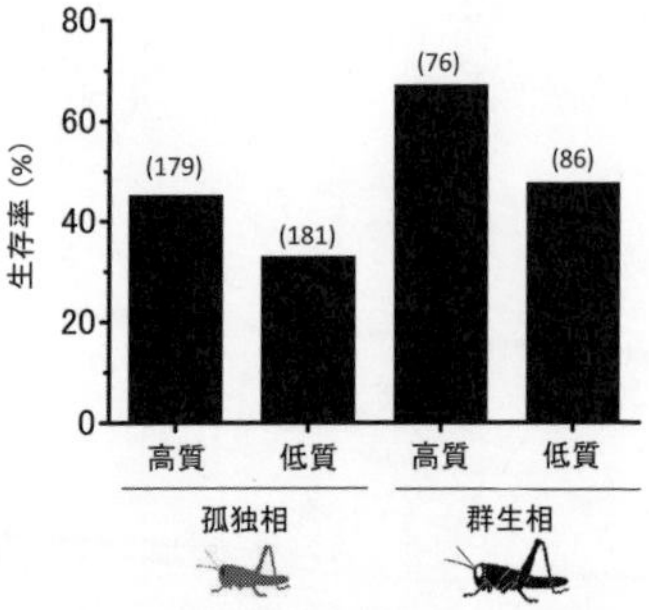

図7・8　孤独相と群生相の子に異なる質のエサを与えた場合の生存率．図中の括弧内の数字はサンプル数（Maeno & Tanaka, 2011を改変）．

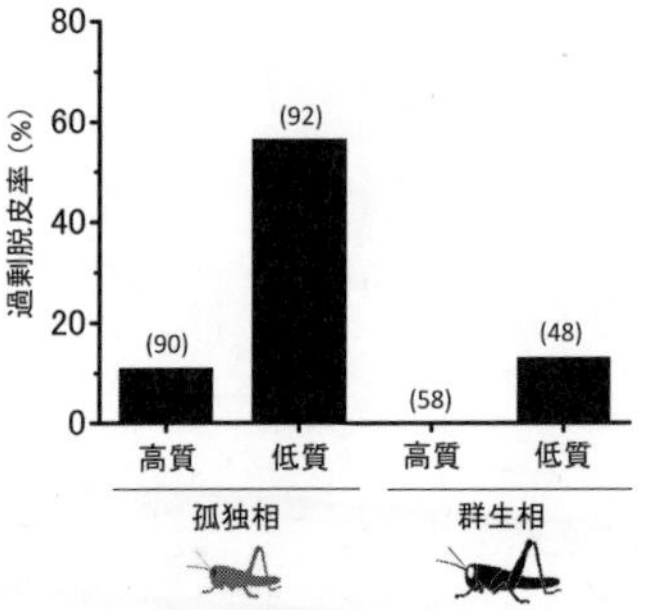

図7・9　孤独相と群生相の子に異なる質のエサを与えた場合の過剰脱皮率．図中の括弧内の数字はサンプル数（Maeno & Tanaka, 2011を改変）．

群生相の孵化幼虫の方が孤独相よりも有意に高かった（図7・8）。これは群生相の子の方が悪化したエサの環境下では生き延びる可能性が高いことを示している。

エサの質は脱皮回数にも影響した。低質のエサを食べた子は過剰脱皮する傾向が見られた。驚いたことに群生相の子でも過剰脱皮する個体が出現した（図7・9）。これまで群生相の子を単独飼育しても、過剰脱皮する個体は一匹たりとも出現していなかった。遺伝的に群生相の子は五回脱皮するようにプログラムされていると考えられていたため、後に、この観察は定説を揺るがすきっかけとなる。

それでは発育の結果を示していくが、五齢型と六齢型（過剰脱皮した個体）とをそれぞれ分けて解析する。まず、五齢型について述べる。同じエサ質ならば、群生相の方が速く発育し、かつ大きな成虫になった（図7・10）。孤独相でも群生相でも低質のエサが与えられると、統計的に発育が遅くなり、小さい成虫になった（図7・10）どちらのエサ質でも群生相の孵化幼虫の方が孤独相のものよりも、速く大きな成虫になることがわかった。次に、六

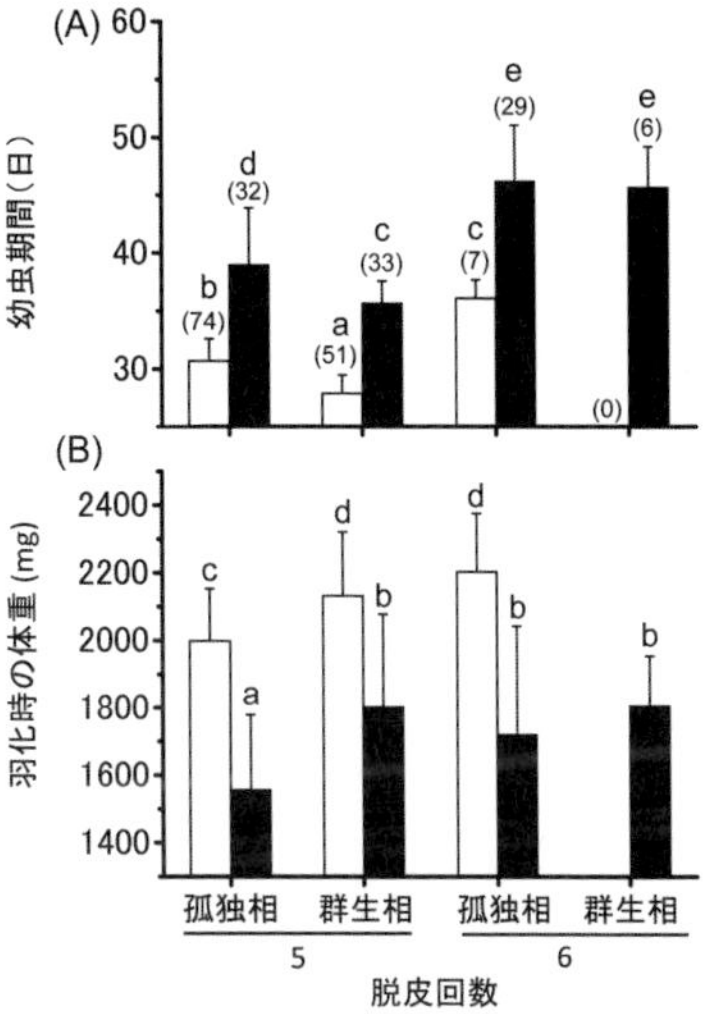

図7・10　孤独相と群生相の子に高質(□)または低質(■)のエサを与えた場合の幼虫期間(日)(A)と羽化時の体重(mg)(B). 5齢型と6齢型をそれぞれ分けた. 図中の異なるアルファベットは各区間で統計的に有意な差があることを示す(Scheffé's test; $P < 0.05$). 図中の括弧内の数字はサンプル数(Maeno & Tanaka, 2011を改変).

齢型については、数が十分得られた孤独相についてのみ説明するが、こちらも低質のエサ条件で発育が遅くなり、小さい成虫になった。サンプル数が不十分な低質のエサ条件で育った群生相の六齢型は除外するが、すべての処理区において過剰脱皮すると発育日数は長くなり、大きな成虫になった。これらの結果から、(一)サバクトビバッタは低質のエサしか得られないときは、発育自体をゆっくりにし、さらに脱皮回数を増やすことでなるべく大きな成虫になる戦略をとっていること、(二)群生相の子の方が優れた発育パフォーマンスを示すこと、が示唆された。やはり群生相の子は厳しい環境に対応したタイプのようだ。

エサ質実験②成虫形態

エサ質が成虫の形態にどのような影響を及ぼすのかを調査した。五齢型では、低質のエサを食べるとF

／Ｃ値（後腿節長／頭幅）は減少して、より群生相的な形態を示した（図7・11）。孤独相の六齢型でも同様の傾向が見られた。群生相では六齢型が出現しなかったので解析はしなかった。なぜ、サバクトビバッタが低質のエサを食べると群生相的な形態を発達させるのかは不明だが、群生相の形態が長距離飛翔に適していると考えるならば、今回見られた低質のエサに対する反応は悪化した環境から逃れて、新天地に辿り着くのに役立つかもしれない。

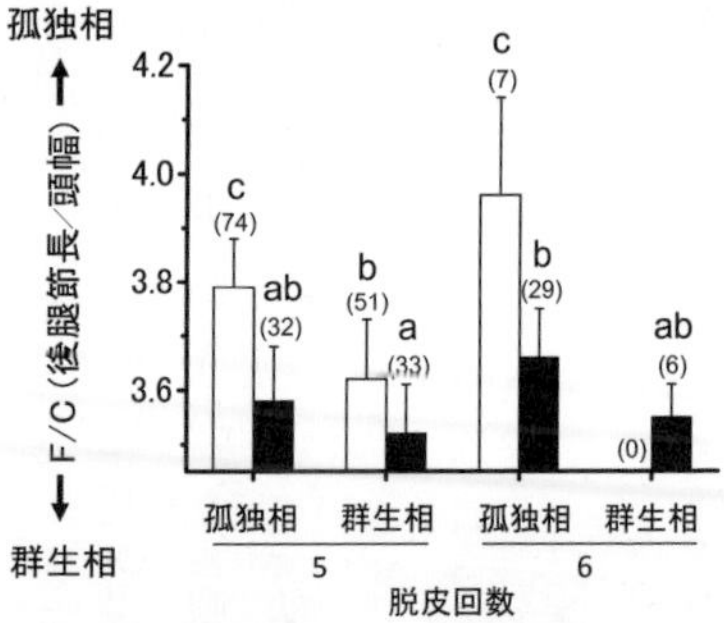

図7・11　孤独相と群生相の子に高質（□）または低質（■）のエサを与えた場合の成虫の形態（F／C: 後腿節長／頭幅）．低質のエサを食べるとF／C値は減少し，群生相的な形態を示す．異なるアルファベットは各区間で統計的に有意な差があることを示す（Steel-Dwass non-parametric test; $P < 0.05$）．図中の括弧内の数字はサンプル数（Maeno & Tanaka, 2011を改変）．

エサ質実験③産卵能力

メス成虫の体サイズと産卵能力に関してはすでに調査していたが、今度は低質のエサを食べて小さい成虫になった個体の繁殖に何か不具合が生じている可能性があるのではと考えられた。この点を孤独相のメス成虫だけを使って調査した。異なるエサ質で育てた個体を、羽化後に高質のエサを与えて単独飼育条件下で採卵した。高質エサ条件で育った方が、低質のエサ条件で育ったものよりも統計的に多くの卵を産んだ。卵の数は成虫体サイズの影響を受けて、どちらの条件でも大きくなるほど多くの卵を産む傾向が見ら

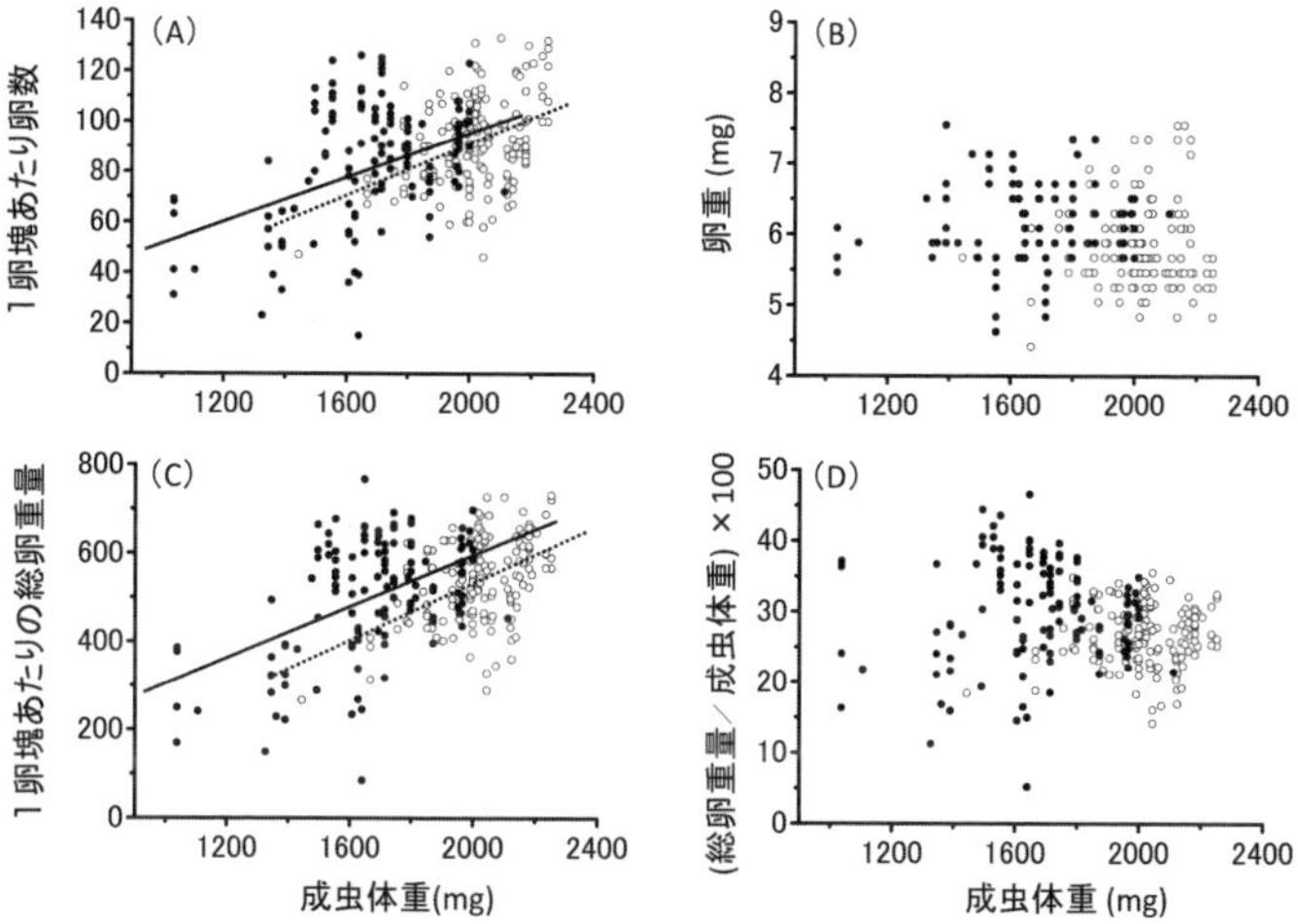

図7・12　異なる質のエサを与えて育てた孤独相のメス成虫の体サイズと産卵能力との関係.（A）1卵塊あたりの卵数,（B）卵重,（C）1卵塊あたりの総卵重量,（D）成虫体重に対する一卵塊あたりの総卵重量. 幼虫期に高質（○：n=156, 点線）または低質（●：n=126, 実線）のエサで育てた孤独相を羽化後高質のエサを与えて採卵した. 卵数, 卵重の統計解析にはANCOVAを用いた（n = 282, $P > 0.05$）1卵塊あたりの総卵重量と成虫体重に対する1卵塊あたりの総卵重量の統計解析にはMann-Whitney's U-testを用いた（n = 282, $P < 0.001$）（Maeno & Tanaka, 2011を改変）.

れた（図7・12A）。そのため成虫の体サイズの違いを考慮して解析すると、両者の卵数には統計的に有意な差がないことがわかった。このため、幼虫期のエサの質は成虫の体サイズを通して間接的に卵の数に影響することが示された。

卵の重さに関しては、わずかながら低質エサ条件の方が重い卵を産む傾向が見られたが、体サイズを考慮すると統計的に有意な差は見られなくなった。また、体サイズとの間に相関関係は見られなかった（図7・12B）。一卵塊あたりの総卵重量は、卵数の場合と同じ傾向を示し、高質のエサ条件の方が、低質のエサ条件よりも統計的に高い値を示した。どちらの条件でも体サイズが大きくなるほど総卵重量は大きくなる傾向が見られた（図7・12C）。そのため成虫の体サイズの違いを考慮して解析すると両者の総卵重量には統計的には有意な差がないことがわかった。

体あたりの総卵重量は、体サイズとの間に相関関係は見られなかったが、低質のエサ条件の方が高質のエサ条件よりも統計的に高くなった(図7・12D)。これらの結果から幼虫期に低質のエサを食べて小さい成虫になった個体の方が、高質のエサを食べたものよりも体の割に比較的大きな卵を産み、卵の生産にエネルギーを投資していたことはきわめて興味深い。幼虫期に逆境を経験したことで、羽化後、厳しい環境から好適な環境に転じたときにより優れたパフォーマンスが発揮できるようになったとみなされた。この特別な能力は、野外においても爆発的に大発生するときに一役買っていると考えられる(Maeno & Tanaka, 2011)。

子の大きさの形質決定、発育、繁殖とそれぞれが行われる時間軸は異なるのだが、それぞれが密接な関係をもち、連鎖的な関係があるようだ。最高の発育と繁殖パフォーマンスを発揮するようにサバクトビバッタは状況に応じて相変異を駆使して柔軟に変化する。これらの結果は、さまざまな形質を幅広く捉えることで、初めて一連の流れが見えてくることを意味している。狭く深く極めようと一点しか見ていないと、逆に掘り下げられないのが相変異の研究なのではないだろうか。相変異のメカニズムを解くためにも、色々な現象に目を向けることが重要となってくることに気がつきはじめた。

切り倒すか、たたき倒すか

毎日、夜遅くまで一緒に研究していた徳田博士は、「虫こぶ」のスペシャリストだ。植物をじっくり眺めてみると、枝や葉っぱにこぶがあるのだが、これはハエやアブラムシなどが作った言わば彼らの家だ。徳田さんは、虫がどうやって植物を操作して、虫こぶを作っているのかを研究しており、他の追随を許さない優れた業績を数多く挙げている若手きってのホープだ。兄貴的な存在で研究のことをいつも教えてもらっていた。その徳田さんも学生時代は湯川淳一教授（当時、九州大学大学院）からマンツーマンで指導をうけて実力をつけていったそうだ。徳田さんが書いた論文を校閲するときは、湯川先生は徳田さんを隣に座らせて一字一句、説明してくれたそうだ。これ以上ない親身な指導方法だ。

いつまでたっても空振りや、もがいてばかりで悩んでいた私の姿を間近で見ていた徳田さんが研究者を木こりに例えてくれた。

「研究を木にたとえるなら、田中先生は鋭いナイフでスパッと切り裂いて木を倒す感じなんだけど、前野君はナタで何回も何回も叩いて無理やり木を倒す感じだよね。でもね、何回も叩くからこそじっくりと現象を見れるし、広範囲にわたって叩いていくからこそ色々なものが見えてくるんだよ」

と、ステキな言葉で励ましてくれた。もがくのも悪くないとは驚いた。そして、私も田中先生から最上級の指導をしていただいているというのに、いつまでたっても不甲斐ないままだと先生の指導に疑いの眼差しがかかり、恥をかかせてしまうことになる。先生は名誉とか地位とかにはまったくこだわらない人なので、人からどう見られようとも気にされないだろうが、それでも私が奮起することは先生の名誉のためにもなる。自分の背中は、色々なものを背負っていることに気がついた。

コラム　ミイラが寝ているその隙に

隣の研究室の奥田　隆先生が率いる研究チームでも奇遇にもアフリカからやってきたネムリユスリカ(*Polypedilum vanderplanki*)を研究していた。ユスリカとは網戸の隙間からでも部屋に侵入してくるあの小さいカ(蚊)のことで、彼らは吸血せず、幼虫は釣りのエサに使用されるアカムシと呼ばれている。この昆虫はアフリカの半乾燥地帯にある岩盤地域に生息しており、そこは乾季になると8ヵ月もの間、一滴も雨が降らないことがある。ネムリユスリカの幼虫は、長期間の乾燥を乗り切るためにとんでもない能力を進化させた。なんと幼虫はミイラのように干からびても死なず、水に触れると短時間のうちに吸水して元の幼虫の状態に復活し、再び成長を始める。十七年間乾燥していた幼虫を水に戻したら動きだしたという記録もあるそうだ。その名に恥じない眠りっぷりだ。当時なぜこんな離れ業ができるのかを明らかにするために研究チームの渡邊匡彦、黄川田隆洋、中原雄一、岩田健一、金森保志、藤田弥佳、田中大介、斉藤彩子、コルネット・リシャー先生らがさまざまな角度から研究されており、続々と新知見が発信されている。

私が博士課程のときに北海道大学から堀川大樹さん(現 パリ第五大学)が奥田先生の研究室に短期で研究しにやってきた。堀川さんはクマムシというこちらも干からびても水に触れると復活する生物を研究していた。一緒に夜遅くまで研究していた盟友だ。

私たちのバッタ研究室では学会に行くとなったら一大事で出発ギリギリまでバッタにエサを与えてから出掛け、学会が終了すると一目散に飼育室に戻ってきていた。堀川さんは国内だけではなく国外の学会にも行きまくっていたのだが、そんなときは彼はクマムシを乾燥させていた。

男たるもの

「地上最強をめざしてなにが悪い!! 人として生まれ、男として生まれたからには誰だって一度は地上最強を志すッ。地上最強など一瞬たりとも夢見たことがないッッ。そんな男は一人としてこの世に存在しないッッ。」(『グラップラー刃牙』板垣恵介　週刊少年チャンピオン　秋田書店)

そう、男が地上最強、世界一をめざすのは本能だ。何だっていい。どんなことだっていい。世界一をめざすのは男として当然なことなのだ。バッタ博士の私の場合、世界一大きいサバクトビバッタを創ることをめざしていたのは自然の摂理だった。それは、誰のためでも、何のためでもない。男のプライドのためだけだった。たまたま外で大きいサバクトビバッタを捕まえてきたのでは納得できない。いつでも、好きなときにこの手中に世界一を収めることができるように日夜、試行錯誤を繰り返していた(写真7・6)。

そうして目をつけたのが、いかにして過剰脱皮を引き起こすかという問題だった。サバクトビバッタは、過剰脱皮するとより大きな成虫になる。過剰脱皮を自由自在に操ることができれば巨大バッタも夢ではないと考えていた。しかし、思うように過剰脱皮を誘導することができなかった。

写真7・6　エサ換えの風景．1齢幼虫はシャーレで飼育し，毎日2～3cmに切った草を与える（撮影：平井剛夫）．

孤独相の小さい孵化幼虫を単独飼育すると過剰脱皮する個体が増えるところまではこぎつけたものの、先に述べたように孤独相の小さい孵化幼虫の中でも過剰脱皮するものとしないものとが混ざっており、どんな幼虫が過剰脱皮するのか、その謎を解き明かせずにいた。

そんな中で、この疑問を解くきっかけがエサ質の実験から得られていた。それは、通常、過剰脱皮しないはずの群生相の大きな子が低質のエサを食べると一部の個体が過剰脱皮したのだ。その一部の個体が二齢幼虫になったとき、異常に小さいことを見逃さなかった。栄養失調なのは明らかで、そういった小さい個体が過剰脱皮しているように見えた。

そして、過剰脱皮を引き起こすヒントを得るために昆虫の脱皮に関する文献を漁っていたところ、とある研究者に辿り着いた。

一皮むけるために

昆虫がどうやって過剰脱皮するかを決めているのか、その仕組みを明確に証明したのは昆虫生理学の大家ナイハウト教授である。彼は、タバコスズメガ（*Manduca sexta*）の幼虫の頭幅を測定して、ある発育ステージで一定の大きさに達していない個体が過剰脱皮することを明らかにしていた（Nijhout, 1975）。ここで使った「一定の大きさ」は「クリティカルウェイト（Critical weight）※適切な日本語が思いあたらないが、臨界体重と訳す」と呼ばれている。クリティカルウェイトに到達しなかった個体は、体サイズが小さいことを補うために過剰脱皮して発育する期間を延ばすと考えられている。ガ（蛾）の幼虫（イモムシ）は体重計にも乗らずに、いったいどうやって自分の体サイズを知ることができるのか不思議なのだが、体内には体の大きさを感知する精巧な「はかり」の働きをするレセプターが見つかっている。

サバクトビバッタでは、脱皮回数は孵化時にすでに決まっているというのが定説だったが（Hunter-Jones, 1958）、孵化後でも集団飼育や高質のエサを与えると過剰脱皮しにくくなることを私たちは明らかにしていた（Maeno & Tanaka, 2008b; 2011）。種類は違えどもバッタも昆虫なのでクリティカルウェイトに似たようなメカニズムで過剰脱皮が制御されている可能性があると考えられた。過剰脱皮する仕組みを解き明かすために、過剰脱皮しやすい小さい緑色の孵化幼虫のみを単独飼育して、各発育ステージの体重と過剰脱皮との関係について調査してみることにした。

孵化してから羽化するまで朝晩の二回脱皮をチェックし、脱皮後はエサを食べる前にすかさず体重測定して、最終的に過剰脱皮したものとしないものとを分けてどんな個体が過剰脱皮したのかを見極めようと試みた。四齢時にはすでに過剰脱皮するかどうかが決まってしまうため、それよりも前のステージで何かが起こっているはずだ。

メスの結果についてのみ紹介していく。解析の結果、緑色の孵化幼虫の中でも、その体重には八・一から十六・七ミリグラムとばらつきが見られた（n=156）。そして、過剰脱皮した個体の方がしなかったものに比べて、孵化時に軽い傾向が見られた。さらに各発育ステージ間の体重の関係をグラフにしたときに、そこに見えるものがあった。昆虫がどのように発育していくかは、ある法則に従っているが、その法則から過剰脱皮した個体ははずれていた。

Dyar's law ダイヤーの法則

安定した環境下では、昆虫の体のパーツは、ほぼ一定の割合で大きくなっていくことが一八九〇年にダイヤー博士によって発見され、それは「ダイヤーの法則（Dyar、s low）」と呼ばれている（Dyar, 1890）。このことから、次の齢期にはどれくらいの大きさになるのか予測が立てられるのだ。ダイヤー博士はガの幼虫の頭幅を測定して、その法則を発見していた。バッタでも似たような法則性があることが知られていた。そこで頭幅を測定するためにはどうしてもバッタを掴まなくてはならなかったので、体重測定をしてなるべく負荷を与えないようにして、サバクトビバッタの過剰脱皮する個体としない個体とを分けて前後の齢期の体重の関係を解析することにした。

その結果、サバクトビバッタもダイヤーの法則どおりに幼虫はほぼ一定の割合で発育し、大きい幼虫は次の齢期でも大きい幼虫になる傾向が見られたが、過剰脱皮した個体の二齢から三齢になるときにダイヤーの法則が崩れていた（図7・13）。バラつきがあるが、とくに二齢のときに体重があまり増加せずに小さい三齢幼虫になった個体が過剰脱皮する傾向が見られた。これは、二齢時の発育が過剰脱皮するかどうかに関係していると考えられた。

概して、(一)小さい孵化幼虫は小さい二齢幼虫になりやすい、(二)小さい三齢幼虫が過剰脱皮する、と推察された。この考えに基づくと、孤独相の孵化幼虫の中でも小さい個体は小さい幼虫になるので過剰脱皮しやすくなると考えられる。もし、孤独相と群生相の幼虫が共通のクリティカルウェイトをもっていると仮定するならば、群生相の孵化幼虫は元々大きいために、このクリティカルウェイトを簡単に超えてしまうだろう。低質のエサを食べさせた群生相の孵化幼虫が過剰脱皮した原因は、栄養失調で小さい幼虫になったため、クリティカルウェイトに達せずに過剰脱皮したと考えられる。サバクトビバッタの体内では精巧な脱皮回数を決める「はかり」が働いていると予想される。

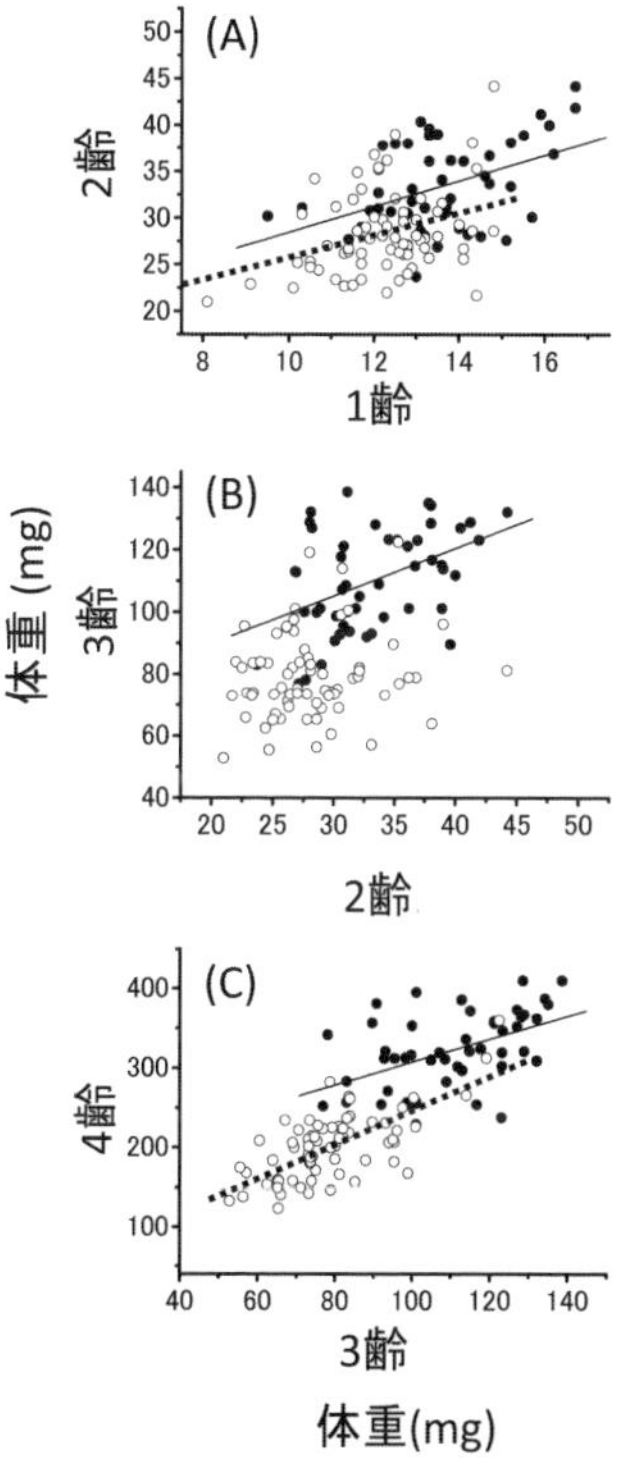

図7・13　各齢期の体重と前の齢期の体重との関係. (A) 1齢と2齢, (B) 2齢と3齢, (C) 3齢と4齢, 5齢型 (●: n=50) または6齢型 (○: n=69). 回帰直線は5齢型が実線で, 6齢型は点線で示す. 6齢型は2齢時の発育が一定ではなくなり, 小型の3齢幼虫になる (Maeno & Tanaka, 2010b を改変).

これらの結果をまとめて日本応用動物昆虫学会の英文誌『Applied Entomology and Zoology』に論文発表した（Maeno & Tanaka, 2010b）。今回の研究は、ただ単に幼虫の体重を測定して相関関係を見るだけだったが、エサの質や量を調節して人為的に大きさの異なる幼虫を作りだすことによって、さらに詳細な過剰脱皮のメカニズムがわかってくるだろう。そのときにどういったホルモンが関与しているのかを特定することが重要となる。

昆虫学において、脱皮・変態がどのように制御されているのか、その内分泌機構はタバコスズメガという大型のガを用いて、アメリカのリディフォード教授やトルゥーマン教授らによって大きな研究成果がだされている。また、その一流の研究者たちと一緒にしのぎを削り、第一線でこの分野を長年にわたり牽引してこられた比留間 潔博士が私の母校の弘前大学に教授として着任なされ、ご活躍されている。私がお世話になっていた農業生物資源研究所の篠田徹郎先生がユニット長を務める昆虫成長制御研究ユニットでは、カイコやチャバネアオカメムシ、カブラハバチを用いて脱皮・変態・発生に関わる研究が盛んに行われており、続々と新知見を生みだしている[※1]。すでに、昆虫を小さくしたり、大きくする技を開発している。いまだにロマンは中途半端なままであり、はがゆい思いをしながらこの本を執筆している。いずれ、この手に世界一巨大なサバクトビバッタを。

＊1　わが国における昆虫の脱皮・変態研究者の総力が結集した最新の書籍があるので興味のある方は一読されたし。『脱皮と変態の生物学』園部治之・長澤寛道　編著　東海大学出版会。

第8章
性モザイクバッタ

奇妙なバッタ

その日、一人でバッタの収穫にあけくれていた。集団飼育していたサバクトビバッタたちが続々と羽化してきており、その日のうちに体重を測定しなければならず、データを採っていたのだ。晴れの日も、雨の日も、風の日も外の畑に草を採りに行き、三十一度の飼育室で汗をかきながら毎日せっせとエサ換えをして、手塩にかけたバッタたちが無事に羽化してくるのだから、自然と顔がゆるんでしまう。今夜はめでたいから赤飯でお祝いだなと考えていた（著者はしがない一人暮らしで、晩飯はほぼ研究所でうどんを食べていました）。

サバクトビバッタのオス・メスは、ほぼ同時に羽化してくる。その外見はひじょうに似ているが、腹部の先端にある外部生殖器を見ればその違いは一目瞭然だ。しかも、メスの方が体が大きいので見慣れてくると飛んでる個体ですらパッと見ただけでオス・メスの判別ができる。米粒程度の孵化幼虫の性別を判定できる著者にしてみれば成虫の性別判定など朝御飯前もいいところだった。これは研究者によくある日常生活ではまったく役立たない特殊能力の一つの例である。

バッタは羽化直後でもじっとしていないため、円柱型のプラスチックケースに一匹ずつ入れて電子天秤で体重測定をする。オス、メス、メス、オスと適当にケージから取り出したバッタをテンポよく体重測定していたその手が止まった。オスとしてはいささか大きく、メスとしては小さい個体を取り出したのだ。正確に性別するために外部生殖器をじっくりと見たところ、その個体はオスでもメスでもなかった。

写真8・1　図8・1の写真を撮影するための裏舞台．バッタがすごい格好になっているが，冷凍麻酔後に翅と脚を固定し，背中をガラス管で持ち上げて撮影した．

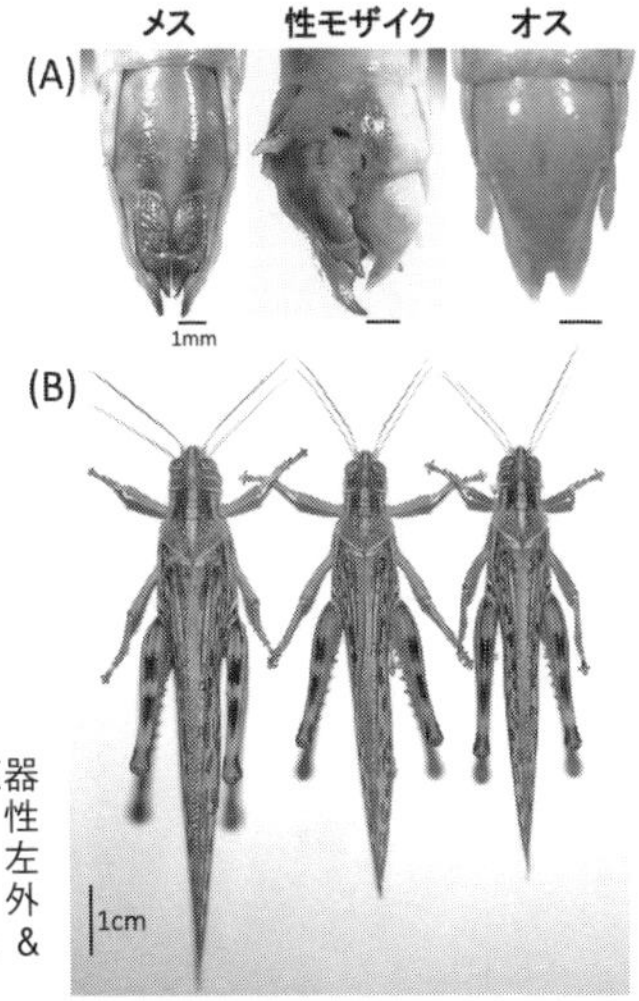

図8・1　(A) 腹部先端の外部生殖器（腹側），(B) 背側から見たところ．性モザイク個体は，右側面がメスで，左側面がオスの外部生殖器をもち，外部形態はオスに似ている（Maeno & Tanaka, 2007b を改変）．

この個体は、正中線に沿って半分がオスで半分がメスの両方の外部生殖器をもっていた（図8・1、写真8・1）。このようにオスとメスの性質の両方を合わせもつ個体は性モザイク（Gynandromorph）と呼ばれている。テレビなどで性モザイクのクワガタが見つかったと騒がれているのを見たことがあるが、バッタにもいるとは知らなかった。さっそく田中先生に自慢したところ、

「いやぁ　長年バッタの研究をしてるけど、こんなバッタは見たことないなぁ　よく見つけたね」と褒めていただいた（余談だが、一ヵ月後に田中先生があっさりとトノサマバッタでも性モザイク個体を見つけた）。

バッタの研究の歴史の中で、こんな発見は世界初だろうと鼻を高々と伸ばそうと文献を探したところすでに色々なバッタやイナゴでも性モザイク個体は見つかっていた。サバクトビバッタでもしっかり報告されていた。

「もぅ！　誰よっ？　せっかく人が気持ちよく…ブッ

ブツ」

当然、新発見の方が気持ちいいので、先を越されていてガッカリした。悔しさを理不尽ににじませながら、ペナー教授が発見したというサバクトビバッタの性モザイク個体の論文を研究所の図書館員さんに依頼して取り寄せてもらい、さっそく読んでみた。彼は、きわめて緻密に形態的な特徴を徹底して調べあげ、性モザイクの個体がどんな交尾行動をするのかを調べていた(Pener, 1964)。しかも貴重な性モザイク個体を二匹見つけていた。どちらの性モザイク個体も外部生殖器以外はオスに似ており、メスに対して交尾を迫ったことから、オスの交尾行動を示すと報告されていた。ただし、メスとしか一緒にしておらず、オスからは性モザイク個体がどのように見られていたのかは調べられていなかった。今回出現した性モザイクが過去の例と同じ保証はどこにもない。私が発見した性モザイク個体は、いったいどんな交尾行動をするのだろうか? 外部形態のデータなら今すぐにでも採れるが、交尾行動に関しては性成熟するまで二〇日ほど待たなくてはならない。バッタを飼ったことがある方ならご存知かと思うが、羽化後はコロッと死んでしまう個体がけっこう多い。なんとか長生きしてくれるようにと祈りながら、毎日生温かく見守った。

オスにモテるがメスが好き

羽化一〇日後、性モザイク個体の外部形態を調べたところ、脚や翅の長さはオスに似た特徴をもっていることがわかった。そして、願いが通じて、羽化後二〇日が無事に経過した。もう性成熟している頃なので、この性モザイク個体がメスとオスそれぞれに対してどのような交尾行動を示すのかを観察してみることにした。研究室にあった大きめのタッパーを観察容器に使用して、フタはバッタの飼育ケージに使われている透明なアクリル板を流用した。この観察容器にバッタを入れてどんな交尾行動をするのかを観察することにした（写真8・2）。通常の交尾行動の流れとしては、オスはメスの背中に飛び乗りマウンティングした後、すぐに腹部を伸長させてメスの外部生殖器にみずからの外部生殖器を結合させて交尾する。まず、性モザイク個体をメスと一緒にしたところ、すぐにメスの背中に飛び乗り交尾しようとした（図8・2A）。明らかにオスの性行動を示している。メスを別の個体に変えてみても同じように交尾しようとして

写真8・2　サバクトビバッタの交尾行動観察用の容器．冷蔵庫の中のタッパーだって立派な実験道具になる．さぁ，全国のチビっ子諸君．君も行動観察だ！

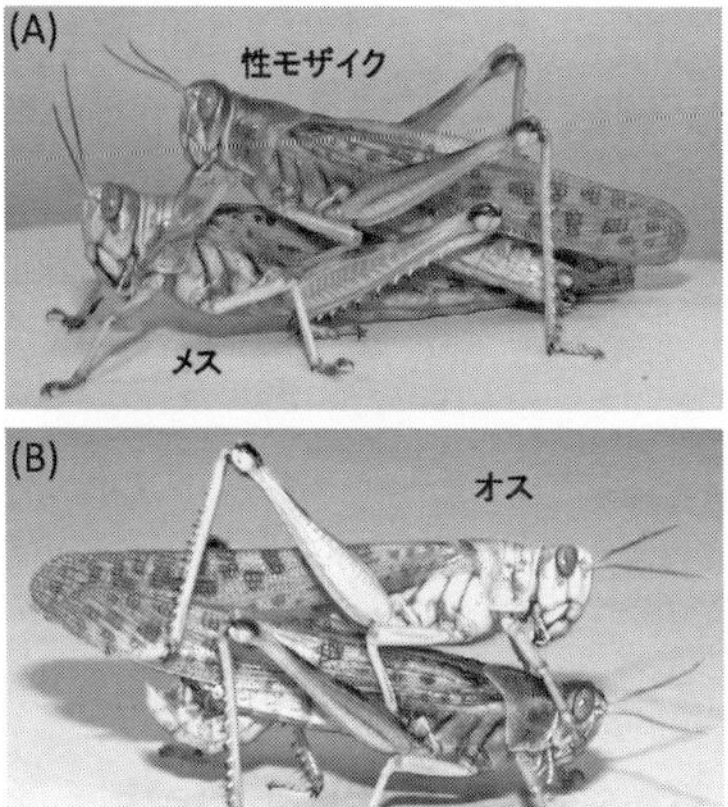

図8・2　(A) メスに交尾を試みる性モザイク個体，(B) 逆にオスから交尾を試みられる性モザイク個体 (Maeno & Tanaka, 2007b を改変)．

いた。この性モザイク個体は、ペナー教授の性モザイクと同じようにオス的な性行動を示すようだ。

次に、ペナー教授が行っていなかったオスと一緒にする観察を行ってみた。どうせ何も起こらないのだろう、と予想していたところ、そのオスたちは性モザイク個体に飛び乗って交尾を迫ってきた（図8・2B）。五匹のオスが性モザイク個体をメスとして認識しているようだった。これは不意打ちだった。オスはメスから隔離され欲求不満になるとオスにも交尾しようとするのだが、実験に使ったオスはさっきまでメスと同じ飼育ケージにいたものだし、実験前にあらかじめ五匹のオスを一緒にして三〇分間観察したのだが、そのオス同士では交尾しようとする動きは見られなかった。それが性モザイク個体にだけ交尾を迫ったのだ。決定的なことはわからないが、性モザイク個体の匂いや見ためがメスだったからなのかもしれない。もしくは、忌避フェロモンを放っていなかったからかもしれない。ちなみに、オス・メスどちらを性モザイクにあてがった場合でも交尾は成立しなかった。次に知りたいことは、体の中身だが、これをするには性モザイク個体を解剖するしか手段がなく、ためらいの日々が続いた。

羽化後三十二日目の朝。いつものように性モザイク個体に挨拶しに行くと、飼育容器の床に落ちてピクピクしているではないか。死期が目前に迫っており、もはや一刻の猶予も許されなかった。私は決断し、腹部にメスを入れた。腹を開き、体内を観察したところ、一見して奇形とわかる不完全な精巣と不完全な卵巣があった（写真8・3）。体内までもがオス・メス両方の特徴をもっていたのだ。しかも、卵巣には中途半端な大きさの卵があった。卵をもちながら、メスに交尾しようとしていたのかと驚いた。外部形態、性行動、内部形態の結果から、性行動を制御しているシステムと形態的な性を作りあげるシステムが明らかに異なっていることがわかった。

性モザイクの個体は、バッタでは作ろうとしても意図的に作ることができない偶然の産物のためきわめて貴重で、生きているうちにもう二度と出会えない可能性もあった。田中先生がせっかくだから論文発表してみたらと勧めてくださった。たった一匹の観察でも論文になるものかと驚きながら、論文にまとめてある雑誌に投稿したところ、不受理になった。

「事実記載の域を超えておらず、おもしろみを感じられません」という理由だった。正直、その他にも私たちの研究内容をけなす文句が書かれてあり、ショックを受けた。この論文で初めてコレスポンディングオーサー（通称、コレスポ）と呼ばれる実際に投稿先の雑誌の編集長とやりとりをすることを任されていた。「いずれ、前野君も独り立ちしたときには一人ですべてをやりとりしていかなければいけないから少しずつ慣れていったらいいよ」という先生の配慮だった。ところが、全否定をくらい、挙句の果てにナイーブな私の心に突き刺さってくるコメントも頂戴していた。自分がコレスポになった途端にこれだったので大いにへこみ、申し訳なく先生に伝えたところ、

写真8・3　性モザイク個体の解剖風景．シャーレの底に透明なシリコンを流し込んで固めた特製の解剖皿で開腹後，針で固定してから観察した．この個体は解剖後，アルコール漬けにして宝箱の中で大切に保管している．

「どんなに重要な論文でもおもしろみを感じるところは人それぞれ異なっており、おもしろくないという意見は主観であるので、論文不受理の理由にならない」と先生が烈火の如く怒ってくださり、抗議の手紙を編集者に送った。先生は、判定を不服に思ったから抗議したのではなく、たとえ不受理にするにしてもなぜ不受理なのか正当な理由を述べ、建設的なコメントをすべきだと主張してくださった。批判するだけなら誰にでもできる。どのように改善すべきか、なぜそれが誤りなのかをきちんと説明することがレフェリーの全うすべき使命だと考えていたからだ。私たちは抗議して論文を受理してもらおうなどとはいっさい思っておらず、抗議の手紙を送る前にはすでに他の雑誌に投稿し直していた。ちなみに同じ論文を異なる雑誌に同時に投稿する二重投稿はご法度である。

論文が学術雑誌に受理されるかどうかは闘いだ。通常は二人のレフェリー（査読者）が論文を受理すべきかどうか判断をくだす。それを受けて編集者（エディター）が受理か不受理、または一部修正するのならば受理可能との判定をする。今回はなぜかレフェリーは一人だけで、その一人がこの否定的なコメントだった。

「どんなレフェリーにあたるかは運しだいで、厳しい人にあたったら交通事故だと思って諦めるんだね」と先生に慰めてもらった。どんなに残念な結果だとしても、レフェリーもボランティアで査読してくれているので、感謝の気持ちを忘れてはいけない。それにこれが最後のチャンスではないのだ。昆虫学専門誌は少なくとも世界に八十七誌ある。先生が次に勧めてくださったより難易度の高い英国の昆虫学誌『Physiological Entomology』に論文投稿したところ、すぐに受理された（Maeno & Tanaka, 2007b）。しかも、論文に使用した性モザイクバッタの写真が一年間雑誌の表紙を飾ることになった。良いことづくめで有終の美を飾ることができた。自分が手塩にかけたバッタが昆虫生理学雑誌の顔になるとは父親の心境に似て、なんとも微笑ましいものだった（まだ独身なので違うかもしれませんが）。たった一匹のサンプルでも、きちんと実験スケジュールを組み、学術的に重要な発見をすることができれば論文になるということを勉強できたかけがえのない経験になった。逆にいえば、自分は目の前にある発見のチャンスを多数見すごし、それだけ論文発表する機会を逃していることに他ならない。日常生活に溢れているおもしろいことにいかにして気づくことができるかが、研究者として生き延びるために重要であると感じた。これをきっかけに自分が気づいた疑問は無視せずに素直になぜだろうと問いかける習慣を身につけるようになった。

今回、なぜ性モザイク個体が出現したのか、その原因はまったくわからない。おそらく色々なタイプの性モザイク個体が出現する可能性があるだろう。昆虫の性を操る興味深い仕組みについてはフィールドの生物学のシリーズ『共生細菌の世界』（成田聡子 著）に紹介されているのでぜひそちらを参照されたし。

コラム　図の美学

じつは、話の流れに沿って言いたいことを読者の方々に伝えるために、この本で使用した図のすべては論文で使用した物を作り替えており、一部しかお見せしていない。物足りないと感じた方や研究内容に興味をもってくださった方はぜひ原著論文をあたってほしい。田中先生の教えで、私たちは論文で使用する図と学会発表で使用する図は使い分けている。なぜなら、「わかりやすさ」と「正確さ」は同じではないからだ。

図を作るためにはデータがなくてはならないが、どれだけデータが必要になってくるかは調査対象によって異なってくる。たとえば身長のようにバラつきの多い現象であれば、それ相応のサンプル数が必要となり、鼻の穴の数のように一〇〇パーセントに近い確率で説明できるデータをいつまでも採り続けるくらいなら、他のことに目を向けた方が得策だ。そして、統計解析をするために必要な最低限のサンプル数を確保したら、もうデータは十分なのかというと、そうではないと思う。統計的に裏づけられているかもしれないが、サンプル数が少ないと結果の妥当性に不安を覚えてしまう。どれだけデータを採って、どんな図を作り出すのかは個人の采配に委ねられている。もちろん、お決まりのルールも存在するが。

この本でもサンプル数が少ない図をお見せするときが自分の努力不足が露呈するときなので恥ずかしい。もっと努力をしていればよかったと自分を諌めずにはいられない。相蓄積の仕事をしたときは、数十匹のデータがたった一点にしかならないし、そうかといえば、性モザイクのような一匹が主役になるようなこともある。図の形は似ていても、そこに込められている情報の質や量はまったく異なっている。

いつの頃からか、惜しみない努力を注いで得たデータが織りなす図に美しさを感じるようになってきた。数が少ないときにはギザギザしていた折れ線グラフが、十分なサンプル数を従えた途端に滑らかな曲線を描く瞬間がたまらない。棒グラフのあのたくましさと段差に心奪われる。研究者にとって図はデータで描く芸術の一種だ。

第9章 そしてフィールドへ…

バッタの故郷

二〇〇九年一〇月一六日。私たちの目の前を、サバクトビバッタが自由に飛んでいった。

世界中のバッタ研究者が集結する国際バッタ学会が四年に一度大陸を変えて開催される。以前カナダで行われた大会に田中先生が参加したとき、そこで知り合いになったモーリタニア国立サバクトビバッタ研究所のババ所長からモーリタニアでサバクトビバッタが大発生する兆しがあるという連絡がはいり訪れてみることになった。モーリタニアがどこにあるのかあやふやだったのだが、西アフリカに位置しており、日本の国土の三倍を誇っている（図9・1）。今までサバクトビバッタについて研究をしてきたのだが、野生の彼らを生で見ていないことがずっと自分の中でひっかかり、自分の虫の野生の姿も知らず、恥ずかしく思っていた。

それがどうだろう。目の前で、憧れていた本物のサバクトビバッタが自由に舞っているのだ。われを忘れてバッタを追いかけ回した。実験室なら壁があるが、砂漠では彼らの行く手を遮るものは何もない。砂漠は広く、野生のサバクトビバッタの逃げ足は速かった。大発生とはいかなかったものの、いたる所にバッタが潜んでいた。幼虫もいれば成虫もおり、目のやり場に困り、バッタたちに興奮しっぱなしだった。一部のエリアでは孵化幼虫が大量に発生して食草に群がっており、動けない植物が気の毒だった（写真9・1）。私たちの調査をさらに盛りあげたのはサハラ砂漠での野宿だった。三泊四日で各地を転々とし、野外調査したのだが、修学旅行の比にならないほど最高に楽しかった。泊まったホテルの部屋の広さは、地平線の彼方まで（写真9・2A）。寝室は五つ星ホテルを凌駕したVIPルームで、星屑の下にパイプベットを敷いて眠りについた。夜空には、あんなにたくさんの星たちが光り輝いていたのかと驚いた。そして、贅沢にも専用のコックさんが同行しており、料理してくれるのだが、ヤギ肉をバケツに入れ、四〇度を超える炎天下の中、クーラーボックスに入れずに木にぶらさげるだけだったので、三日目に出されたヤギ肉のカレーはなんとも味に深みがあり、泣く子も黙る旨さだった（写真9・2B）。田中先生はなぜか自分の分の肉を私に譲って下さった。

写真9・1　食草に群がる孵化幼虫.

図9・1　アフリカ全土とモーリタニア・イスラム共和国の地図．三日月と星はこの国の主要な宗教であるイスラム教のシンボル．背景の緑はイスラム教を象徴し，三日月と星の黄色はサハラ砂漠の砂を表している．国土の大半を占めるサハラ砂漠を緑化したいという強い希望を示しているそうだ．ちなみに2011年，日本人はわずか15人しか滞在していなかった.

夜にまぎれて

日本にいたときには、飼育室の照明が消えると中には入れなかったために、夜間、サバクトビバッタがどう動いているのかさっぱりわからなかった。未知の世界だった夜間観察を敢行したところ、彼らは産卵したり、交尾中だったりした。いたる所でカップルのバッタがデートしていた（写真9・2C）。そして、その近くでは、獲物を狙って天敵が息を潜めていた（写真9・2D）。これはヒヨケムシという世界三大奇虫として知られている生き物で、クモでもなく、昆虫でもない。夜行性だから「ヒヨケ」というネーミングなのだろうか。待ち伏せ型の捕食者かと思いきや、ライトに集まってきた昆虫に果敢に襲いかかり、獲物をかかえて草むらに戻って食べていた。昆虫の大あごは左右に開閉するが、ヒヨケムシは上下に動かすため、エイリアンのようで私も噛まれたかった。

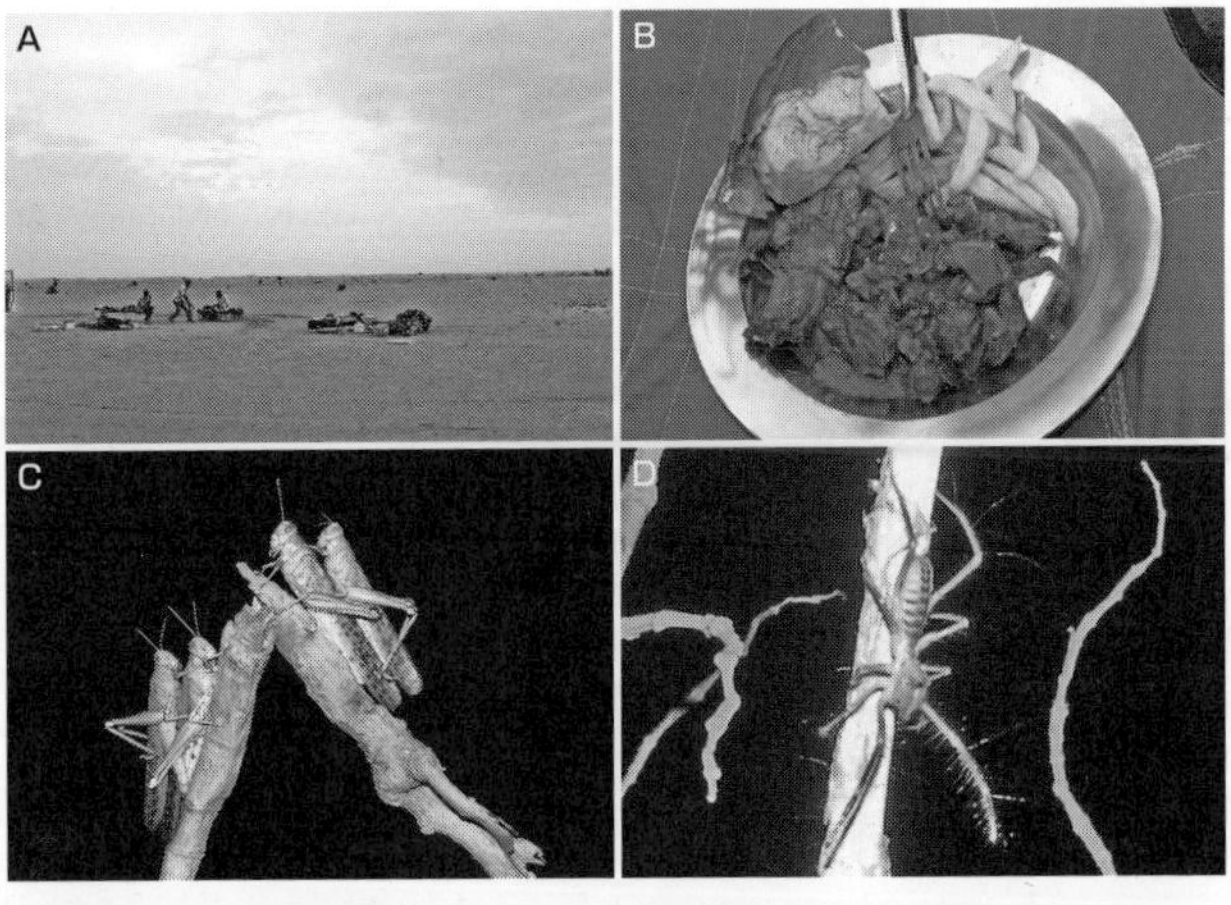

写真9・2　(A) 砂漠の極上ホテル，お部屋の広さは地平線の向こうまで，(B) ヤギ肉のカレー，(C) デートは夜景のきれいな木の上で，(D) 獲物を待ち構える奇虫ヒヨケムシ．

砂漠の道化師

キャンプ中は、当然もよおすわけで、大きい方の用をたすときは、テントから一〇分ほど歩いて十分に離れてから行うのが暗黙のルールだった。朝、砂丘の裏側に小走りで回り込み、シリアスな状況から解放され、安堵感に包まれた瞬間、黒い生物がどこからともなく飛来し、私の遺産に群がってきた。ファーブルの代名詞でもあるフンコロガシだ。フンコロガシは、フンを自分や子のエサにする。現場で食事を楽しむ種もいるが、彼らはどうやら別の場所に転がしていく種のようだ。彼らの行動がじつにユニークなのだ。手頃な大きさの糞球を作りあげたら、ショータイムの始まりだ。逆立ちして後ろ向きで糞球を転がしていく、その名の由来となった曲芸を披露してくれる。おそるおそる押すのではなく、後ろ向きにも関わらず全力で走っていく。球を転がすのは平坦な場所だけではなく、丘に向かって勇猛果敢に突き進んでいくときもある。物理的に無理だろうと思われる丘にも勝負を挑み、案の定バランスを崩して糞球もろとも転がり落ちてきて、ピエロのような一面も見せてくれる。もちろんこれは観客を沸かせるためのサービスではなく、彼らはうかうかしていられないのだ。じつは、後から駆けつけたフンコロガシがせっかく作った糞球を奪おうとするのだ。今回も横取りしようとズルイ奴が現れて、目の前で壮絶なバトルを繰り広げてくれた。自分のものを奪い合っているのを見るのは複雑な気分だった（写真9・3）。バトルの結果、糞球を作った本人がライバルをなんとか振り切った。転がしては立ち止まり、地面にちょっと穴を掘って具合を確かめ、気に入らなければまた転がしていく。フンコロガシはどうやら糞球を埋める場所に妥協を許さない職人肌な気質をもっているようだ。けっきょく、時間の都合で穴を掘って糞球を埋めるところまで観察できなかった。

テントで休んでいるとフンコロガシが誰かの糞球を転がしてくることがあった。せっかく私たちが遠くに用を足しに行ったというのに！

糞に群がってくる昆虫は、総称して「フン虫」と呼ばれている。研究仲間に聞いたことがあるのだが、フン虫の研究者は通常はウシやウマの糞を使ってトラップを仕掛け、お目あてのフン虫を集めるそうだが、いつも糞が手に入るとは限らない。そんな窮地に陥ったときは、最終奥義をひねり出すそうだ。採集に行く前日は、万が一に備え、フン虫に人気が出るように飲酒を控えるのがコツだそうだ。

写真9・3　糞闘中のフンコロガシ.

バッタ狂の決意

憧れのサバクトビバッタたちと記念撮影を楽しんだりと気分はすっかり観光気分（写真9・4）。読者の方々は私たちがさぞかし遊んできたと思われただろうが、重要なことを忘れてはおりませんか？　私たちが研究者だということを。私たちはただ観光旅行をしていたわけではなく、片っ端からバッタを捕まえて、発生状況の情報を収集していたのだ（写真9・5）。捕獲したバッタたちをホテルに持ち帰り形態や内部構造のデータを採っていた（写真9・6）。田中先生がまとめて論文発表して下さった（Tanaka et al., 2010）。

私は、生のサバクトビバッタに悩殺され、メロメロになったその瞬間に心に決めたことがあった。後先考えずにババ所長に「ここに来て研究してもいいですか？」と尋ねたところ「ウェルカム」と快諾してくれた。研究所には、訪問者に何か一言書いてもらうノートが置いてあり、そこに私は「I'll be back（戻って来るぜ）」と決意を表明した。どうにかしてモーリタニアにきて研究する手立てはないものか。ちょうどこ

写真9・4　サハラ砂漠でサバクトビバッタを追いかけ回し中（撮影：田中誠二）.

写真9・5　（A）バッタ採りを手伝ってくれたスタッフ．ビニール袋の中身が戦利品．（B）防除チームがどこに派遣されているのか研究所の本部にある地図を使って説明を受ける田中先生.

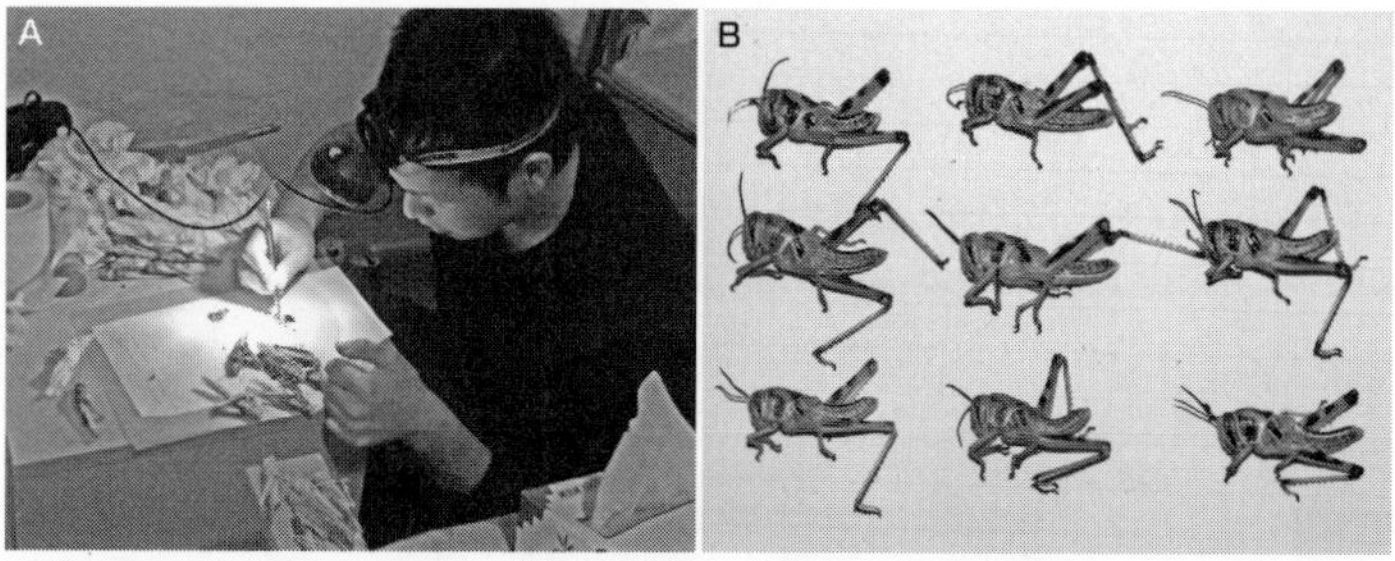

写真９・６　(Ａ)ホテルでメス成虫を解剖中．部屋の電気が暗くてもヘッドランプがあれば問題なし(撮影：田中誠二)．(Ｂ)野外から採集してきた幼虫．

の頃、今年度でポスドクの任期が切れるため新しい行先を探す必要があった。

目に焼き付いたサバクトビバッタの姿をお土産に日本に帰り、若手研究者が海外に研究に行くことを支援する日本学術振興会の海外特別研究員制度に応募することにした。ただ、アフリカ行きの最大の壁は両親をいかにして説得するかだった。

かわいい息子がアフリカに行くとなればさぞかし両親は心配することだろう。申請書を提出する前に両親がつくばに遊びに来たので、一緒にお酒を飲み、頃合を見計らってアフリカに行きたい旨を切り出した。すると、「え〜　アフリカ！私も行きた〜い」と母。「こういう流れになると思っていた。行ってこい」と父。え？　心配じゃないの？　アフリカだよ？　かわいい息子だよ？　両親の反対を押し切ってまでアフリカに一人旅立つというドラマチックな流れを期待したのだが、私の両親があまりにもノリが良すぎたため涙ながらに話せなくなってしまった。ただし、アフリカ行きが手放しで許されたわけではなく、一つだけ条件がついた。「無事に生きて帰ってくること」

というか、海外学振の審査に落ちたら話にならない。ホームページを見たら派遣先の九割が先進国でアフリカに行った研究者は誰もいなかった。これは意味深で怖い。盤石な内容の申請書を準備するために、すでに海外学振でアメリカに渡り、あのリディフォード教授のラボに行った昆虫ホルモンの水口智江可博士（現 名古屋大学大学院　助教）と同じくアメリカのキャロル研究室に派遣されていたシロアリとショウジョウバエの越川滋行博士（現 ウィスコンシン大学マディソン校 分子生物学研究所 研究員）に相談させていただいた。審査員に日本でもできそうだと思われてはわざわざ外国に行く必要性が弱まってしまうので、「なぜサバクトビバッタを研究するのにモーリタニアでなければならないのか」を強く主張することにした。私の申請は無事に採用され、二年間のモーリタニア行きの切符を手に入れた。ただし、それは片道切符だった。

旅立ちのとき

文系と理系のさまざまな分野の若手研究者が日本学術振興会（通称：学振）の恩恵にあずかり、海外に行って研究することができる。海外学振では、往復の飛行機代と二年間にわたって給料（滞在費兼研究費）が支給される。給料は日当で計算され、行先によって甲乙丙の三種類のランクがあり、年棒にして三八〇～五二〇万円のひらきがある。おそらく物価などを考慮しての措置だろう。アメリカなどの先進国に行く人は五二〇万円で、モーリタニアは三八〇万円だった。日本への一回の帰国は最大で一四日間までで、二年間で合計四〇日間の帰国が許されている。外国に行って研究するという名目があるため、そうそう帰ってくることはできない。アフリカに行くということでA型肝炎、B型肝炎、黄熱病、破傷風、狂犬病の予防接種を受け、その費用は合計で十二万円ほどになった。注射によっては半年に渡って三回定期的に注射しなければならないので、あらかじめ心とお金の準備をしておく必要がある。何があるかわからないので海外生活用の保険十七万円にも入った。アフリカで大けがをして日本にジェット機で緊急搬送された場合、二千万円ほどかかるそうだ。保険に入っておかなければ破産の恐れがある。このような説明をすると、ほとんどの人が「うわー」と口ずさむ。私は経済的には社会的弱者に違いないのだが、私以上に贅沢な人がこの世にいるものならぜひとも紹介してほしい。なぜなら、これから自分の好きなことを一日中できるのだから。

あの…強がってみたものの、やっぱりお金の前には屈しました。私は常勤の研究者ではないため、研究するための道具をまったくと言っていいほどもっておらず、知り合いの研究者から顕微鏡や天秤などをお借りしたり、恵んでもらったりとずいぶんと助けていただいた。初めてのフィールドワークということで、その装備も整えなければならない。正直、モーリタニアでは機材の調達は難しいので最低限のものは持参しなければならず、機材や生活用品が多くなった。運搬方法を色々と調べたところ、一番安くても二十三キログラムで五万円ほどかかることがわかり、枕を涙で濡らした。ただ、渡航するときの飛行機で一緒にもっていけば、一つ二・五万円で済むことがわかり、涙を拭いた。こういった運搬するための費用もすべて自腹だ。貯金がみるみるうちに減っていく現実と向き合うと残酷なくらい目が覚めた。お金の大切さを噛みしめる良い機会に恵まれたと考えよう。そうしよう。

だが、そんな私を女神は見捨てていなかった。ちょうどこの頃、田中先生の協力で発表してきた論文が研究業績として認められ、井上科学振興財団より奨励賞を受賞し、副賞で五〇万円いただいた。さらに湯川先生が私を推薦してくださったおかげで日本応用動物昆虫学会から若手研究者向けの奨励賞をいただいた（写真9・7）。これらの恵みをありがたくアフリカ行きの準備に利用させてもらえたのには涙した。

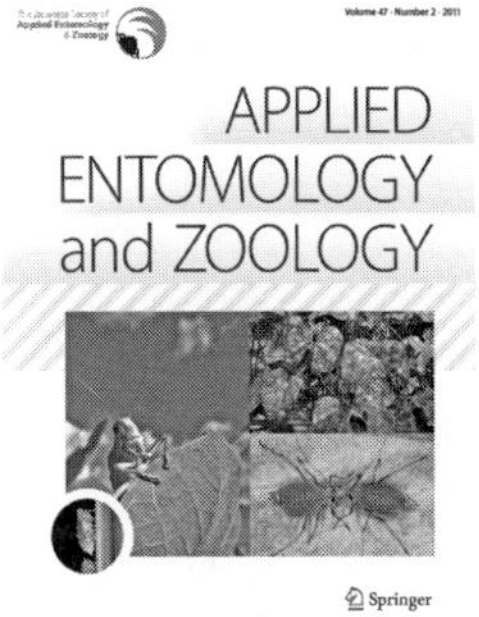

写真9・7　日本応用動物昆虫学会の英文誌『Applied Entomology and Zoology』の表紙．学会賞と奨励賞の受賞者計4名の写真が1年間表紙として採用された．この年の学会賞受賞者はウンカの松村正哉先生（九州沖縄農業センター）と昆虫と微生物の共生の深津武馬先生（産業総合研究所），奨励賞受賞者は野菜害虫の徳丸 普先生（京都府農林水産部）と著者．

この二年間という限られた時間の中で成果をださなければ先が続かず、いや、たとえ成果をだしたとしてもどうなるかわからない状況だったが、私財を投じて、アフリカでの二年間に昆虫学者の夢を賭け、一世一代の大勝負にのりだした。

いざアフリカへ

モーリタニアに足を踏み入れた瞬間、サハラの洗練を受けた。首都のヌアクショット空港に持ち込んだ研究材料などを梱包していた段ボール八箱をすべて開けられ、ビールを全部没収されたのには絶望した。

写真9・8　研究所にお越しいただいた東 博史大使（右：在モーリタニア日本大使館）とババ所長（中：モーリタニア国立サバクトビバッタ研究所），モーリタニアの民族衣装をまとった著者（左）（撮影：内田りな）．

モーリタニアはイスラム共和国のため、お酒はダメだったのだ。後で聞いたら、いくらか袖の下を渡すと素通りできたらしい。そういえば、金があるかどうか聞かれていたのはそういうことだったのか。持って行けるものが限られていたので躊躇することなく味噌よりもビールを選んだのだが悲惨な結果に終わった。

失意の中、研究所で歓迎会を催してくださり、ババ所長が、

「日本が震災で大変ことになっている中、家族や友人を残して日本を離れるのはとてもつらかったと思うが、よく来てくれた。フィールドワークは大変なので、皆、実験室に残りたがる中で、コータローはよくフィールドに来る決心をした。私たちは日本から来たサムライを歓迎する。コータローががんばれば日本の励みになるから、がんばってほしい」と、温かく迎えてくれて、握手をした。ババ所長の手はとても大きく、力強い握手だった（写真9・8）。

世界のバッタ問題を統括しているキース・クリスマン博士（FAO）がちょうど研究所を訪問されていて、

「ここでコータローに会えたのはひじょうに幸運で、バッタ研究所がこのようにバッタ研究者を支援して、繋がりを作ってくれることはひじょうに喜ばしいことだ。これでコータローもLocust Family（バッタ

家族)だ。研究成果はさることながら、コータローがアフリカにいてくれることは私たちにとってもひじょうに大きい。日本とアフリカの架け橋になってくれることを期待している」と、一員として迎え入れてくれたのに加え、期待されているのが嬉しかった。自分がアフリカで必要とされているとはなんと光栄なことか。新しい世界がどんどん広がっていく予感が満載だった。

ミッションという名の闘い

モーリタニア到着の三日後、すぐにフィールドに行く機会に恵まれた。当時、モーリタニア全土でサバクトビバッタが発生して被害がでており、各地で熾烈な攻防戦が繰り広げられていた。私たちは、研究所から北に三百キロメートルほど離れたサバクトビバッタの発生地帯に行くことになった。半分遠足気分でいると、出発の前日に、研究所のマネージャーさんから丁重に包まれた紙きれを渡された。何やらフランス語で値段が書いてあり、さっぱり訳がわからず質問すると、

「フィールド調査に行くにはスタッフを雇わなければいけないんだよ」とのこと。なるほど、そういうシステムか。フィールド調査は自分がリーダーになって、すべての指揮権をもつことになる。紙きれは雇う予定のスタッフの日当が書かれたレシートで、そこには「Mission」の文字があった。なんとも本格的で響きがいいので、これから野外調査のことはミッションと呼ぶことにした。

ミッションに必要なドライバー、コック、そしてフィールドワーク未経験の学生を通訳として雇って四

泊五日の日程で繰りだすことになった。調査地は街から離れているのでいちいち戻ってくることはせずに、その場でキャンプすることにした。読者の方は、軟弱そうな著者にいきなり野宿などできるのかと心配になるかもしれないが、そこはご安心を。私は、小さい頃から家族でよく海や山にキャンプに行っていたし、「男が疲れはてて倒れたところが寝床である」をモットーに飲み会のときには度々野外で不本意に仮眠してきた。それに、弘前大学時代は世界遺産の白神山地で真冬にニホンザルに発信器を付けて追跡調査などをやっていた。これはよく畑に吊るされている鳥よけの目玉模様のビニールを発明した城田安幸先生（弘前大学准教授）の課外授業だった。そろそろ私のタフネスさが伝わったかと思うので話を進める。

ミッションは野宿なのでホテル代がかからないのが魅力的なのだが、費用は全体でけっこうかかる。いくらかは明言しませんが、七万円あれば皆さんは何をしますか？　カップルで海外旅行に行けますよね。私なら砂漠にバッタを見に行きます。私ならサハラ砂漠にサバクトビバッタを見に行きます。大事なことなので二回言いました。もっとも今なら専属ドライバーのティジャニと共通言語をもたないのに意思の疎通がとれるようになったので二人だけで格安ミッションが可能となっている。

ミッション当日、学生が寝坊し、コックが調理用のガスを忘れ、準備にもたつき昼すぎに出発した。舗装された道路を突っ走って目的地をめざす。初日は砂漠に駐在しているバッタの偵察チームの基地に行く予定で、彼らと途中で合流した。車には二メートル近くもあるアンテナがついていて、これのおかげで砂漠の真ん中からでも研究所とラジオで交信できる（写真9・9）。アスファルトに別れを告げ、とうとう砂漠の中に突入した。意外と地面は固く時速一〇〇キロメートル以上で突き進む。すっかり暗くなってしまいライトを点灯させて、誘導する車を追いかける。先程から暗闇を切り裂く白い影がチラチラと目につく。目をこらしてみるとサバクトビバッタだった。とうとう彼らの巣窟に辿り着いたようだ。

「バッタいたよ！　ほらっ！　バッタいたよ！」と、全力で興奮している旨を伝え、早く降ろしてほしいとアピールするのだが、皆は早く目的地に着きたいようで、無視されてしまう。

そのとき、祈りが通じたのか、砂丘地帯で車が砂にハマッて止まってしまった。皆で車を降り、とりあえず私も手伝うふりをしてから、暗い中、辺りをうかがってみた。さっそく草の上にいるサバクトビバッタの緑色の幼虫を発見した。すかさず捕まえようと、わし握みしたら激痛が走った。本場のバッタは何か武器でももってるのか？　車のライトに手をかざして見てみると植物の大きなトゲがぐっさりと手のひらに刺さっていた。記念すべき初バッタは痛い思い出になってしまった。砂漠の初心者が暗闇でむやみやたらにそこいらを触るのは危険とみなし、準備万端の装備を整えるまで捕獲はガマンすることにした。砂にハマったときはタイヤの空気を抜くと脱出しやすくなるそうだ。車を押すのを手伝い、なんとか脱出できた。その場所からすぐ近くに駐在中の偵察チームのキャンプ地があった。もちろん目印になるような電気の類はなかったが、たき火をしていたので場所はすぐに見つかった。見わたすかぎり、地平線の彼方まで電灯の明かりはいっさい見えない砂漠のど真ん中。私たちのチームもテントを設営し、野営の準備をはじめた（写真9・9）。

写真9・9　キャンプ地.

勝手がわからず手持無沙汰な私は懐中電灯を片手に小高い丘に上り、月明かりに照らされた砂漠を見回した。高揚した気持ちをなだめるようにそよ風が頬を撫でる。人生を賭けた闘いがこれから始まろうとしている。はてしなく続くサハラ砂漠を前に不思議と不安を感じることなく、その場に立っていただけなのに、自然と拳を握っていた。勝負を前に、これからお世話になりますと砂漠の神様に挨拶をした。本当だったら御神酒をお供えしたいところだったが、なにせ没収されていた。

トゲの要塞

ひとしきり砂漠と自分に酔いしれたところで、近くを徘徊するとすぐに幼虫を草上に発見した。ライトで照らしてはじめてサバクトビバッタのいる植物の危険さに気がついた。嫌がらせのような鋭いトゲが生えた危険な植物であることがわかった(口絵13)。これは容赦ない。さきほどのトゲは手のひらに刺さったままだ。トゲ抜きをもってくるのを忘れていた。

「おっ　ここにもいた。あっ　ここにも」と、続々とサバクトビバッタが見つかるが、バッタは集合していないし、幼虫の体色は緑色や茶色なのでどうやら孤独相のエリアだ。周囲を歩き回って彼らを発見するうちにある傾向に気がついた。このエリアにはおもに三種類の植物があるのだが、なぜか彼らが見つかるのはこのトゲの生えた植物と決まっているのだ(口絵13)。この植物は葉っぱがほとんどないので、エサとしてはそれほど良さそうには思えないのだが。なぜ、彼らはこの植物にだけいるのか疑問がわいてきた。トゲが刺さった手のひらをひと撫でして、ある考えが浮かびあがった。

「もしかして、サバクトビバッタはこの植物を敵から身を守るためのシェルター（避難所）として利用しているのでは？」

確かに、この植物の中に逃げ込まれると手出しができない。サバクトビバッタは夜に植物をシェルターとして利用していることはウバロフ卿の教科書（Uvarov, 1977）で読んだことがあったが、植物の種類までは言及されていなかったはずだ。それに、バッタがどうやって天敵から身を守っているのか、その対捕食者戦略は学術的にも興味深い問題だ。しかし、思いついたのはいいが、どうやってこの「シェルター仮説」を検証したらいいのか。すべては自分のアイデアにかかっていた。

己の力を試すとき

今回のミッションでは、野外の状況がどんな感じなのか感触を掴むだけで、ただサバクトビバッタを観察できればいいと考えていたのだが、疑問を抱いて黙っているわけにはいかない。躊躇することなく私を突き動かしたのは他ならぬファーブルの言葉だった。彼は生き物の観察者の心構えをその著書『ファーブル昆虫記』で述べていた。

チャンスが現れたら迷うことなく、その場で捕まえなければならない。というのは、おそらく長いことかかっても、もう二度と再び現れないかもしれないからだ。そしてチャンスというものは、ふつう、そのことを夢にも考えていないときに現れるので、それをうまく利用する用意はまったくできていないものである。その場で簡単な実験材料をとりそろえ、計画をたて、戦術を工夫し、いいアイディアを編みださなければならない。とっさにうまい考えがひらめいて、与えられたチャンスを利用することができるようなら、運がよすぎるぐらいである　（『ファーブル昆虫記』第一巻上、ジャン＝アンリ・ファーブル、奥本大三郎訳・集英社刊）。

野外での虫との出会いは一期一会。それを自分の中だけの思い出にするのか、それとも思い出を論文にして、皆と喜びを共有するのかは雲泥の差だ。ここには、フィールドワークの経験者も実験道具もなければ、頼みの綱のインターネットも文献もない。頼れるものは己のみ。明日の朝には次の目的地へ向けて出発しなければならない。状況は追い詰められているが、この逆境がなんともたまらない。ようやくファーブルと同じ土俵に立てたのだ。制約された中で、工夫して謎を解けたらどんなに楽しいだろうか。子どもの頃から憧れ、待ちに待ったこの瞬間がついに訪れたのだ。疑問を現地調達し、その場で臨機応変に解決方法を編みだし、答えを得る理想のフィールドワーカー像を頭に思い描き、静かに目を見開いた。こんな絶好のチャンスを逃していいものか。否、いいわけがない。昆虫学者としての真価が試されようとしているのに奮いたたないわけがない。今こそ自分の研究者としての底力を見せるときだ。「よし！　やってまるや（津軽弁で、やってやるぜ、の意）」。まずは、晩飯を食べよう。今夜はスパゲティだ。

決戦

食事の後、何か良い武器はないかとリュックの中を漁ったところ「筆記用具」、「メジャー」、「手袋」、「ヘッドランプ」と先輩の高野俊一郎博士から餞別に頂戴した「十徳ナイフ」が出てきた。これで暗闇でも草のサイズを測定できるし、トゲを恐れずにバッタを捕まえることができる。しかも、十徳ナイフは持っているだけでお得感たっぷりだ。辺りを散歩しながら、どうやってアプローチすべきか、実験のデザインを頭に思い描いた。

「バッタはどんなシェルターに住みたいのか?」

恩師の安藤先生の教えどおりに目の前にいるバッタの気持ちになって考えてみた。もし、自分がバッタなら、より強力なシェルターの方がいいので、柔らかい草よりはトゲ付きの草を選ぶだろう。そして、小さいよりは大きいシェルターの方が心強い。それに、同じシェルターには同居人が少ない方が敵に見つかりにくくて良さそうだ。

「シェルター仮説を検証するにはどうしたらいいのか?」

目の前の疑問に対して、どんな実験方法を編みだしたらいいのかは、師匠の田中先生に鍛えていただいた。バッタが潜んでいる草の種類・草のサイズ・同じ株に潜んでいるバッタの数を調べれば、何か傾向がわかるのではないか。得られたデータからどんな図ができあがってくるのかイメージを膨らませる。論文にするために準備しなければならない情報に抜かりがないか、今まで犯してきたミスの数々を走馬灯のように思い出して最終確認をする。やがて、一報の論文が頭の中で形になってきた。

ふと、自分の知りたいことにみずからの手で立ち向かおうとしている自分の姿に驚いた。まるでファーブルみたいではないか！　もう、幼い頃や、研究を始めた頃のように、うつむいて虫を眺めているだけではなくなっていた。こんな日が訪れることをあたかも予測していたかのように、自分を育てあげ、大切なことを教えてくれた恩師と師匠、そしてすべての経験に感謝した。こみあげるものを抑え、自分に宿った研究者の力を信じて、仮説に挑んだ。

写真9・10　どこまでも限りなくサハラ砂漠.

調査の内容を学生のモハメッドに伝えて、そのやり方を披露することに。キャンプ地から少し離れた場所を調査地として選んで調査することにした。その場所は、三種類の草が分布しており、株が連続的に繋がっている草原というより点在していた（写真9・10）。二メートル×五〇メートルの調査範囲をランダムに定め、その範囲内のすべての株一つずつに潜んでいるサバクトビバッタを数えて、草のサイズを測定することを繰り返すことにした。移動の疲れなどもろともせずに、調査を二十二時から開始したが、自分がこれから朝まで行動できることは夜遊びしたおかげで身をもって知っていた。一時間も経たぬうちに、モハメッドが疲れてぐったりしてきたので、彼をキャンプ地に帰して、ここからは自分一人でやることになった。狩猟民族の末裔だからなのだろうか、野外でのデータ採りに血が騒いだ。星空の下、静寂に包まれながら黙々と作業をこなすのが、なんともすがすがしかった。

「ファーブル先生。見ていますか。貴方に憧れた少年がおとなになり、今、フィールドに降り立って、虫の観察を始めました」

夜中の二時すぎに予定していたデータをすべて採り終えた。まだまだ観察を続けたかったが、明日の作業もあるので、キャンプ地に戻り、捕まえたバッタたちと一緒に眠ることにした。

喰うか、喰われるか

無事にミッションを終えて、研究所に戻ってからデータを解析したところ、予想もしなかった事実が続々とでてきた。幼虫の体色は緑や茶色でほとんど黒化しておらず、お互いに離れており、集合していなかったので、この調査地のサバクトビバッタは孤独相的であることが裏づけられた。トゲ植物は他の二種の植物とサイズに有意な違いが見られないが(図9・2)、捕獲したサバクトビバッタの九十八パーセント(n=137)がトゲ植物から発見された。そして、調査したトゲ植物のうち七十八パーセント(n=54)

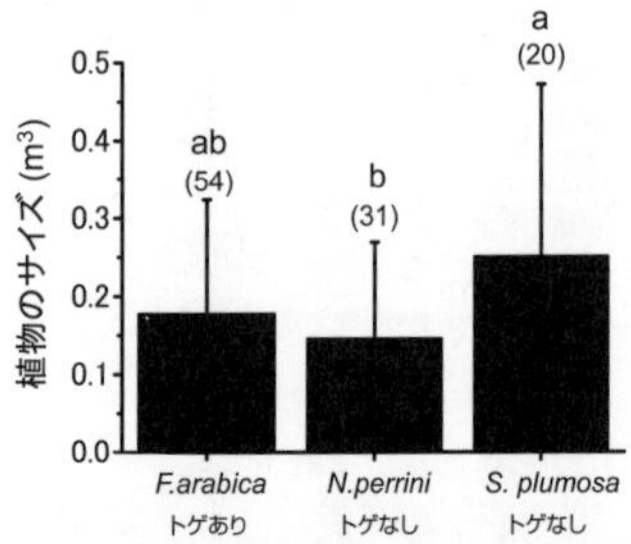

図9・2　調査地の3種類の草サイズ．図中の異なるアルファベットは各植物間で統計的に有意な差があることを示す(Fisher's PLSD test, $P > 0.05$) (Maeno et al., 2012を改変).

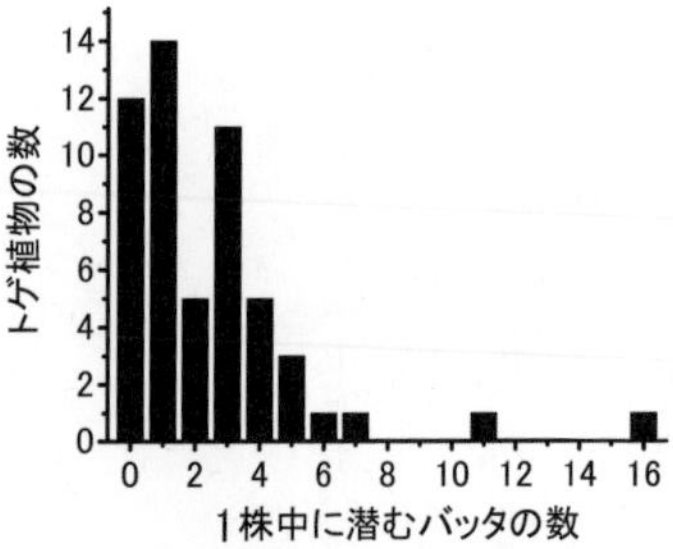

図9・3　異なる数のサバクトビバッタが1株中に潜むトゲ植物の数(n=54)．1株に潜んでいるバッタの数が少ない株が多い．1株に1匹しか潜んでいない株もあれば，16匹潜んでいた場合もある(Maeno et al., 2012を改変).

の株からバッタが見つかり、これはまんべんなく散らばっていたことを示していた。そして、一つの株の中に潜んでいる個体数は〇～十六匹とバラつきがあった(図9・3)。孤独相は互いに避け合うと文献に書かれていたので、せいぜい株には一、二匹しかいないだろうと予測していたので驚いた。近くに複数匹いるのに群生相化していないのは奇妙だった。実験室では一つのケージで一緒に飼育する頭数を増やすに従いより群生相化するはずなのだが。データだけを見ていたら気づけなかっただろうが、実際の野外で自分でデータを採っていたので心あたりがあった。

じつは、同じトゲ植物でも小さい株からはバッタは見つからなかったのだ。調査したトゲ植物の中で、バッタがいた株といなかった株のサイズを比較したところ、後者は有意に小さいことがわかった。これは、小さなトゲ植物がバッタに選ばれていないことを意味している。さらに一株の中に潜んでいるバッタの数と植物のサイズとの関係を解析してみると、大きなトゲ植物ほどより多くのバッタが潜んでいることがわかった（図9・4）。そして、一株あたりのバッタの密度を計算すると、ほぼ一定で低密度に保たれていることがわかった。十六匹潜んでいた株はもっとも大きかったので、密度は低いままだった。これはバッタが株の中の密度を低密度に保っていることを示唆していた。

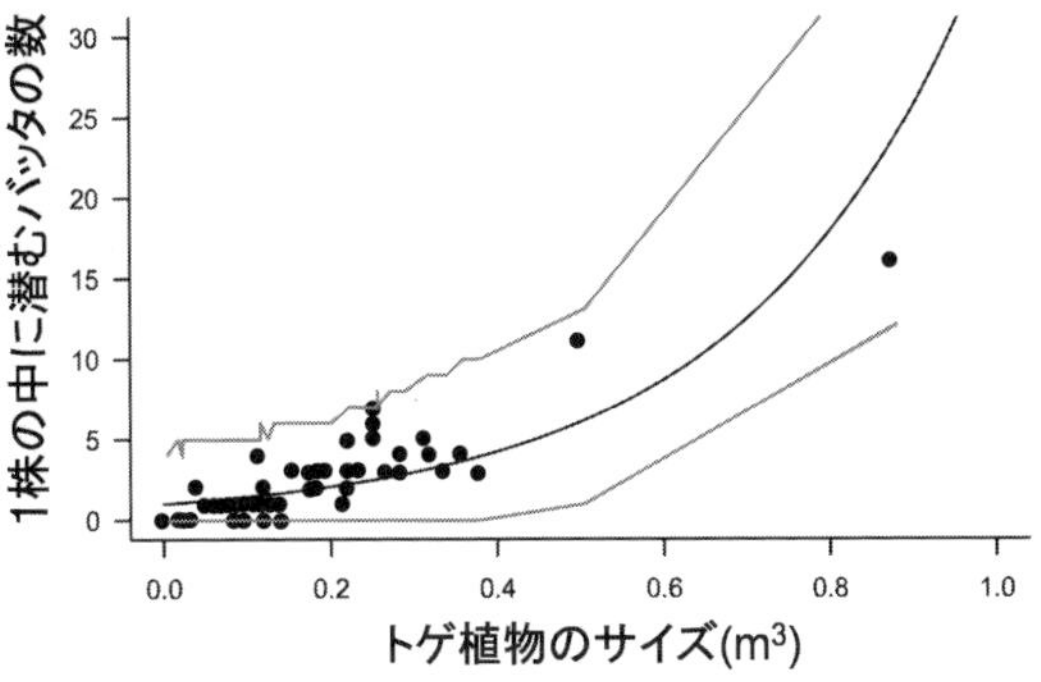

図9・4　トゲ植物のサイズと1株の中に潜むサバクトビバッタの数との関係．トゲ植物が大きくなるほど中に潜むバッタの数は多くなる．黒線は実点に基づいて描き，灰色線はモデルに基づいて描いた99%信頼区間（Maeno et al., 2012を改変）．

ここまでは自力で解析できたが、実際にこのような解析を論文にするためにフィールドワーカーがどうしているのかわからなかった。実験室では何回も実験を繰り返すことができるが、フィールドワークでは調査回数は制限されることがあるため、さまざまな統計を駆使して結果を裏づける必要があると聞いたことがあった。誰かフィールドワーカーに意見を伺おうと思っていた矢先、私の研究所と共同研究をしているフランスの農業研究機関ＣＩＲＡＤのバッタ研究チームのジョンミッシェル博士とシリル博士が研究の打合せに訪れてきた。彼らに相談してみたところ、シリル博士はマングローブに住むカニやサケについて研究したことがあり、モデルやシュミレーションに精通し、打ってつけの解析があるということだった。シリル博士はバッタ研究室に配属になったばかりでまだサバクトビバッタの研究はしたことがなく、野外のバッタの行動に興味をもってくれて意気投合した。お互いの能力を活かすとこれまでにないバッタ研究ができそうだと盛り上がりコラボレーションすることになった。さっそく彼の力を借り、モデルを駆使して図9・4を作成することができた。

これらの結果から、孤独相のバッタのシェルターの選択には植物の種類と質（サイズ）が関係していることが示された。孤独相の幼虫の体色は生息地の背景の色に同化しており、きわめて見つけにくい。これにくわえておとなしいため、視覚的に天敵に見つかりにくいと考えられてきた。今回のミッションによって、孤独相がトゲ植物を利用することは、物理的にも天敵から身を守るという対捕食者戦略をもつ可能性が高まった。文献によるとこの三種類の草は食草としてサバクトビバッタに利用されているが、今回の調査ではトゲ植物だけが選ばれていた。サバクトビバッタがトゲ植物をシェルターまたは単なるエサとして利用しているのかは不明だが、結果的に護身に役立っているように思える。

今回の発見は、手に刺さった一本のトゲがきっかけだった。あのトゲが刺さっていなかったら植物を気にも留めていなかっただろう。この結果を研究所の研究者たちに見せたところ、確かにそうだと他の場所での観察例も教えてもらえた。さらに現地に精通した研究者ならではの他の対捕食者戦略の可能性も教えてもらえた。今回の結果に対して、食草の種類や量が違うとバッタはどうするのか、バッタはどうやって好みのシェルターを選び、低密度を保っているのかなどの新たな疑問もわいてきた。もちろん、色々な場所で何回も観察を繰り返してより強固な証拠を提出することにこしたことはないが、結果がでたところで論文発表の準備に取りかかった。これが田中先生から独立し自分主導で手掛ける初めての論文になるので、自力で論文として形にできるのか不安だった。そんな不安を払しょくしてくれたのはババ所長をはじめとする新しい仲間たちだった。

ウルド誕生

この本を手に取り、まず初めに疑問に思われたのが、本の内容よりも著者の氏名の間にある「ウルド」だったに違いない。どこの国の人かと思われただろうが、私は生粋の秋田県民だ。この「ウルド（Ould）」はモーリタニアで最高敬意のミドルネームで「〜の子孫」という意味がある。

モーリタニアに渡ってからは毎日のように所長室に遊びに行き、ババ所長と研究の話や文化の話を楽しんでいた。たとえば、モーリタニアの人たちは右手を使って手づかみでご飯を食べ、大皿を皆でつっつくのが習慣だ。「いいか　コータロー。誰かと一緒にご飯を食べるときのコツを伝授してしんぜよう。とりあえずそいつにいっぱい質問するんだ。そいつが答えているうちに一気に食べてしまうのだ。もし、そいつに質問されても『知らない』や『わからない』とだけ答えてしまえばよい」や「モーリタニアの人たちは心が優しいからご飯をわざとこぼすんだ。こうするとアリたちが大喜びするだろう」などと思わず微笑んでしまう小ネタを教えてもらっていた。

とある日、いつものように所長と話をしていると「コータローはよく先進国からモーリタニアに来たもんだ」と言われた。「私はサバクトビバッタ研究に人生を捧げると決めました。私がアフリカに来たのはきわめて自然なのです」と伝えるとババ所長はがっつりと両手で握手してきて、「よく言った！　オマエはモーリタニアンサムライだ！　今日からオマエは、コータロー・ウルド・マエノを名乗るがよい」と名前のモーリタニア化を許された。そんなババ所長の本名は、モハメッド・アブダライ・ウルド・ババ。

毎年、各国持ち回りで行われるアフリカ・サバクトビバッタ首脳会談が数日後にモーリタニアで開催されたときに、会が始まる前にチュニジアの長にババ所長が、「こちら、日本からきた研究者のKoutaro Ould Maenoです」と紹介してくれた。私はまだ自分自身でウルドの扱いに戸惑っており、まだ自分でウルドを名乗ったことがなかったが、所長の中では「ウルド」はすでに確定している感じだった。「ウルド」を名乗るが良いと許しを得たのはいいが、親からもらった名前を勝手に変えるわけにはいかない。両親に相談したら、「お～、名前もモーリタニア風に変えるのはグッドアイデアでしょ！」と快諾されていた。どこまでもノリが良い両親だった。

会議はすべてフランス語だった。モーリタニアはフランスの植民地だったので、フランス語が主流となっている。私もモーリタニアに渡航する直前に隣の研究室のフランス人のリシャー博士に付け焼刃でフランス語を教わっていた。「ケスクセ（これは何ですか?）」はとりあえずマスターしたのだが、せっかく質問した人が説明してくれてもその内容が理解できないことに気づいたのは渡航後だった。会議が始まると二十名近くの出席者が全員自己紹介をすることに。各国の長がテンポよく自己紹介していく。自分も腹をくくり、「日本人のコータロー・ウルド・マエノです。研究者やってます」と、よそゆきのフランス語で自己紹介したら、会場がざわついた。すぐに所長さんが補足説明してくれたら、会場が大笑いしていた。

きっとウルドの件についてだろう。その後、各々のプロフィールを回し書きする一枚の紙が回ってきたので、初めて「Koutaro Ould Maeno」と記入し、隣に座る所長に渡すと、それに気づいた瞬間、ハっとこちらに振り向き「コータロー…」と、ボソッとつぶやき、満面の笑みを浮かべてうなずいてきた。私も所長を見つめ、無言でうなずき返した。

研究者が名前を途中で変えると論文検索するときに支障をきたすと聞いたことがあった。しかし、これからもずっとアフリカでサバクトビバッタの研究をしていく気満々だったので、とりあえず「形」から自分もアフリカ仕様になるべきだと考え、論文に使う名前を改名することにした。「この外国人かぶれが！」と怒りを覚える人がいるかもしれないが、その昔、日本でも戦国武将たちはしばしば名前を変えていたではないか。「ウルド」には、これからサムライとして世界で闘っていく日本人としての誇りも込めていた。

新たなる一歩

現地の研究者たちにフランスのシリル博士、さらに以前アフリカのケニアにある昆虫学に関する国際的な研究機関の国際昆虫生理生態学センター（International Centre of Insect Physiology and Ecology: ICIPE）でサバクトビバッタを研究されていた中村 達先生（国際農林水産業研究センター：JIRCAS）に助言を仰ぎ、初のフィールドワークでの結果を論文発表できるか挑戦したところ、最初に投稿した雑誌からは不受理の連絡をもらったが、二つ目の雑誌で無事に受理された（Maeno et al., 2012）。自分の信じてきたローテクの研究スタイルがサハラ砂漠でも通用したことに手ごたえを感じ、この時ばかりは熱い涙が頬をつたった。そして、この世にウルドを名のる新しい研究者が生まれた瞬間だった。

忘れられた自然

実際に私はサバクトビバッタの生息地のサハラ砂漠で彼らと一緒に寝泊まりし、温度も湿度もほぼ一定の実験室との環境の違いの大きさに唖然とした。サハラ砂漠では、昼は灼熱で夜は肌寒く、一日のうち三十度近くも変動する。日中、あまりに暑すぎるときはさすがのサバクトビバッタたちも日陰に潜んでおとなしくしている。そして、明け方が一番冷え込むのだが、太陽が昇るとバッタたちは隠れていた植物から一斉に出てきて地面でひなたぼっこを始める。太陽に体の側面を向けて効率よく体を温めていた。こんな行動は実験室では見たことがなかった。そして、風のなんと強いことか。普段でも突風が吹くことがしばしばあるのだが、フィールドワーク中に数回砂嵐に襲われたことがある。空の向こうから黒い塊が近寄ってくるなぁと呑気に見ていたら、暴風に乗って砂粒が容赦なくぶつかってきたので慌てて車の中に避難した。サバクトビバッタはその間、植物の影に身を潜め植物にしがみついていなければ吹っ飛ばされてしまうだろう。吹っ飛ばされるだけならまだいい。彼らは常に天敵に喰われる恐れがあるのだ。昼間は鳥たちが、夜になると地表を徘徊する天敵たちがうごめきだしてバッタたちに襲いかかるため捕食者たちにも細心の注意を払わなければならない。サバクトビバッタは故郷から遠く離れた日本の実験室でも本能のままに行動するが、その行動の真意を知るためにはやはり彼らの本来の生息地で自然状態のまま観察しなければ答えは得られないのではないだろうか。本来のサバクトビバッタの習性を知らずに殺虫剤の撒き方だけを向上させようとしてもいつまで経ってもサバクトビバッタの大発生は阻止できないのではないだろうか？

正直、自分は今までフィールドよりも実験室での研究こそが一番重要だと信じていたので、自分がフィールドで生物と向き合う重要性を忘れていたことを心から恥じた。それに気づかせてくれたのはサハラ砂漠とイリノイ大学のホイットマン教授だった。じつは、以前、私たちが発表した過剰脱皮の論文を大変気にいってくださり、国際バッタ学会で編集長を務める教授が、「ぜひ、続編を私たちの雑誌に投稿してほしい」とわざわざ招待するメールを送ってくださり、そこから文通が始まっていた。お互いに違うバッタを研究していたので、

ホ「君のバッタは卵を一度に何個産みますか？　私のバッタは三〇個産みます」

前「体の割に少ないのですね。私のバッタは五〇～一一〇個産みます。数が多くて数えるのが大変です。」

ホ「君のバッタはどれくらいのペースで卵を産みますか？　私のバッタは二週間おきに産みます」

前「ずいぶんとゆっくりしたペースですね。私のバッタは四日置きに産みます。すぐに産むので数えるのが大変です。」などと、お互いに興味津々で、連絡をとる度に親密な関係になっていた。

私がモーリタニアに行き、トゲ植物の結果を報告すると大層喜んで下さり、言葉を贈ってくださった。

君が今まさに自然の中にいることがもっとも重要なことなんだ。昆虫のことを知るためには昆虫の生息地に来るしかない。君は、その暑さ、その風、その寒さを体験しなくてはいけない。そう、バッタと同じように。

今日、大勢の若い研究者たちがパソコンの前で、オフィスの中で研究をしている。大勢の生物学者は自然というものを理解していない。このことが彼らにどれだけ多くの過ちをもたらしていることか。君にはもはやそんな心配はないだろう。

たとえば、君はトゲの植物を見たり、触ったりしなければ、敵からの捕食を妨げていることを知れなかっただろう。あの植物の中で幼虫が休んでいるということを本を読んで知っている科学者たちは、そんなことまでは知らないだろう。また君がフィールドで注意深く観察すれば、興味深いことや新しい発見をするだろう。そう。だから目を見開き続けるんだ。そして、問うんだ。君が見たものすべてに「なぜ?」と。君のおもしろい観察と疑問はノートに書き留めておくんだ。ダグラス・ホイットマン教授より(前野に宛てた手紙より)。

こんなしびれる励ましを贈ってくださったホイットマン教授自身も実験室での研究やアリゾナ砂漠や湿原などのフィールドで研究を行っており、自然の重要さを肌で感じていたのだろう。これからフィールドワークに進もうとした私を激励してくださったのだ。

アフリカで研究するメリット

サバクトビバッタの大発生を阻止するための手段を開発するためのカギを握っているものは何なのか？

現地に渡ってその手がかりを掴んできた。

地の利を生かす

以前、モーリタニアで開催されたアフリカ・サバクトビバッタ首脳会談で知り合ったアルジェリアのバッタ研究所の長のモハメッド博士に話を伺ったところ、「サバクトビバッタの研究はほとんどが実験室内で行われているが、実験室の成果を野外のバッタにそのまま当てはめることは不可能だ。実験室と野外とではバッタの顔は全然違うので、リアルのバッタを野外で調査するいがいバッタ問題を解決することはできない。もちろんアフリカの野外でもバッタは研究されているが、皆が行きつく答えはいつも同じだ。「防除は不可能だ…」と。ただし、それでも私たちは研究しなければならない。」とのこと。彼の発言はバッタ研究の歴史を変えるためには新たな試みをする必要があることを訴えていた。

今日得られているサバクトビバッタの野外生態に関する知見のほとんどは一九六〇年代に対バッタ研究所によって行われた研究に基づくものがほとんどであり、それ以降際立った進展はしていない。それは、フィールドでサバクトビバッタが何をしているのかきちんと研究されていないからだ。サバクトビバッタが一日をどのようにすごしているのか？　いつエサを食べているのか？　それいがいは何をしてすごしているのか？　などときわめて単純な疑問にすら私は答えることができない。ただじっくりと彼らを観察すれば良いだけで何も難しい技術はいらないはずなのに。実際の彼らの生態を知らずして研究の進展は望めないというのになぜ誰もやらないのか不思議だ。そして、こういった地味な仕事こそ、自分がやるべき仕事の一つとして捉えている。好きな人のことは何でも知りたい乙女の心境と同じで、私はサバクトビバッタのどんな些細なことでも知りたい。現実問題としてモーリタニアでの生活は三日に一度は停電する無計画停電が行われたり、シャンプーしている最中や米を研いでいるときにまさかのタイミングで断水することが多々ある。しかし、便利な生活と新発見のどちらをとるかという質問は私にとって愚問だ。

サバクトビバッタの野外生態は手つかずのままになっているのでシンプルな観察でもすぐに何かを発見できる可能性が大きい。現に、一週間にも満たないフィールド調査で生態学に関する論文が出るのだ。これは私が優秀な研究者というわけではなく、若造の浅知恵ですら新発見ができたとみるのが正しい。こんなおいしい穴場があるというのに現在、アフリカでフィールドワークをしているのは私たちだけである。なぜ誰も手をつけようとしないのか？

フィールドワークが行われていない背景には二つほど問題がある。一つは、治安の問題。白人はテロリストたちのターゲットになっているためフィールドで腰を据えて研究するのは難しいそうだ。白人が研究できないのなら現地の人が研究すればいいではないかと思われるだろう。そうなのだが、二つ目の問題としてアフリカ出身の研究者がバッタ研究に没頭できない事情があることをFAOのバッタ研究チームに属するレミン博士に教えてもらった。「研究者を志す人たちは、ほとんどの方が外国に学位を取得しに行くのだが、一人前になって自国に戻ってくるとすぐに偉くなってしまい事務的な作業や運営に忙殺されて研究がほとんどできなくなってしまう」とのこと。現在も毎年一人ずつアフリカでバッタ研究をする博士の人材育成にFAOは取り組んでいるが、彼らがまた偉くなってしまう可能性は高いだろう。白人も現地の人もフィールドワークができないとしたら、いったい誰ができるというのか？　誰がこの現状を打開するというのだろうか？　今、一人の男がアフリカに渡り、歴史が変わろうとしている。

埋蔵された知識の発掘

今後、サバクトビバッタ研究を進めていくうえでいかに現地の人たちの経験を活かすことができるかが重要になってくると睨んでいる。彼らは長年に渡って間近でサバクトビバッタを見てきているだけあって、世界中の研究者たちが知らないことを色々と知っているのだ。ときに目を丸くするような話を聞くこともあるが、その知見の多くは、論文発表されておらず人知れず眠っている。サバクトビバッタを熟知した彼らの生の声を活かしながら研究を進めていくことでサバクトビバッタの研究は飛躍的に進展するのではと熱い期待を寄せている。お互いの持ち味をうまく生かすことで、アフリカでしかできない研究が可能となる。そのためにも、やはり現地人とのフィールドワークは必要不可欠となってくる。

学術支援

モーリタニアの農業関係の研究所に勤める研究者に話を伺ったことがあるのだが、彼は「先進国に比べて私たちは研究設備に恵まれていないから研究ができない」と嘆いていた。中には研究を諦めている者もいるそうだ。先進国に比べれば確かに経済的にも物資的にも制限されているが、研究ができないわけではないはずだ。私も彼らに負けず劣らずの低額の研究予算でやりくりしているのだが、工夫をこらせば研究成果を挙げることはいくらでも可能だ。自分が彼らと同じ条件下で論文発表を続けることができれば、それはアフリカでも十分に研究ができることを証明することになり、彼らを励ますことができると考えている。私たちは機械やモノにあまりにも頼り過ぎている。そんなものに頼らなくてもアイデア次第でいくらでもおもしろい研究ができることを証明し、みんなを勇気づけることが自分がアフリカで研究することの意義として捉えている。

サバクトビバッタ研究を通して

私はサバクトビバッタ研究をずっと続けていきたいのだが、そのためには、ポジションを獲得しプロジェクトを立ち上げる必要がある。モーリタニアに日本大使館ができるずっと前から漁業市場を開拓なされてきた小木曾盾春さん(JICA)と現地で知り合った。小木曽さんはモーリタニアでいくつものプロジェクトを立ち上げ、予算を獲得し、モーリタニアの漁業開発に尽力なされた貢献者だ。どうやってプロジェクトを立ち上げてきたのかその極意を伺ったところ、「物事は球と同じ」と教えを賜った。運動会の球ころがしを経験した方ならばすぐにわかっていただけると思うが、球は押し始めには力が必要だが、一度転がり始めるとさほど力を加えずとも転がっていく。プロジェクトを立ち上げる場合も、最初は大変だが転がり始めるとうまくいくそうだ。最初から押すのを手伝ってもらえることを期待するのは甘いのだ。私の場合もまさに押し始めているところなので大変なのは当然なのだが、あまりにも力不足なため各方面ですでに押すのを手伝ってもらっている。サバクトビバッタ研究がもたらす繋がりを紹介していく。

在モーリタニア日本大使館

二〇〇九年にモーリタニアにも日本大使館が開設された。初代大使であられる東 博史大使と面会する機会に恵まれ、色々とお話しを伺うことができた。日本はこれまでモーリタニアの漁業支援に努めてきた。海沿いには大きな魚市場が建てられ、活気に満ち溢れている。ひじょうに豊かな漁場があり、日本はタコを大量に輸入している。そしてモーリタニアは日本の国土の三倍の大きさで、その九〇パーセントは砂漠のため農業には向いていないと考えられてきたが、大いなるポテンシャルを秘めていることがわかってきたそうだ。そこで、農業支援に乗りだそうとしており、何ができるか模索中だったところに私がちょうどやってきたそうだ。サバクトビバッタ研究は農業に直結しているため私たちの研究活動はバッタ問題の解決だけではなく、モーリタニアと日本との国交の懸け橋にもなるからがんばってほしいと激励を受けている。東大使には研究所にもお越しいただき、色々とアドバイスを頂戴し常々励ましていただいている。打合せをするために大使公邸にも招待していただいた。バッタ研究の延長で大使公邸にお伺いすることになるとは思ってもみなかった。モーリタニアと日本との友好関係の架け橋にバッタ研究が役立つことは喜びいがいの何物でもない。

メディア

サバクトビバッタ問題を全国の方々に認知してもらえるようにと朝日新聞GLOBEの築島　稔氏（朝日新聞GLOBE記者）に現地での研究活動を新聞やウェブで紹介していただいた（息子が初めて新聞に載ったのがよほど嬉しかったのだろう、父が親戚や知り合いに号外を配っていたそうだ）。

故郷

地元、秋田県の山下太郎顕彰育英会から学術研究奨励賞を頂戴した。これは秋田県出身者や秋田県内で研究する若手研究者向けの賞であり、なんと副賞で一〇〇万円頂戴した。貯金の底が見え始め恐怖を覚えたタイミングでの救いの手に涙した。異国の地に届いた郷土からの愛はあまりにも温かかった。山下太郎氏は秋田県出身で、こな薬を飲むときに使うオブラートを発明した方だ。満州で活躍し、サウジアラビアやクウェートから石油の採掘権を初めて獲得したため、その業績から「満州太郎」や「アラビア太郎」と呼ばれている。外国で苦労し、そして成功を収められた山下太郎氏の意思を継ぎ、「バッタ太郎」と呼ばれる日が来るように精進する所存である。また、この受賞をきっかけに母校の秋田中央高校の宮崎　悟校長から激励のメールが届いた。学び舎からの励ましは心に響いた。

エンターテイメント

予防接種するために一時帰国した際、姉と入ったバーでマスターのジョニーに「バッタの研究しにアフリカに行っています」と、自己紹介したところ、カウンターの端にいたお兄さんが色々と質問してきてくれて、そこからはバッタ討論大会が始まった。日本語で会話できる喜びと、自分の話に人々が笑ってくれる至福のひとときをすごすことができ楽しかったのだが、見ず知らずのお兄さんがなぜそこまでバッタ話に食いついてきてくれるのか謎に思っていたところ、名刺をくださった。その方は、モバイルコンテンツ制作会社の小林 淳代表取締役(株式会社アイディール)でバッタ研究が秘めたエンターテイメントの可能性にピンときたそうだ。多くの人々を惹きつけなければならない業界で闘っておられる小林社長ならではの視点でバッタ研究の魅力を発掘してもらい、これからの方向性についてアドバイスを頂戴した。バッタ研究を通じて人々を喜ばせることができたらなんと嬉しいことか。偶然の出会いが産んだ小林社長とのコラボレーションがどんなものを産みだすのか今から楽しみで仕方ない。

仲間たち

サバクトビバッタの脅威はあまりにも巨大で、ことごとく研究者たちを退けてきた。私も一人で立ち向かうのはあまりにも無謀だ。しかし、手がないわけではない。対抗手段はただ一つ。それは、バッタに負けじと私が群生相化することだ。さまざまな分野の仲間たちとのコラボレーションが生みだす特別な力をもってすればこれまで困難とされてきたバッタ問題を解決できる可能性はゼロではない。どうか貴方の力を私にわけて欲しい。私が率いるバッタ研究チームはメンバーを随時募集しています。貴方の加入を心からお待ちしております。

伏兵どもが夢の中

最後にこんなことを言うと怒られそうだけど、研究成果でサバクトビバッタを撲滅する気は毛頭ない。私はサバクトビバッタの数が増えすぎないようにコントロールすることができればと考えている。日本が世界に誇る昆虫学者である桐谷圭治先生が提唱する「害虫も数を減らせば、ただの虫」という考えに賛成である。愛する者の暴走を止めることができれば彼らが必要以上に人々に恨まれずにすむ。万が一、彼らを全滅させる手段を見つけてしまっても、きっと今の自分のままだと誰にも言わずに墓の中までもっていくと思う。もしかしたら、先人の中にもバッタの弱点を見つけたけど口外しない研究者がいたのではないだろうか。研究者を魅了してしまうのがバッタの最大の生存戦略なのかもしれない。

バッタの大発生は天災に間違いない。だが、「災い転じて福となす」という言葉があるようにバッタの大発生の良いところを見つけ、それをうまく利用することができれば哀しみが喜びに変わるのではないだろうか。今は構想の段階なので披露するわけにはいかないが、これが実現するとき、歓喜の輪がアフリカを包むかもしれない。

私は、もう昔の前野浩太郎ではない。前野ウルド浩太郎として生まれ変わり、フィールドという新天地に闘いの舞台を移した。だが、実験室だろうが、フィールドだろうが、どこで、どんな分野を研究することになろうとも自分の知りたいと思った謎に挑むことになんら変わりはない。知りたいことをみずからの力で知ることができる昆虫学者になる道は険しく、追い求める理想像は遥か彼方だ。だが、そんな難しいことはさておき、目先のバッタに捕らわれてしまえばいい。バッタとファーブルに想いを寄せて、この夢のような日々を続けるために、暴れさせてもらう。

あとがき

日本語（標準語）で作文することも、ましてや人に自分の文章を読んでもらう機会などほとんどなかった。そんな自分にこのフィールドの生物学の執筆のお声をかけていただいたとき、正直私ごときに人に読んでいただけるものを作りあげる自信がなかった。苦肉の策として、アフリカでの研究生活を綴るブログを始め、作文のトレーニングを一年間積んでからこの本に臨ませてもらった。ブログを訪れる読者の反応やコメントが添削代わりになり、大変参考になった。当初予定していた締切から大幅に遅れたのだが、編集者の田志口克己氏と稲 英史氏は辛抱強く待ってくださった。そして、手厚く原稿を編集してくださった。私の昆虫記を出版させていただくという一つの大きな夢を叶えてくださり心から感謝します。実績も十分にない若手研究者に丸々一冊の本の執筆を任せるというのは大きな賭けになるにも関わらず、このような場を与えてくださった東海大学出版会に心から御礼申し上げます。

一冊の本、そしてあの一夜の出逢いからこの物語が生まれた。たった一度の出逢いがここまで人生に影響するものなのか。この本を読まれた方は、この若者はなんと師匠にすがる人間なのだろうと、さぞかし呆れたことだろう。そうなのだ。田中先生におんぶにだっこ、虎の威とふんどしを借りて研究してきた。正々堂々と言うが、先生の力がなかったら何もできなかったに等しい。先生のおかげでバッタの色々な発見をすることができた。今、独立して一人で研究を始めて、いかに先生に頼ってきたかを痛感している。それと同時に自分一人でも疑問に立ち向かうことができるようになっていることに驚いている。それは、先生が導いてきてくれたからに他ならない。つくばの八年間の研究生活では、バッタだけでなく、先生のことも研究していたのだと思う。

残念なことに田中先生は研究所に勤めていたために弟子がいない。唯一の弟子が自分だ。もし大学に勤め、たくさんの学生を指導していたら、さぞかし優秀な研究者が幾人も育っていたことだろう。全国の昆虫学者は、田中誠二先生がなぜあそこまで研究ができるのか知りたがっていることだろう。弟子として一言言うならば、あれだけ虫を、そして研究を愛し、惜しみない努力を注ぐことができていたらなにも不思議なことではない。先生の研究する姿を長年に渡って間近で見ることができた人間が私だけというのはもったいなさすぎる。先生は常々、師匠である正木先生がいかに偉大な昆虫学者であるかを私に教えてくれた。いつの日か、自分にも弟子がつく日が訪れたならば、私も同じように語り継いでいくだろう。自分が昆虫の研究を続けるのはもはや新発見をするためだけではなく、伝統を受け継いでいきたいという想いもある。力不足ではあるが、田中誠二イズムを次世代に伝承することができたらと思う。

私は、日記をいっさいつけてない。今までにも何度もつけようと思ったが、一頁目だけに日記が書かれたメモ帳を何冊も作ってしまった。この本は、今まで発表した論文と心のノートに綴られたメモを頼りに書き綴ってきたが、論文の図、そして一行一行がその当時のことを鮮明に思い出させてくれた。思い出のワンシーンはまったく色あせていなかった。他の人からすれば論文は文字の羅列と単なる図にすぎないかもしれないが、その文字と図に散りばめられた一点一点には私たちのドラマがあった。そして、論文には私たちの研究に対する情熱と誇りが練りこまれている。白黒のグラフに込められた色鮮やかな思い出は私と田中先生にしか見えないかもしれないが、この先も色あせることはないだろう。今年退官を迎えることになった師匠の誠二さんに長年に渡る昆虫研究生活の労いの気持ちと親身になって育ててくださった感謝の気持ち、そしてこれからの昆虫研究者としての第二の門出のお祝いの気持ちを込めて、この本を捧げたい。

モーリタニア行きを前に、大震災が起きた。私は秋田出身で仙台、青森に住んでいたこともあり、東北に住んでいる大勢の友人たちが被災した。もう会えなくなってしまった友人もいる。多くの友人たちと、お互いに困難をのりこえて、生まれ変わった姿でまた会おうと再会を誓い、アフリカに旅立った。ふがいないことにこの本を書いている時点で、来年以降の収入の見込みはまったくない。いい年してなんということだ。帰るに帰れない…。これはこれでネタとしておいしいので、笑い話につかわせてもらうけれど。何かやらかしても笑い飛ばしてくれる仲間たちがいるおかげでいつも無茶できる。色々大変なことや辛いことが盛りだくさんだけど、見せつけようぜ。うちらの底力を。

つくば時代、もっとも悲しかったことは同じ研究室の渡邊匡彦さんが急逝したことだった。年齢が近いこともあり、研究だけではなく、趣味のテニスやその他の事情をいつも相談にのってくれた。研究に関しても若手のホープとして期待され、テニスでも県の代表選手に選ばれ、素敵な奥さんと子どもたち三人に恵まれ、理想のお兄さんだった。彼はけっして人前では弱音を吐かず、気丈にも笑顔を振りまいてくれた。亡くなる直前にお見舞いに行ったとき、「前野君、思いっきりやりな」とメッセージをくれた。きっと家族にも友人にも温かい言葉をおくっていたはずだ。このメッセージのおかげで漠然とその日を生きるのではなく、研究できる、研究させてもらえる喜びを噛みしめるようになり、自分は変わることができた。渡邉さんの想いは今も自分の中で生き続けています。

謝　辞

これまでに多くの人々に支えられてきました。お世話になった大勢の方々に熱く御礼申し上げます。つくばの研究室でお世話になった田中誠二、池田ひろ子、戸塚典子、樋口真子、剣持則子、小川すみ、村田未果、徳田 誠、原野健一。みなさまの献身的なサポートのおかげで研究に専念することができ、円滑に進めることができました。

農業生物資源研究所、業務課の皆さま、井波勇二、塚田亀雄、島田利夫、飯泉栄二、富山浩和。バッタのエサをすべて育てて下さり、研究のすべてを支えてくださった。

安藤モーゼと安藤忍者のイラストを快く使用を許可してくださった漫画家の北原志乃さんも弘前大学昆虫学研究室出身で、この本を華やかにしていただいた。

弘前大学昆虫学研究室でお世話になった安藤喜一、城田安幸、大平 誠、岩田健一、五十嵐 慎、岩井幸男、城所久良子、田中健一、久保拓郎。先輩たちのひたむきな姿に常に励まされた。とくに岩井さんは田中先生との出逢いのきっかけを作ってくださったこの物語の最初の仕掛け人である。

つくばでの研究生活は大勢の方のお世話になった。とくにアフリカ行きの準備で大変お世話になった竹田真木生、後藤哲雄、小滝豊美、奥田 隆、中村 達、秦 珠子、畠山正統　黄川田隆洋、コルネット・リシャー、野田隆志、望月 淳、湯川淳一、丹羽隆介、足達太郎、中原雄一、一木（田端）良子、成田聡子、影山大輔、安居拓恵、辻井（藤原）直、志村幸子、高野俊一郎、小林 功、粥川琢巳、畑中理恵、横山拓彦、小島 桂、小島佐和子、鈴木丈詞に心から御礼申しあげる。

（順不同、敬称略）

アフリカに長期滞在していた中村 達先生（ＪＩＲＣＡＳ）からの励ましがなかったら、とっくの昔にサハラ砂漠の一部になっていた。倒れそうになるとき、いつも中村さんの優しさが私を支えてくれています。心から感謝しています。

三浦 徹先生（北海道大学）にはご多忙の中、短期滞在をさせてもらい、研究の神髄をご教授いただいた。三浦研究室のメンバーたちにも心から熱い御礼申し上げる。

いつも心にヤローワーク。茨城県立医療大学テニス部の諸君、へもいっ子一同、農生研テニスクラブ一同、根本特殊化学株式会社、小林 淳（代表取締役・株式会社アイディール［i-DEAL］）、フランス農業研究機関CIRAD、ＦＡＯのバッタ研究チームには力強く励まされた。

朝日新聞ＧＬＯＢＥの築島 稔氏にはモーリタニアでの研究活動を新聞とＷｅｂで紹介していただいた。在モーリタニア日本大使館の東 博史大使をはじめ、大使館員の皆さまには不慣れなモーリタニアで自分を励ましてくださり、モーリタニアの農業支援に心血注ぐ決意を注入していただいた。

モーリタニア国立サバクトビバッタ研究所所長のMOHAMED ABDALLAHI EBBE（OULD BABAH）

は私を快く受け入れてくださった。常に私を力強い握手で励まし、勇気づけてくれる。ババ所長は日本にも来たことがあり、親日家で日本語も少しわかるのだ。いつもＡＲＩＧＡＴＯ。専属ドライバーのティジャニへ merci

同じ前野なのでうすうす感づいた方もいるかと思うが、この本で使用したバッタのイラストは、グラフィックデザイナーをしている弟の前野拓郎に直々に作成していただいた。クリエイティブな仕事をしたかっただろうに兄のお願いとはいえバッタの卵巣小管のイラストなどを作らせてしまい、気の毒なことをした。しかし、体液がしたたり落ちてきそうなくらい新鮮な作品の数々に目を奪われ、おおいに執筆の妨げとなり、堪能してしまった。

父勇一郎と母恒子の両親、祖母の常子に、姉の智子、そして弟の拓郎には多大なる心配をかけているが、いつも笑顔で励ましてくれるおかげで全力で研究に集中することができ、本当に感謝している。小学生のとき、漢字の書き取り練習をしている私が「研究」という文字を書いているのを見た父（ＪＲ東日本）が、「この漢字はとても特別なものだから必ず覚えろ」と言われ、必死に練習したのを覚えている。まさかこんなにも自分の人生に「研究」が密接に関わってくることになるとは思わなかった。小さい頃から一緒に昆虫採集に行ったりと両親のおかげでのびのびと昆虫の研究をすることができている。泣かせるつもりはないが、いつもどうもありがとう。嫁を見せるのには時間がかかりそうなので、長生きしてください。

この本で紹介した実験室での研究は独立行政法人農業生物資源研究所の施設内で植物防疫法のもとに遂行した。研究活動は、以下の研究費によった。日本学術振興会特別研究員ＤＣ、日本学術振興会特別研究

員PD、日本学術振興会海外特別研究員、井上科学振興財団・井上研究奨励賞、日本応用動物学会・研究奨励賞、山下太郎顕彰育英会・山下太郎学術研究奨励賞。

そして、最後に長々とこの本を読んでくださった読者の皆様の努力にありがとうを直接伝えたい。この本で皆さまが抱いていた気高く、気品に満ち溢れた博士像を壊してしまって申し訳なかったが、研究は気どらず飾らず誰にでもできるものだと考えているから、背伸びしないでありのままを綴ってきた。わかりにくかった部分は単に私の説明がまずかっただけなので責めるなら私を優しく責めてください。

この本はモーリタニアで書いているのだが、予想外の事件に直面している。モーリタニアに渡航した二〇一一年、建国以来の大干ばつに見舞われ、草が枯上がり、バッタが忽然と消えてしまったのだ。モーリタニアに渡ってほんの数ヵ月しかフィールドワークを楽しめておらず、目標を失い呆然と立ち尽くしている。

フィールドワークしに来たのにフィールドにバッタがいないとはどういうことですか。大発生するバッタが一匹も見あたらないとはどういうことですか。よりによって今年とはどういうことですか。バッタたちに説教したいのに、肝心の本人たちがおらず、このやりきれなさはどこにぶつけたらいいのだろうか。まったく運命のイタズラとは恐ろしい。恐ろしすぎる。人生をかけた一大勝負にまさかこのような落とし穴があるとは誰が予測できただろうか。そして、あの夢をいまだに叶えられていない。そう、バッタの群れに緑色の衣装を身にまとって突撃し、バッタに食べられる夢だ。せっかくパンツまで緑色のものを準備したというのになんということだ。何百万人もの人がバッタの被害に合わずに喜んでいる中、一人いたたまれないバッタ博士がいることを、どうか忘れないでほしい。

それでも落ち込んでいる暇はない。バッタがいなければ、目の前にいる疑問に満ちた他の虫を研究するまでだ。サバクトビバッタと同じサハラ砂漠で暮らしている虫たちには何か共通のサバイバル術があると睨んでおり、バッタを知るために他の虫たちを研究する作戦に乗り換えた。「生き延びるためには柔軟に変化すること」第三の師匠バッタたちから学んでいたことだ。

自分の運命は風前のともしびも同然だが、このまま消えるわけにはいかない。どんな小さな火だろうとも、風を浴びれば大きな炎になることだってあるだろう。志を貫こうとする者には、必ず風は吹くと信ずる。

孤独な自分は耐え忍び、そして追い求める
いつか、バッタと群れるときがくることを
なりたい者はいまだ変わらず。やりたいことはいまだ変わらず。

モーリタニア国立サバクトビバッタ研究所　前野ウルド浩太郎

最後にこの本で活躍したバッタたちをどうか褒めてあげてください。
数多くのバッタたちに心からありがとう。

二〇一二年六月四日

Uvarov, B.P. (1966) *Grasshoppers and Locusts.* Vol. 1. Cambridge Univ. Press, U.K.

Uvarov, B.P. (1977) *Grasshoppers and Locusts.* Vol. 2. Centre for Overseas Pest Research, London.

Wigglesworth, V.B. (1934) The physiology of ecdysis in *Rhodnius prolixus* (Hemiptera) . II. Factors controlling moulting and "metamorphosis." *The Quarterly Journal of Microscopical Science,* 77: 191–222.

Yamamoto-Kihara, M., Hata, T., Breuer, M., Tanaka, S. (2004) Effect of [His^{7}] -corazonin on the number of antennal sensilla in *Locusta migratoria. Physiological Entomology,* 29: 73-77.

Tanaka, S. (2000b) Hormonal control of body-color polymorphism in *Locusta migratoria*: interaction between [His7] -corazonin and juvenile hormone. *Journal of Insect Physiology,* 46: 1535-1544.

Tanaka, S. (2000c) Induction of darkening by corazonins in several species of Orthoptera and their possible presence in ten insect orders. *Applied Entomology and Zoology,* 35: 509-517.

Tanaka, S. (2001) Endocrine mechanisms controlling body-color polymorphism in locusts. *Archives of Insect Biochemistry and Physiology,* 47: 139-149.

Tanaka, S. (2006) Corazonin and locust phase polyphenism. *Applied Entomology and Zoology,* 41: 179-193.

Tanaka, S., Pener, M.P. (1994) A neuropeptide controlling the dark pigmentation in color polymorphism of the migratory locust, *Locusta migratoria. Journal of Insect Physiology,* 40: 997-1005.

Tanaka, S., Zhu, D.-H., Hoste, B., Breuer, M. (2002) The dark-color inducing neuropeptide, [His^7]-corazonin, causes a shift in morphometric characteristics towards the gregarious phase in isolated-reared (solitarious) *Locusta migratoria. Journal of Insect Physiology,* 48: 1065-1074.

Tanaka, S. & Maeno, K. (2006) Phase-related body-color polyphenism in hatchlings of the desert locust, *Schistocerca gregaria*: re-examination of the maternal and crowding effects. *Journal of Insect Physiology,* 52: 1054-1061.

Tanaka, S. & Maeno, K. (2008) Maternal effects on progeny body size and color in the desert locust, *Schistocerca gregaria*: Examination of a current view. *Journal of Insect Physiology*, 54: 612-618.

Tanaka, S. & Maeno, K. (2010) A review of maternal and embryonic control of phase-dependent progeny characteristics in the desert locust. *Journal of Insect Physiology,* 56: 911-918.

Tanaka, S., Maeno, K., Ould-Mohamed, S.A., *et al.* (2010) Upsurges of desert locust populations in Mauritania: body coloration, behavior and morphological characteristics. *Applied Entomology and Zoology,* 45: 643-654.

Tawfik, I.A., Tanaka, S., De Loof, A., Schoofs, L., Baggerman, G., Waelkens, E., Derua, R., Milner, Y., Yerushalmi, Y., Pener, M.P. (1999) Identification of the gregarization-associated dark-pigmentotropin in locusts through an albino mutant. *Proceedings of National Academy of Science U.S.A,* 96: 7083-7087.

Uvarov, B.P. (1921) A revision of the genus *Locusta,* L. (=Pachytylus, Fieb.), with a new theory as to the periodicity and migrations of locusts. *Bulletin of Entomological Research,* 12: 135-163.

vances in Insect Physiology, 23: 1-79.

Pener, M. P. & Yerushalmi, Y. (1998) The physiology of locust phase polymorphism: an update. *Journal of Insect Physiology,* 44: 365-377.

Rogers, S.M., Matheson, T., Sasaki, K., Kendrick, K., Simpson, S.J., Burrows, M. (2004) Substantial changes in central nervous system neurotransmitters and neuromodulators accompany phase change in the locust. *Journal of Experimental Biology*, 207: 3603-3617.

Schoofs, L., Baggerman, G., Veelaert, D., Breuer, M., Tanaka, S., De Loof, A. (2000) The pigmentotropic hormone [His7] -corazonin, absent in a *Locusta migratoria* albino strain, occurs in an albino strain of *Schistocerca gregaria. Molecular and Cellular Endocrinology*, 168: 101-109.

Seidelmann, K. (2006) The courtship-inhibiting pheromone is ignored by female-deprived gregarious desert locust males. *Biology letter,* 2: 525-527.

Simpson, S.J., Despland, E., Hägele, B.F. *et al.* (2001) Gregarious behavior in desert locusts is evoked by touching their back legs. *Proceeding of National Academy of Sciences of U.S.A,* 98: 3895-3897.

Simpson, S.J., McCaffery, A.R. & Hägele, B.F. (1999) A behavioural analysis of phase change in the desert locust. *Biological Review of Cambridge Philosophical Society,* 74: 461-480.

Simpson, S.J., Despland, E., Hägele, B.F., Dodgson, T. (2001) Gregarious behavior in desert locusts is evoked by touching their back legs. *Proceedings of National Academy of Science U.S.A.,* 98, 3895-3897.

Simpson, S.J., Miller, G.A. (2007) Maternal effects on phase characteristics in the desert locust, *Schistocerca gregaria*: A review of current understanding. *Journal of Insect Physiology,* 53: 869-876.

Stower, W. J. (1959) The color patterns of hoppers of the desert locust *Schistocerca gregaria* (Foskål). *Anti-Locust Bulletin,* 32: 1-75.

Sword, G.A., Simpson, S.J., El Hadi, O.T.M., & Wilps, H. (2000) Density-dependent aposematism in the desert locust. *Proceedings of Royal Society of London B Biological Sciences,* 267: 63–68.

Tanaka, S. (1996) A cricket (*Gryllus bimaculatus*) neuropeptide induces dark colour in the locust, *Locusta migratoria. Journal of Insect Physiology*, 42: 287-294.

Tanaka, S. (1993) Hormonal deficiency causing albinism in *Locusta migratoria. Zoological Science,* 10: 467-471.

Tanaka, S. (2000a) The role of [His^7] -corazonin in the control of body-color polymorphism in the migratory locust, *Locusta migratoria* (Orthoptera: Acrididae). *Journal of Insect Physiology,* 46: 1169-1176.

and *Locusta migratoria* (Orthoptera: Acrididae). *Bulletin of Entomological Research,* 94: 349-357.

Maeno, K., Tanaka, S. & Harano, K. (2011) Tactile stimuli perceived by the antennae cause the isolated females to produce gregarious offspring in the desert locust, *Schistocerca gregaria. Journal of Insect Physiology,* 57: 74-82.

Maeno, O., K., Piou, C., Ely, O.S, Mohamed, O.S., Jaavar, E.H.M, Babah, O.A.M., Nakamura, S. (2012) Field observations of the sheltering behavior of the solitarious phase of the desert locust, *Schistocerca gregaria,* with particular reference to antipredator strategies. *Japan Agricultural Research Quarterly*, 46: 339-345.

McCaffery, A.R., Simpson, S.J., Islam, M.S., Roessingh, P. (1998) A gregarizing factor present in the egg pod foam of the desert locust *Schistocerca gregaria. Journal of Experimental Biology,* 201: 347-363.

Miller, G.A., Islam, M.S., Claridge, T.D.W., Dodgson, T., Simpson, S.J. (2008) Swarm formation in the desert locust *Schistocerca gregaria*: isolation and NMR analysis of the primary maternal gregarizing agent. *Journal of Experimental Biology,* 211: 370-376.

Mordue (Luntz), A.J. (1977) Some effects of amputation of the antennae on pigmentation, growth and development in the locust, *Schistocerca gregaria. Physiological Entomology,* 2: 293-300.

Nijhout, H.F. (1975) A Threshold Size for Metamorphosis in the Tobacco Hornworm, *Manduca sexta* (L.). *Biological Bulletin,* 149: 214-225.

沼田英治 (2000) 生きものは昼夜をよむ 光周性のふしぎ, 岩波書店

Ochieng, S.A., Hallberg, E., Hansson, B.S. (1998) Fine structure and distribution of antennal sensilla of the desert locust, *Schistocerca gregaria* (Orthoptera: Acrididae). *Cell and Tissue Research,* 291: 525–536.

Okuda, T., Tanaka, S., Kotaki, T., Ferenz, H.-J. (1996) Role of corpora allata and juvenile hormone in the control of imaginal diapause and reproduction in three species of locusts. *Journal of Insect Physiology,* 42: 943–951.

Papillon, M. (1960) Etude preliminaire de la répercussion du groupement des parents sur les larves nouveau-nées de Schistocerca gregaria Forsk. *Bulletin Biologique de la France et de la belgique*, 93: 203-263.

Pener, M.P. (1964) Two gynandromorphs of *Schistocerca gregaria* Forskål (Orthoptera: Acrididae) morphology and behaviour. *Proceedings of the Royal Entomological Society of London*: Series A, 39: 89-100.

Pener, M.P. & Simpson, S.J. (2009) Locust phase polyphenism: An update. *Advances in Insect Physiology,* 36: 1-272.

Pener, M. P. (1991) Locust phase polymorphism and its endocrine relations. *Ad-*

cal Entomology, 32: 294-299.

Maeno, K. & Tanaka, S. (2008a) Maternal effects on progeny size, number and body color in the desert locust, Schistocerca gregaria: Density- and reproductive cycle-dependent variation. *Journal of Insect Physiology,* 54: 1072-1080.

Maeno, K. & Tanaka, S. (2008b) Phase-specific developmental and reproductive strategies in locusts. *Bulletin of Entomological Research,* 98: 527-534.

Maeno, K. & Tanaka, S. (2008c) A reddish-brown mutant in the desert locust, *Schistocerca gregaria*: Phase-dependent expression and genetic control. *Applied Entomology and Zoology,* 43: 497-502.

Maeno, K. & Tanaka, S. (2009a) Artificial miniaturization causes eggs laid by crowd-reared (gregarious) desert locusts to give rise to green (solitarious) offspring in the desert locust, *Schistocerca gregaria. Journal of Insect Physiology,* 55: 849-854.

Maeno, K. & Tanaka, S. (2009b) The trans-generational phase accumulation in the desert locust: morphometric changes and extra molting. *Journal of Insect Physiology,* 55: 1013-1020.

Maeno, K. & Tanaka, S. (2009c) Is juvenile hormone involved in the maternal regulation of egg size and progeny characteristics in the desert locust? *Journal of Insect Physiology,* 55: 1021-1028.

Maeno, K. & Tanaka, S. (2010a) Genetic and hormonal control of melanization in reddish-brown and albino mutants in the desert locust, *Schistocerca gregaria. Physiological Entomology,* 35: 2-8.

Maeno, K. & Tanaka, S. (2010b) Patterns of nymphal growth in the desert locust, *Schistocerca gregaria* with special reference to phase-specific growth and extra molting. *Applied Entomology and Zoology,* 45: 513-519.

Maeno, K. & Tanaka, S. (2010c) Epigenetic transmission of phase in the desert locust, *Schistocerca gregaria*: determining the stage sensitive to crowding for the maternal determination of progeny characteristics. *Journal of Insect Physiology,* 56: 1883-1888.

Maeno, K. & Tanaka, S. (2011) Phase-specific responses to different food qualities in the desert locust, *Schistocerca gregaria*; developmental, morphological and reproductive characteristics. *Journal of Insect Physiology,* 57: 514-520.

Maeno, K. & Tanaka, S. (2012) Adult female desert locust require contact chemicals and light for progeny gregarization. *Physiological Entomology,* 37: 109-118.

Maeno, K., Gotoh, T. & Tanaka, S. (2004) Phase-related morphological changes induced by [His^7]-corazonin in two species of locusts, *Schistocerca gregaria*

Gunn, D.J. & Hunter-Jones, P. (1952) Laboratory experiments on phase differences in locusts. *Anti-Locust Bulletin*, 12: 1-29.

Hägele, B.F. & Simpson, S.J. (2000) The influence of mechanical, visual and contact chemical stimulation on the behavioural phase state of solitarious desert locusts (*Schistocerca gregaria*). *Journal of Insect Physiology,* 46: 1295-1301.

Hasegawa, E. & Tanaka, S. (1994) Genetic control of albinism and the role of juvenile hormones in pigmentation in Locusta migratoria (Orthoptera, Acrididae). *Japanese Journal of Entomology,* 62: 315-324.

Heifetz, Y., Voet., H. & Applebaum, S.W. (1996) Factors affecting behavioral phase transition in the desert locust, *Schistocerca gregaria* (Forskål) (Orthoptera: Acrididae). *Journal of Chemical Ecology,* 22: 1717-1734.

Heifetz, Y., Miloslavski, I., Aizenshtat, Z. *et al.* (1998) Cuticular surface hydrocarbons of desert locust nymphs, *Schistocerca gregaria,* and their effect on phase behavior. *Journal of Chemical Ecology,* 24: 1033-1047.

Hoste, B., Simpson, S.J., Tanaka, S., Zhu, D.-H., De Loof, A. & Breuer, M. (2002) Effects of [His^7]-corazonin on the phase state of isolated-reared (solitarious) desert locusts, *Schistocerca gregaria. Journal of Insect Physiology*, 48: 891-990.

Hunter-Jones, P. (1958) Laboratory studics on the inheritance of phase characters in locusts. *Anti-Locust Bulletin,* 29: 1-32.

巌 俊一 (1988) 巌 俊一生態学論集 . 思索社

Joly, P. & Joly, L. (1954) Resultats de greffes de corpora allata chez *Locusta migratoria* L. *Annls Sci. nat.* (*Zool.*) *Ser,* 11: 331-345.

Lees, A.D. (1964) The location of the photoperiodic receptors in the aphid *Megoura Viciae* Buckton. *Journal of Experimental Biology,* 41: 119-133.

Lees, A.D. (1967) The production of the apterous and alate forms in the aphid *Megoura viciae* Buckton, with special reference to the role of crowding. *Journal of Insect Physiology,* 2: 289-318.

Maeno, K. & Tanaka, S. (2004) Hormonal control of phase-related changes in the number of antennal sensilla in the desert locust, *Schistocerca gregaria*: possible involvement of [His^7]-corazonin. *Journal of Insect Physiology,* 50: 855-865.

Maeno, K. & Tanaka, S. (2007a) Effects of hatchling body colour and rearing density on body colouration in last-stadium nymphs of the desert locust, *Schistocerca gregaria. Physiological Entomology,* 32: 87-94.

Maeno, K. & Tanaka, S. (2007b) Morphological and behavioural characteristics of a gynandromorph of the desert locust, *Schistocerca gregaria. Physiologi-*

参考文献

Applebaum, S. W. & Heifetz, Y.（1999）Density-dependent physiological phase in insects. *Annual Review of Entomology,* 44: 317-341.

Arikawa, K., Eguchi, E., Yoshida, A. & Aoki, K. (1980) Multiple extraocular photoreceptive areas on genitalia of butterfly, *Papilio xuthus. Nature*, 288: 700-702.

Anstey, M.L., Rogers, S.M., Ott, S.R. *et al.*（2009）Serotonin mediates behavioral gregarization underlying swarm formation in desert locusts. *Science,* 323: 627-630.

Bouaïchi, A., Roessingh, P. & Simpson, S.J. (1995) Analysis of the behavioural effects of crowding and re-isolation on solitary-reared adult desert locusts (*Schistocerca gregaria*) and their offspring. *Physiological Entomology*, 20: 199-208.

Belles, X.（2011）Origin and evolution of insect metamorphosis. In: Encyclopedia of Life Sciences（ELS）. John Wiley & Sons, Ltd: Chichester.

Dirsh, V.M., 1953. Morphometrical studies on phases of the desert locust. *Anti-Locust Bulletin*, 16: 1-34.

Dyar, H.G.（1890）The number of molts of lepidopterous larvae. *Psyche*, 5:420-422.

Hoste, B., Simpson, S.J., Tanaka, S., De Loof, A. & Breuer, M.（2002）A comparison of phase-related shifts in behavior and morphometrics of an albino strain, deficient in［His^{7}］-corazonin, and a normally colored *Locusta migratoria strain. Journal of Insect Physiology,* 48: 791–801.

Ellis, P.E.（1956）Differences in social aggregation in two species of locust. *Nature,* 178: 1007.

Ellis, P.E.（1959）Learning and social aggregation in locust hoppers. *Animal Behaviour,* 7: 91-106.

Ellis, P.E. & Pearce, A.（1962）Innate and learned behaviour patterns that lead to group formation in locust hoppers. *Animal Behaviour,* 10: 305-318

Faure, J.C.（1932）The phases of locusts in South Africa. *Bulletin of Entomological Research,* 23: 293-405.

Ferenz, H.-J. & Seidelmann, K.（2003）Pheromones in relation to aggregation and reproduction in desert locusts. *Physiological Entomology,* 28: 11-18.

Greenwood, M. & Chapman, R.F.（1984）Differences in number of sensilla on the antennae of solitarious and gregarious *Locusta migratoria* L.（Orthoptera: Acrididae）. *International Journal of Insect Morphology and Embryology,* 13: 295–301.

ふ

み

め

も

ら

る

や

ゆ

よ

わ

索引

著者紹介

前野 ウルド 浩太郎（まえの　うるど　こうたろう）
1980年秋田県生まれ
神戸大学大学院自然科学研究科博士課程修了　博士（農学）
アフリカで大発生し、農作物を食い荒らすサバクトビバッタの防除技術の開発に従事
現在，国立研究開発法人 国際農林水産業研究センター生産環境・畜産領域 研究員
2011年　日本応用動物昆虫学会奨励賞受賞、井上科学振興財団奨励賞受賞
2012年　山下太郎学術研究奨励賞受賞
2013年　第四回いける本大賞受賞
2017年　第71回毎日出版文化賞特別賞受賞
2017年　第14回絲山賞受賞
著書：『バッタを倒しにアフリカへ』（光文社新書）

フィールドの生物学《せいぶつがく》⑨
孤独《こどく》なバッタが群《む》れるとき
—サバクトビバッタの相変異《そうへんい》と大発生《だいはっせい》—

2012年11月20日　第1版第1刷発行
2018年 7 月30日　第1版第9刷発行

著　者　前野 ウルド 浩太郎
発行者　浅野清彦
発行所　東海大学出版部
〒259-1292　神奈川県平塚市北金目 4-1-1
TEL 0463-58-7811　FAX 0463-58-7833
URL http:///www.press.tokai.ac.jp
振替 00100-5-46614
組版所　株式会社桜風舎
印刷所　株式会社真興社
製本所　誠製本株式会社

ISBN978-4-486-01848-3